**Bibliothek
Gebäudetechnik**

K.-H. Kny · Kurzschluss-Schutz in Gebäuden

Bibliothek GEBÄUDETECHNIK
– Elektroplanung –

Dipl.-Ing. Karl-Heinz Kny

Kurzschluss-Schutz in Gebäuden

Planung, Errichtung, Prüfung

Herausgegeben von Obering. Heinz Senkbeil

Verlag Technik Berlin

Warennamen werden in diesem Buch ohne Gewährleistung der freien Verwendbarkeit benutzt. Texte, Abbildungen und technische Angaben wurden sorgfältig erarbeitet. Trotzdem sind Fehler nicht völlig auszuschließen. Verlag und Autor können für fehlerhafte Angaben und deren Folgen weder eine juristische Verantwortung noch irgendeine Haftung übernehmen.

Die Deutsche Bibliothek-CIP-Einheitsaufnahme

Kurzschluss-Schutz in Gebäuden [Medienkombination] : Planung, Errichtung, Prüfung / Karl-Heinz Kny. – Berlin : Verl. Technik
   (Bibliothek Gebäudetechnik)
   ISBN 3-341-01212-5

Buch. – 2000

CD-ROM. – 2000

ISSN 1435-6740
ISBN 3-341-01212-5

1. Auflage
© HUSS-MEDIEN GmbH, Berlin 2000
Verlag Technik
VT 2/7087-1
Printed in Germany
Gesamtherstellung: Druckhaus „Thomas Müntzer" GmbH, Bad Langensalza (Thüringen)
Einbandgestaltung: Gabriele Schwesinger

Vorwort

Kurzschlüsse lassen sich auch bei sorgsamster Planung und Ausführung nicht völlig ausschließen. Welche Wirkungen dabei auftreten können, wird oft erst schmerzlich wahrgenommen, wenn unzureichend bemessene Anlagen hohen mechanischen und thermischen Beanspruchungen nicht standhalten und die Stromversorgung unterbrochen ist.

Das vorliegende Buch will Planern, Errichtern und Prüfern das notwendige Fachwissen zur zielgerichteten Bearbeitung und Auslegung des Kurzschluss-Schutzes von elektrischen Anlagen in Gebäuden vermitteln und gleichzeitig Leitfaden sein. Auch der fachliche Nachwuchs wird gern darauf zurückgreifen. Neuartig ist der folgerichtige Aufbau und die Verwendung sowohl einfacher, aber auch anspruchsvoller Berechnungsmethoden. Schrittweise wird der Leser beim Einfachen beginnend und zum Höheren führend in das Stoffgebiet eingeführt. Sowohl mit mathematischen Methoden wenig vertrauten Praktikern als auch theoretisch gut ausgebildeten Ingenieuren wird das Buch damit eine wertvolle Hilfe sein.

Die Berechnung der Kurzschluss-Ströme ist Grundlage für die Auslegung der Betriebsmittel und Anlagen, worauf ausführlich und umfassend eingegangen wird. Die neue Form des Herangehens und die Unterlegung mit vielen Berechnungs- und Anwendungsbeispielen machen das Buch bei der Auslegung des Kurzschluss-Schutzes unverzichtbar. Selbstverständlich wurde dabei auf aktuelle Gesetze, Verordnungen und DIN VDE-Bestimmungen eingegangen. Für seine Arbeit sei dem Autor, Herrn Dipl. Ing. *Karl-Heinz Kny* Dank gesagt.

Heinz Senkbeil
Herausgeber

Inhaltsverzeichnis

	Einleitung	9
	Zur Arbeit mit dem Buch	10
1	Wer kann mit diesem Buch etwas anfangen	11
2	Müssen sich Planer, Errichter und Prüfer um den Kurzschluss-Schutz kümmern?	12
3	Der Kurzschluss in Niederspannungsanlagen	17
3.1	Kurzschlussvorgang und -größen	17
3.1.1	Was ist ein Kurzschluss?	17
3.1.2	Kurzschluss-Stromquellen	17
3.1.3	Kurzschlussarten	18
3.1.4	Zeitlicher Verlauf des Kurzschluss-Stromes	20
3.1.5	Generatornaher und generatorferner Kurzschluss	21
3.1.6	Kurzschluss-Ströme für den Kurzschluss-Schutz	22
3.2	Kurzschluss-Ströme im Niederspannungsnetz	23
3.2.1	Ermittlung der Kurzschluss-Ströme: Notwendigkeit und Möglichkeiten	23
3.2.2	Angabe der Kurzschluss-Ströme durch das EVU	24
3.2.3	Methodik und Verfahren der Kurzschlussberechnung	24
3.2.4	Vereinfachungen für die Kurzschlussberechnung	28
3.2.5	Berechnung größter und kleinster Kurzschluss-Ströme	29
3.2.6	Berechnung der Kurzschluss-Ströme im Strahlennetz (praxisgerecht)	30
3.2.7	Genauere Berechnung der Kurzschluss-Ströme (Anwendung der komplexen Rechnung)	40
3.2.7.1	Kurzschluss-Ströme vom speisenden Netz	44
3.2.7.2	Kurzschluss-Ströme von Generatoren	48
3.2.7.3	Kurzschluss-Ströme von Asynchronmotoren	51
3.2.7.4	Kurzschluss-Ströme bei mehreren Kurzschluss-Stromquellen	53
3.2.8	Kurzschluss-Ströme in vermaschten Netzen	53
3.2.9	Kurzschlussimpedanzen	55
3.2.9.1	Kurzschlussimpedanz an der Kurzschluss-Stelle	55
3.2.9.2	Kurzschlussimpedanz von elektrischen Betriebsmitteln	57
3.2.9.3	Messung der Kurzschlussimpedanz	75
3.2.10	Berechnungsübersichten	76
3.2.11	Ausführliche Berechnungsbeispiele	76
4	Kurzschluss-Schutzeinrichtungen	115
4.1	Leitungsschutzsicherungen	115
4.2	Leitungsschutzschalter	121
4.3	Motorschutzschalter	125
4.4	Leistungsschalter mit Kurzschlussauslöser	127

Inhaltsverzeichnis

5	**Kurzschluss-Schutz durch Kurzschlussfestigkeit der Betriebsmittel und Anlagen**	129
5.1	Schutz durch Kurzschlussfestigkeit	129
5.2	Maßgebliche Kurzschluss-Ströme	129
5.3	Begrenzung der Höhe und Dauer der Kurzschluss-Ströme	130
5.4	Bemessung der Betriebsmittel und Anlagen auf Kurzschlussfestigkeit	130
	5.4.1 Bemessungskriterium	130
	5.4.2 Bemessung auf mechanische Kurzschlussfestigkeit	131
	5.4.3 Bemessung auf thermische Kurzschlussfestigkeit	131
	5.4.4 Kurzschlussfestigkeit durch ein ausreichendes Schaltvermögen	132
5.5	Nachweis der Kurzschlussfestigkeit von Betriebsmitteln und Anlagen	133
	5.5.1 Kabel und Leitungen	133
	5.5.2 Stromschienen	156
	5.5.3 Erdungsleiter, Schutzleiter und Potentialausgleichsleiter	159
	5.5.4 Kurzschlussfestigkeit von FI-Schutzschaltern	161
	5.5.5 Niederspannungs-Schaltgeräte und -Schaltgerätekombinationen	162
	5.5.6 Stromwandler	168
	5.5.7 Verteilungstransformatoren	169
	5.5.8 Schutz durch kurzschluss- und erdschlusssicheres Verlegen	175
	5.5.9 Schutz bei Kurzschluss in Hilfsstromkreisen	175
5.6	Gründe für den Verzicht des Kurzschluss-Schutzes	176
6	**Kurzschluss-Schutz im Netz durch Selektivität und Back-up-Schutz**	177
6.1	Anordnung von Kurzschluss-Schutzeinrichtungen im Netz	177
6.2	Kurzschluss-Schutz durch Selektivität	177
	6.2.1 Forderung nach Selektivität	177
	6.2.2 Nachweis der Selektivität bei Kombinationen von Schutzeinrichtungen	178
6.3	Kurzschluss-Schutz durch Back-up-Schutz	186
7	**Kurzschluss-Schutz beim Anschluss von Gebäuden aus dem öffentlichen Niederspannungsnetz**	189
7.1	Was muss überprüft werden?	189
7.2	Technische Anschlussbedingungen für den Anschluss an das Niederspannungsnetz (TAB)	189
7.3	Die Bemessungsgröße der Sicherung entspricht den Angaben nach TAB	190
7.4	Die Bemessungsgröße der Sicherung entspricht nicht den Angaben nach TAB	191
7.5	Kurzschluss-Schutz von Kabeln und Leitungen bei kleinen Kurzschluss-Strömen	192
7.6	Gewährleistung von Selektivität	193
8	**Prüfung des Kurzschluss-Schutzes**	198
9	**Komplexbeispiel: Kurzschluss-Schutz eines Gebäudes**	203
9.1	Allgemeines	203
9.2	Kurzschluss-Stromberechnungen	205
9.3	Nachweis der Kurzschlussfestigkeit	206
9.4	Überprüfung der Selektivität	209

Anhang 212

A1 Fachbegriffe und Definitionen. 212

A2 Formelzeichen, Indizes und Nebenzeichen 219

A3 Kurzschluss-Schadensbilder im Foto. 222

A4 Übersicht der nur auf CD-ROM verfügbaren Tafeln und Arbeitsblätter 224

A5 CD-ROM-Inhalt und Hinweise zur Software. 226
    (Kurzschluss-Berechnungs-Software KUBS plus, Tafeln und Arbeitsblätter,
    Rechnen mit komplexen Zahlen)

Literatur-, Normen- und Quellenverzeichnis 228

Register 230

Einleitung

Die Hauptaufgabe der Elektroenergieversorger ist es, den Abnehmer mit einer hohen Zuverlässigkeit und Sicherheit zu versorgen. Wenn der Kurzschluss schon nicht auszuschließen ist, so können dessen Auswirkungen mit Fachkenntnis bei der Auslegung und Prüfung der elektrischen Anlagen in Grenzen gehalten werden. Die Vermittlung dieser Kenntnisse und Fertigkeiten bestimmt den Inhalt dieses Buches.

Geeignet ist dieses Buch für alle Fachkräfte, die Starkstromanlagen in Gebäuden errichten, betreiben oder prüfen, ob als Handwerker, Meister, Techniker oder Ingenieur. Darüber hinaus werden auch jene Fachkräfte Anregungen, Lösungswege und notwendige Daten finden, die Elektroenergieversorgungsnetze und -anlagen bezüglich des Kurzschluss-Schutzes auslegen und prüfen müssen.

Der Autor hat sich um eine praxisorientierte und anwendungsbewusste Darstellung des Inhaltes bemüht. Die Berechnung der Kurzschluss-Ströme wird sowohl mit einfachen rechnerischen Mitteln als auch – für den, der es genauer machen will oder muss – mittels der komplexen Berechnungsmethode behandelt.

Berechnungs- und Dimensionierungsbeispiele sollen das Verständnis für die Probleme des Kurzschluss-Schutzes fördern und Lösungsansätze bieten.

Spezielle Arbeitsblätter zum Kurzschluss-Schutz sollen die Arbeitsgänge erleichtern und übersichtlicher machen. Sie sind wie alle Tafeln auf der beigefügten CD und als Arbeitsmaterial ausdruckbar.

Bei der Erstellung des Buches wurden die aktuellen Gesetze und Verordnungen sowie Vorschriften und Bestimmungen bezüglich des Kurzschluss-Schutzes herangezogen.

Besonderer Dank gilt Herrn Oberingenieur *Heinz Senkbeil* für die kritische Durchsicht des Manuskripts mit den hilfreichen Hinweisen zur inhaltlichen und fachlichen Gestaltung des Buches.

Für die zur Verwendung überlassenen Fotos danke ich den im Quellennachweis genannten Firmen.

Karl-Heinz Kny

Zur Arbeit mit dem Buch

Im Text werden

– mit eckigen Klammern [...] Literatur- und Normenhinweise gekennzeichnet, deren genaue Angabe dem Literaturverzeichnis zu entnehmen ist, und
– mit runden Klammern (...) wird auf andere Abschnitte, einzuhaltende Bedingungen oder Formeln im Buch hingewiesen.

Die dem Buch beigefügte CD-ROM enthält neben der Berechnungssoftware auch sämtliche Tafeln sowie zusätzlich Arbeitsblätter, die alle ausgedruckt werden können. Einige Tafeln sind nur auf der CD-ROM verfügbar. Sie sind an entsprechender Stelle im Text mit dem Hinweis „CD-ROM" gekennzeichnet. Die zugehörigen Tafelüberschriften sind im Anhang 4 in einer Übersicht aufgeführt.

In der Fachliteratur der Starkstromtechnik ist es üblich, die für Berechnungen erforderlichen Faktoren in Diagrammen oder Tabellen zu erfassen. Das hat sich als Arbeitsgrundlage bewährt, denn so können die notwendigen Werte schnell entnommen werden. Um aber die Möglichkeiten der modernen Rechentechnik zur Berechnung dieser Größen nutzen zu können, sind die inzwischen dafür entwickelten Formeln mit angegeben. Sie ermöglichen auch eine genauere Bestimmung dieser Werte.

Im vorliegenden Buch werden die Begriffe „kleiner Kurzschluss-Strom" und „großer Kurzschluss-Strom" verwendet. Der Unterschied bezieht sich dabei nicht direkt auf die tatsächliche Höhe des Stromes, sondern auf die sich unter seiner Wirkung ergebende Ausschaltzeit der Kurzschluss-Schutzeinrichtung. Ist die Kurzschlussdauer kleiner als 0,1 s, wird der Fehlerstrom als „großer Kurzschluss-Strom" bezeichnet. Das Vorgehen bei der Überprüfung des Kurzschluss-Schutzes ändert sich an dieser Grenze grundsätzlich.

Die Verwendung der Formelzeichen richtet sich nach den gültigen Normen; besonders zu nennen sind dazu die Vorschriften DIN VDE 0100, DIN VDE 0102 und DIN VDE 0103.

Unterstrichene Formelzeichen sind komplexe Größen. Für die genaue – aber oftmals nicht notwendige – Berechnung von elektrischen Widerständen und Strömen ist die Methode der komplexen Rechnung erforderlich. Sollte dem Leser der Umgang mit dieser Berechnungsmethode nicht vertraut sein, kann diese Kennzeichnung erst einmal vernachlässigt werden. Interessierte Leser finden auf der CD-ROM einen Abschnitt über das Rechnen mit komplexen Zahlen.

Seit August 1997 gibt es einen Entwurf zur Vorschrift DIN VDE 0102, die maßgeblich bei der Berechnung von Kurzschluss-Strömen herangezogen wurde. Da sie nur wenige Neuerungen für die Berechnung von Kurzschluss-Strömen im Niederspannungsbereich vorsieht, wurde die noch gültige Norm von 1990 zu Grunde gelegt. An entsprechender Stelle wird im Buch auf wahrscheinliche Änderungen hingewiesen.

1 Wer kann mit diesem Buch etwas anfangen?

Enttäuscht ist man von einem Buch immer dann, wenn die Erwartungshaltung zum Inhalt mit dem dann gebotenen nicht übereinstimmt. Deshalb soll beim Aufschlagen dieses Buches schnell Klarheit darüber herrschen, ob es für den Interessierten – sonst würde er das Buch ja nicht in die Hand nehmen – geeignet ist oder er es beiseite legen kann.

- Das Buch ist für eine Fachkraft der Elektrotechnik geschrieben, vornehmlich für den Planer, Errichter, Prüfer und Betreiber von Niederspannungs-Starkstromanlagen, der Aufgaben bezüglich des Kurzschluss-Schutzes zu lösen hat. Es soll eine praktische Hilfe, ein Leitfaden und Ratgeber sein.
- Es ist kein Lehrbuch zu Problemen des Kurzschluss-Schutzes. Obwohl die theoretischen Darstellungen auf das unbedingt notwendige Maß beschränkt sind, kann der interessierte Facharbeiter, Meister oder Ingenieur sein Wissen zum Kurzschluss-Schutz auffrischen und vielleicht auch noch Unbekanntes entdecken.
- Die für den Nachweis und die Prüfung des Kurzschluss-Schutzes erforderlichen Berechnungen werden mit der für praktische Zwecke notwendigen Genauigkeit behandelt. Dafür genügen oft vereinfachte Berechnungen.
- Wer es aber etwas genauer wissen will, für den gibt es einen gesonderten Abschnitt. Dieser Teil ist auch für diejenigen geeignet, die Bekanntes zurückrufen wollen; so mit dem Effekt „Ach ja, so war es!". Dieser Abschnitt kommt ohne die komplexe Rechnung nicht aus. Deshalb ist die für die Wechselspannungstechnik sehr nützliche Berechnungsmethode in den Grundzügen und hoffentlich leicht verständlich dargestellt.
- Zum Kurzschluss-Schutz gibt es in den Normen und Beiblättern, in der Literatur sowie in Herstellerunterlagen die verschiedensten Festlegungen, Angaben und Aussagen.
  Mit diesem Buch soll der Fachkraft eine Zusammenstellung aller für die Auslegung und Überprüfung des Kurzschluss-Schutzes notwendigen Bestimmungen und Angaben in die Hand gegeben werden. Deshalb enthält das Buch eine relativ umfangreiche Tafelzusammenstellung, damit das Suchen in den zahlreichen Quellen entfällt.
- Gegenstand dieses Buches ist der Kurzschluss-Schutz und nicht der Schutz bei Überlastung der Betriebsmittel im elektrisch ungestörten Netz. Da der Kurzschluss-Schutz aber nicht immer vom Überlastschutz zu trennen ist, wird in diesen Fällen auch auf den Zusammenhang hingewiesen.

2 Müssen sich Planer, Errichter und Prüfer um den Kurzschluss-Schutz kümmern?

Wer eine Schaltanlage nach einem hohen, nicht rechtzeitig abgeschalteten Kurzschluss-Strom gesehen hat, ahnt, welche thermischen und mechanischen Wirkungen auftreten können. Ein damit verbundener Lichtbogen, der sich in der Schaltanlage „austoben" kann, lässt elektrische Leiter und Kontakte wie Eis schmelzen.

Die Fotos im Anhang verdeutlichen die Zerstörungskräfte, die von Kurzschluss-Strömen herrühren, und die Notwendigkeit, solche Auswirkungen schon bei der Projektierung durch eine entsprechende Auswahl und Anordnung der elektrischen Betriebsmittel sowie Anlagenteile zu begegnen.

Für die Beurteilung der möglichen Überbeanspruchung durch zu hohe Ströme ist die Kenntnis der Kurzschluss-Ströme erforderlich, die in der betreffenden elektrotechnischen Anlage auftreten können. Deshalb ist die Ermittlung der Kurzschluss-Ströme eine grundsätzlich notwendige Aufgabe des Projekteurs. Mit diesen Größen kann die zu erwartende mechanische Kraft und die frei werdende thermische Energie in der elektrotechnischen Anlage eingeschätzt werden.

Wie der maximal mögliche Kurzschluss-Strom vereinfacht ermittelt werden kann, wird in diesem Kapitel gezeigt. Dabei werden Formeln ohne nähere Erklärung angewendet. Die Ergebnisse in **Tafel 2.1** sind auch nur für eine ungefähre Einschätzung der zu erwartenden Kurzschlussbeanspruchungen geeignet. Vorausgesetzt wird eine Netzeinspeisung, und jeglicher Einfluss von Ausgleichsvorgängen durch Generatoren wird vernachlässigt.

Mit Hilfe dieser berechneten Kurzschluss-Ströme wird verdeutlicht, welche Kräfte und Temperaturen bei einem Kurzschluss in Gebäuden auftreten können.

Eine praxisorientierte sowie eine genauere Methode der Berechnung werden in den Abschnitten 3.2.6 und 3.2.7 behandelt.

Wie wird der Kurzschluss-Strom prinzipiell berechnet?
Die Größe des Kurzschluss-Stromes ergibt sich nach der gleichen Gesetzmäßigkeit wie für jeden anderen elektrischen Strom: eine Spannungsquelle treibt in einem Stromkreis einen Strom, der durch einen elektrischen Widerstand begrenzt wird.

Dies ist das uns bekannte ohmsche Gesetz: $I = \dfrac{U}{R}$. (2.1)

Bei der Berechnung von Kurzschluss-Strömen nach [2.1] wird diese Formel etwas angepasst, aber das Prinzip dabei nicht berührt.

Begrenzt wird der dreipolige Kurzschluss-Strom I_{k3} durch die Summe der im gesamten Kurzschluss-Stromkreis liegenden Impedanzen Z_k, vom Generator bzw. Generatoren über die Leitungswege bis zur Kurzschluss-Stelle.

Als treibende Spannung wird die Sternspannung der Netznennspannung $U_n/\sqrt{3}$ in Formel 2.1 eingesetzt:

$$I_{k3} = \dfrac{U_n}{\sqrt{3} \cdot Z_k}.$$ (2.2)

Je weiter der Kurzschluss von der Spannungsquelle entfernt ist, umso kleiner wird der Strom. Dies gilt auf der Übertragungs- und Verteilungsstrecke nur bis zum ersten Abspanntransformator, denn dieser transformiert im umgekehrten Spannungsverhältnis (Windungsverhältnis der Primär- und Sekundärwicklung) den Kurzschluss-Strom nach der bekannten Gesetzmäßigkeit:

$$\frac{U_p}{U_s} = \frac{I_s}{I_p}. \tag{2.3}$$

Beispiel 2.1
Übersetzung des Kurzschluss-Stromes am Transformator
Fließt primärseitig an einem Ortsnetztransformator 10/0,4 kV ein dreipoliger Kurzschluss-Strom von $I_p = 2$ kA, dann sind es sekundärseitig unter Anwendung von Formel (2.3) immerhin $I_s = 50$ kA (**Bild 2.1**).

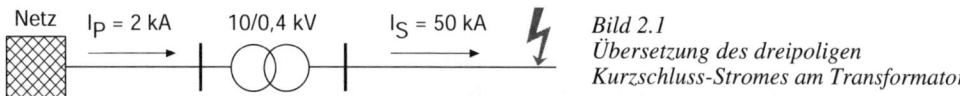

Bild 2.1
Übersetzung des dreipoligen
Kurzschluss-Stromes am Transformator

In den elektrischen Anlagen von Gebäuden, insbesondere unmittelbar hinter den Niederspannungsverteilungstransformatoren, sind hohe Kurzschluss-Ströme zu erwarten. Dieser Strom wird umso kleiner, je weiter die Fehlerstelle vom Transformator entfernt ist.

Wie groß können Kurzschluss-Ströme auf der Niederspannungsseite von Verteilungs-(Ortsnetz-)transformatoren überhaupt werden?
Für diese Betrachtung wird angenommen, dass ein Gebäude von einem leistungsstarken Netz über einen Transformator eingespeist wird (**Bild 2.2**). Das Netz kann für diese Betrachtung widerstandsmäßig vernachlässigt werden, weil es im Vergleich zum Transformator eine geringe Impedanz hat.

Die Größe des Kurzschluss-Stromes wird also im Wesentlichen von der Transformatorimpedanz begrenzt. Größer kann der Kurzschluss-Strom nicht sein, wohl aber kleiner, denn jede weitere Impedanz mindert die Höhe des Kurzschluss-Stromes. So liegt der Wert auf der sicheren Seite bei der Beurteilung maximaler Kurzschlussbelastungen.

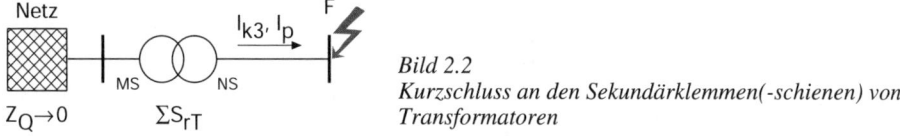

Bild 2.2
Kurzschluss an den Sekundärklemmen(-schienen) von
Transformatoren

Wenn der Kurzschluss-Strom nur von der Transformatorimpedanz Z_T begrenzt wird, ist $Z_k = Z_T$, und die Formel (2.2) lautet dann für die Berechnung des dreipoligen (Indizes 3) Kurzschluss-Stromes als Effektivwert:

$$I_{k3} = \frac{U_n}{\sqrt{3} \cdot Z_T}. \tag{2.4}$$

Transformatorimpedanzen Z_T für genormte Drehstrom-Öl-Verteilungstransformatoren sind in **Tafel 2.1** aufgelistet. Wie Transformatorimpedanzen ermittelt werden, ist im Abschnitt 3.2.9 dargestellt. Weitere Kennwerte und Impedanzen von Transformatoren sind in den Tafeln 3.9 bis 3.11 angegeben.

Tafel 2.1 Impedanzen von Öl-Drehstrom-Verteilungstransformatoren bezogen auf die Netznennspannung $U_n = 400$ V [2.2]

S_{rt} in kVA	50	100	160	250	400	630	1000	1600	2500
Z_T in mΩ	128	64	40	25,6	16	10,16	9,6	6	3,84

Beispiel 2.2
Maximaler Kurzschluss-Strom am Transformator
Mit Formel (2.4) und der Transformatorimpedanz $Z_k = 10,16$ mΩ aus Tafel 2.1 wird der maximal mögliche, dreipolige Kurzschluss-Strom an den Sekundärklemmen eines 630 kVA-Transformators berechnet:

$$I_{k3} = \frac{400 \text{ V}}{\sqrt{3} \cdot 10,16 \text{ mΩ}} = 22,73 \text{ kA}.$$

Weitere Ergebnisse sind in **Tafel 2.2** angegeben.

Werden Transformatoren gleicher Leistung und Bauart parallel geschaltet, sind die Kurzschluss-Ströme an den Niederspannungssammelschienen doppelt so hoch. Bei zwei 1000 kVA Transformatoren in Parallelbetrieb wird der Kurzschluss-Strom fast 50 kA betragen.

Tafel 2.2 Dreipolige Kurzschluss-Ströme I_{k3} an den Sekundärklemmen von Öl-Drehstrom-Verteilungstransformatoren bezogen auf die Netznennspannung $U_n = 400$ V

S_{rT} in kVA	50	100	160	250	400	630	1000	1600	2500
I_{k3} in kA	1,8	3,6	5,8	9,0	14,4	22,7	24,1	38,5	60,1

Mit dem Kurzschluss-Strom I_k als Effektivwert kann die thermische Beanspruchung untersucht werden.

Zur Bestimmung der mechanischen Beanspruchung muss der höchste Momentanwert des Kurzschluss-Stromes bekannt sein. Dieser tritt unmittelbar nach Kurzschlusseintritt auf und wird als Stoßkurzschluss-Strom i_p bezeichnet und mit Formel 2.5 berechnet:

$$i_{p3} = \sqrt{2} \cdot \kappa \cdot I_{k3}. \tag{2.5}$$

Der Stoßfaktor κ berücksichtigt den Ausgleichsvorgang, der durch die Induktivität im Kurzschluss-Stromkreis bedingt und bei Eintritt des Kurzschluss-Stromes wirksam ist. Dadurch erhöht sich der Spitzenwert als Stoßkurzschluss-Strom. Die Ermittlung des Stoßfaktors κ wird im Abschnitt 3.2.7 beschrieben.

Für Überschlagsberechnungen ist in **Tafel 2.3** der Stoßfaktor κ von Öl-Verteilungstransformatoren und die damit berechneten Stoßkurzschluss-Ströme i_p angegeben.

Hier gilt auch, dass die Stoßkurzschluss-Ströme bei Parallelschaltung von Transformatoren gleicher Leistung und Bauart doppelt so hoch sind.

Tafel 2.3 Stoßkurzschluss-Ströme i_{p3} an den Sekundärklemmen von Öl-Drehstrom-Verteilungstransformatoren bezogen auf die Netznennspannung $U_n = 400$ V

S_{rt} in kVA	50	100	160	250	400	630	1000	1600	2500
κ	1,16	1,25	1,32	1,37	1,42	1,46	1,60	1,60	1,59
i_{p3} in kA	2,95	6,36	10,8	17,44	28,92	46,87	54,53	87,11	135,1

Welche Kraftwirkungen treten durch Kurzschluss-Ströme in elektrischen Anlagen von Gebäuden auf?
Allgemein wird die Kraftwirkung zwischen elektrischen Leitern durch die Höhe des elektrischen Stromes, den Befestigungsabstand l und dem Leiterabstand a bestimmt.
  Beim dreipoligen Kurzschluss stellt sich am mittleren Leiter die größte Kraftwirkung ein, und es gilt:

$$F_{k3/N} = 0{,}17 \cdot (i_{p3/kA})^2 \cdot \frac{l/m}{a/m}. \tag{2.6}$$

Beispiel 2.3
Maximale Kraftwirkung auf der Sekundärseite eines Verteilungstransformators
Auf der Sekundärseite eines Ortsnetztransformators mit der Bemessungsscheinleistung S_{rT} = 630 kVA und dem Stoßkurzschluss-Strom i_p = 46,87 kA nach Tafel 2.3 sowie einer Stromschienenanordnung mit einem Stromschienenabstand von a = 0,2 m und einem Stützpunktabstand l = 1m wird die kurzzeitige Kraftwirkung mit Formel 2.6 berechnet:

$$F_{k3} = 0{,}17 \cdot (46{,}87\,\text{kA})^2 \cdot \frac{1\,\text{m}}{0{,}2\,\text{m}} = 1867\,\text{N}.$$

Zur Einschätzung der Kraftwirkung ist der Vergleich hilfreich, dass 1867 N einer Gewichtskraft entspricht, die durch eine Masse von 190 kg unter dem Einfluss der Schwerkraft hervorgerufen wird.
  In **Tafel 2.4** ist für die gleiche Stromschienenanordnung und genormten Verteilungstransformatoren die höchstmögliche Kraftwirkung angegeben.

Tafel 2.4 Kraftwirkungen auf Stromschienen (Schienenabstand a = 0,2 m und Stützpunktabstand l = 1 m) durch den Stoßkurzschluss-Strom i_{p3} (Netznennspannung U_n = 400 V)

S_{rt} in kVA	50	100	160	250	400	630	1000	1600	2500
i_{p3} in kA	2,95	6,36	10,8	17,44	28,92	46,87	54,53	87,11	135,1
F in N	7,4	34,4	99,1	258,5	710,9	1867	2528	6450	15 514

Welche Wärmewirkungen treten bedingt durch (höchstmögliche) Kurzschluss-Ströme in elektrischen Anlagen von Gebäuden auf?
Die Höchstwerte für die thermische Belastung der elektrischen Leiter und der Isolierung sind durch Grenztemperaturen festgelegt. Dazu werden Grenzwerte für die Dauer- und für die kurzzeitige Kurzschlussbeanspruchung von den Herstellern der Betriebsmittel angegeben. Für die unterschiedlichen Leiterarten und Kabeltypen liegt der Wert für den Dauerbetrieb bei maximal 70 °C bis 90 °C, und für den Kurzschlussfall bei 140 °C bis 200 °C. Höhere Temperaturen schädigen das Leitermaterial und vor allem die Isolierung. Weil der Kurzschlussfall nur selten auftritt und der Strom dann nach relativ kurzer Zeit abgeschaltet wird (und werden muss!), sind höhere Temperaturen als bei Dauerbetrieb zulässig.
  Wärmewirkungen werden durch das Quadrat des effektiven Kurzschluss-Stromes I_k in Abhängigkeit von der Stromflussdauer T_k am ohmschen Widerstand hervorgerufen. Zur Veranschaulichung der Wärmewirkung eignet sich aber die sich einstellende Temperatur am elektrischen Leiter und damit auch an der Isolierung besser als die erzeugte Wärmemenge.
  Auf die Berechnung der sich einstellenden Leitertemperatur soll hier verzichtet werden. Genannt sei aber, dass die Kurzschlussendtemperatur für Kunststoffkabel ϑ_e = 160 °C bei

einem Kurzschluss unmittelbar hinter einem 250 kVA-Transformator(I_k = 9 kA) und einer Kurzschlussdauer T_k = 5 s schon bei Leiterquerschnitten $q < 185$ mm² Cu überschritten wird. Bei einem Querschnitt von 70 mm² schmilzt sogar der Kupferleiter (Schmelztemperatur von Kupfer: ϑ = 1083 °C).

Das **Bild 2.3** zeigt die Deformierung der Isolierung zwischen den Kupferleitern eines 185 mm² Cu PVC-Kabels nach einer Kurzschlussbeanspruchung von ca. 20 kA und einer Kurzschlussdauer von ca. 1 s. Die Kurzschlussendtemperatur wurde bei dieser Probe nur geringfügig überschritten.

Bild 2.3
Verformung der Isolierung eines PVC-Kabels bei kurzzeitiger Kurzschlussbelastung

Folgerung:
Sowohl die mechanischen Kräfte als auch die thermischen Wirkungen nehmen bei hohen Kurzschluss-Strömen beträchtliche Werte an. Dadurch kann die elektrische Anlage in ihrer Funktionsfähigkeit eingeschränkt oder auch zerstört werden. Das Entstehen eines Brandes durch die thermische Wirkung ist möglich. Neben diesen materiellen Folgen macht natürlich der vorbeugende Schutz von Personen die besondere Bedeutung und Notwendigkeit des Kurzschluss-Schutzes aus.

3 Der Kurzschluss in Niederspannungsanlagen

3.1 Kurzschlussvorgang und -größen

3.1.1 Was ist ein Kurzschluss?

Diese Frage muss für einen Elektrotechniker nicht besonders beantwortet werden. Der Praktiker versteht als Kurzschluss in Starkstromanlagen die ungewollte Verbindung der Außenleiter untereinander, oder der Außenleiter mit dem Neutralleiter und/oder mit dem Erdreich vor dem Verbraucher.

Es liegt also ein einfacher Kurzschluss-Stromkreis nach **Bild 3.1** vor, wie er im Abschnitt 2 bereits betrachtet wurde.

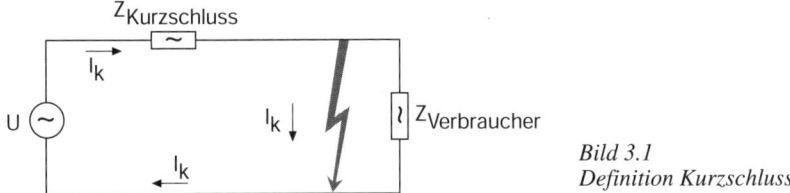

Bild 3.1
Definition Kurzschluss

In der Norm DIN VDE 0102 [3.1] ist für den **Kurzschluss-Strom** definiert:

„Der Strom in einem elektrischen Stromkreis, in dem ein Kurzschluss eintritt."

und dann für den Begriff **Kurzschluss:**

„Die zufällige oder beabsichtigte Verbindung über eine verhältnismäßig niedrige Resistanz oder Impedanz zwischen zwei oder mehr Punkten eines Stromkreises, die üblicherweise unterschiedliche Spannung haben."

Die Höhe des Kurzschluss-Stromes wird durch alle zwischen der Spannungsquelle und der Fehlerstelle liegenden Impedanzen nach dem ohmschen Gesetz bestimmt.

Für die Untersuchung höchster Beanspruchungen durch Kurzschluss-Ströme wird von einem vollkommenen Kurzschluss ausgegangen, d. h. einer idealen elektrischen Verbindung an der Fehlerstelle. Der Fehlerstrom ist dann der zu erwartende oder auch unbeeinflusste Kurzschluss-Strom.

3.1.2 Kurzschluss-Stromquellen

Die elektrischen Anlagen von Gebäuden werden von Generatoren über das Übertragungs- und Verteilungsnetz versorgt. Der einzelne Generator ist bei solch einer Netzeinspeisung nicht auszumachen. Deshalb werden für die Einspeisungspunkte in die Mittel- und Niederspannungsnetze von den EVU entsprechende Generator-Ersatzleistungen (Anfangs-Kurzschlusswechselstromleistung) angegeben, mit der dann die Kurzschluss-Ströme berechnet werden.

Einzelne Generatoren oder Generatorengruppen speisen Gebäude als Netzersatzanlage oder zunehmend von Blockheizkraftwerken. Dann ist es möglich, die tatsächlichen elektrischen Parameter für die Berechnung des Kurzschluss-Stromes heranzuziehen.

Zum Kurzschluss-Strom tragen auch Anteile von Betriebsmitteln mit energiespeicherndem Verhalten bei. Dazu zählen Asynchronmotoren und Kondensatoren. Dieser zusätzliche Kurzschluss-Strom wird ab einem Anteil von 5% im Vergleich zum Netzkurzschluss-Strom berücksichtigt.

Da der Anteil von Kondensatoren nur sehr gering ist, kann er meistens vernachlässigt werden.

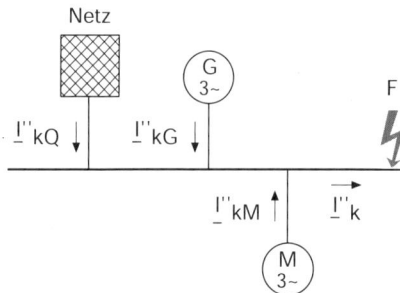

Bild 3.2
Kurzschluss-Stromquellen im Niederspannungsnetz eines Gebäudes

Der gesamte Kurzschluss-Strom $\underline{I}''_k$ in Gebäuden kann sich im Wesentlichen aus den im **Bild 3.2** aufgeführten Stromquellen zusammensetzen und summiert sich vor der Fehlerstelle *F*:

$$\underline{I}''_k = \underline{I}''_{kQ} + \underline{I}''_{kG} + \underline{I}''_{kM}. \tag{3.1}$$

3.1.3 Kurzschlussarten

Der dreipolige Kurzschluss ist symmetrisch – d. h. in allen drei Phasen tritt der gleiche Strombetrag auf – und kann deshalb am einfachsten berechnet werden. Ein Neutralleiter oder die Sternpunkterdung Z_{NE} haben wie auch beim zweipoligen Kurzschluss ohne Erdberührung keinen Einfluss.

Beachtet werden muss die Erdberührung bei zweipoligen und einpoligen Kurzschlüssen. Einen wesentlichen Einfluss auf die Höhe des Kurzschluss-Stromes hat die Erdberührung aber nur, wenn die Sternpunkterdung Z_{NE} niederohmig ist, wie in den öffentlichen Niederspannungsverteilungsnetzen weit verbreitet.

Der einpolige Fehler zum Erdpotential ist:

– bei einer kleinen Sternpunkt-Erdungsimpedanz Z_{NE} ein Erd<u>kurz</u>schluss und
– bei einer hohen Sternpunkt-Erdungsimpedanz Z_{NE} ein Erdschluss.

Im IT-System ist die Erdungsimpedanz Z_{NE} hoch, und es kann kein einpoliger Erdkurzschluss-Strom fließen, wohl aber ein relativ geringer Erdschluss-Strom über die Leiter-Erde-Kapazitäten.

In den **Bildern 3.3 bis 3.6** sind nur die für Niederspannungsnetze einfachen und wesentlichen Kurzschlussarten dargestellt.

3.1 Kurzschlussvorgang und -größen   19

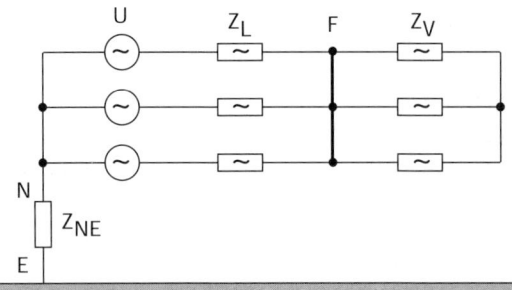

Bild 3.3
Dreipoliger Kurzschluss

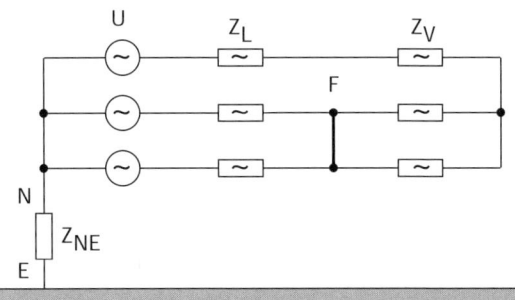

Bild 3.4
Zweipoliger Kurzschluss ohne
Erdberührung

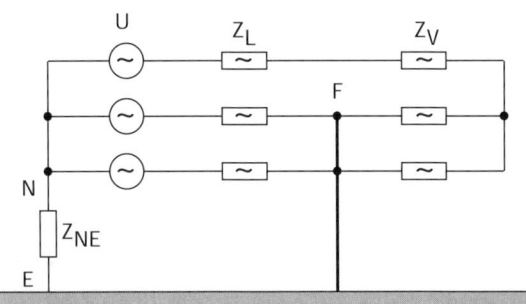

Bild 3.5
Zweipoliger Kurzschluss mit
Erdberührung

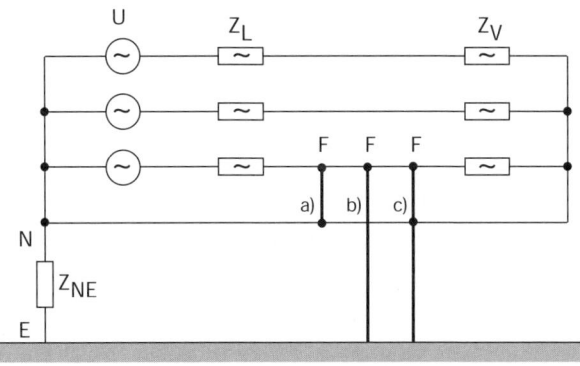

Bild 3.6
Einpoliger Kurzschluss
a) dreipoliger Kurzschluss
   (Rückfluss nur über N)
b) zweipoliger Kurzschluss
   (Rückfluss nur über E)
c) einpoliger Kurzschluss
   (Rückfluss über N und E)

3.1.4 Zeitlicher Verlauf des Kurzschluss-Stromes

Der Verlauf des Kurzschluss-Stromes wird nur bei einem Kurzschluss an den Klemmen eines Generators mit allen Merkmalen deutlich.

Ein Kurzschluss stellt für einen Generator eine plötzliche hohe Belastung dar. Die magnetischen Verhältnisse müssten sich im Generator momentan ändern, was aber physikalisch nicht möglich ist. Deshalb stellen sich Ausgleichsvorgänge ein, die den Kurzschluss-Strom bei Kurzschlusseintritt erhöhen. Dieser Strom wird, da er bei Beginn des Fließens des Kurzschluss-Stromes auftritt, als Anfangs-Kurzschlusswechselstrom I_k'' (Merkmal: ″) bezeichnet.

Die zusätzlichen Wechselstromkomponenten sind nach wenigen Sekunden exponentiell abgeklungen, und es stellt sich dann der Dauerkurzschluss-Strom I_k ein, der bis zur Abschaltung einen gleich bleibenden Wert hat.

Dieser Vorgang ist im **Bild 3.7** dargestellt. Der Kurzschluss-Stromverlauf ist insgesamt symmetrisch zur Zeitachse.

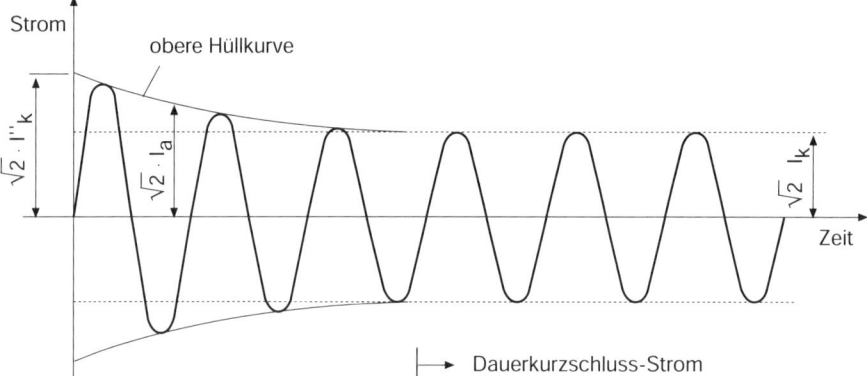

Bild 3.7 Kurzschluss-Stromverlauf, bestehend aus den Wechselstromkomponenten

Neben der Wechselstromkomponente tritt aber noch eine Gleichstromkomponente auf, die exponentiell abklingt und den Strom entsprechend von der Zeitachse verschiebt. Ursache für diese Komponente ist, dass ein Strom in einem Stromkreis mit ohmsch-induktiver Impedanz nicht plötzlich auf einen Wert „springen" sondern nur vom Wert Null ansteigen kann. Durch die Verschiebung des Wechselstromes erhöht sich der erste Spitzenwert des Stromes, der so genannte Stoßkurzschluss-Strom i_p (**Bild 3.8a**), der die maximale Kraftwirkung in der elektrischen Anlage hervorruft.

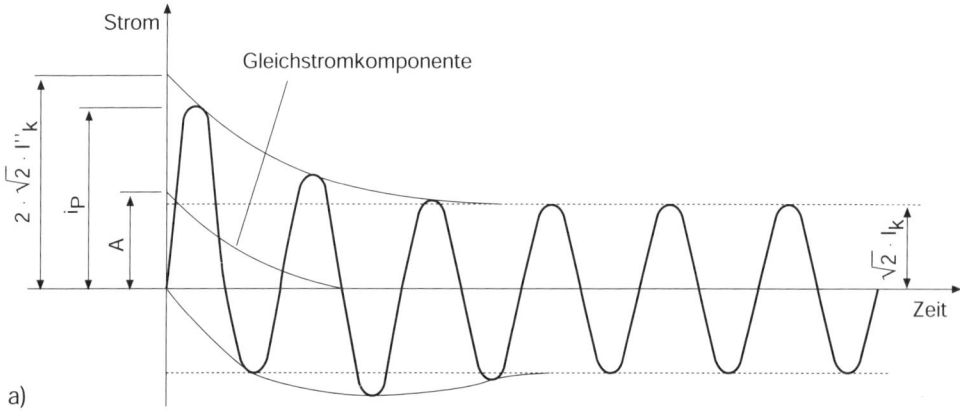

a)

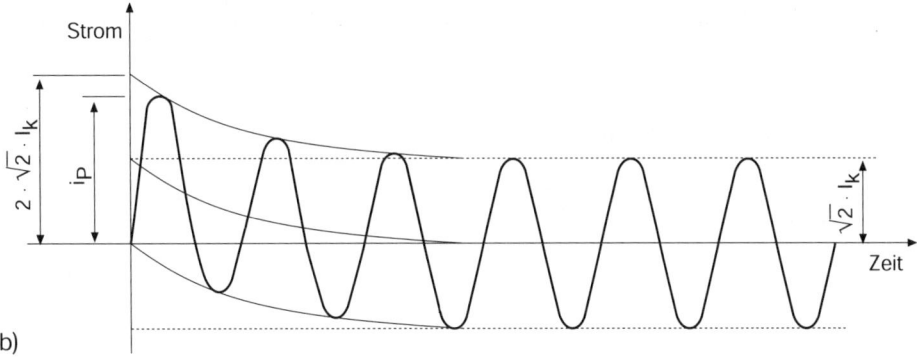

b)

Bild 3.8 Kurzschluss-Stromverlauf bei Generatorkurzschluss
a) generatornaher Kurzschluss; b) generatorferner Kurzschluss

Je weiter der Kurzschluss vom Generator entfernt ist, umso weniger haben die Ausgleichsvorgänge des Generators Einfluss auf die Höhe des Kurzschluss-Stromes; die Wechselstromkomponente fällt praktisch weg und der Kurzschluss wird als generatorfern bezeichnet. Der Kurzschluss-Strom setzt sich nur noch aus dem Dauerkurzschluss-Strom und der Gleichstromkomponente zusammen, wie er bei einem Kurzschluss in Gebäuden typisch ist (**Bild 3.8 b**).

3.1.5 Generatornaher und generatorferner Kurzschluss

Für den Bereich des generatornahen Kurzschlusses kann keine metrische Entfernung vom Generator bis zur Kurzschluss-Stelle angegeben werden. Die elektrischen Verhältnisse sind jedes Mal unterschiedlich. Es gilt aber immer: je weiter die Kurzschluss-Stelle vom Generator entfernt ist, umso kleiner wird der Kurzschluss-Strom. Deshalb ist für eine elektrische Entfernung folgende Definition angegeben:

Ein *generatornaher Kurzschluss* liegt vor, wenn der Anfangs-Kurzschlusswechselstrom I_k'' größer als das Doppelte des Bemessungsstromes I_{rG} des Generators ist:

$$\underline{I}_k'' > 2 \cdot I_{rG} \tag{3.2}$$

Ein Klemmenkurzschluss am Generator ist immer ein generatornaher Kurzschluss.

Ist der Anfangs-Kurzschlusswechselstrom nicht größer als das Zweifache des Generatorbemessungsstromes, kann von einem *generatorfernen Kurzschluss* ausgegangen werden.

In Niederspannungsanlagen mit Netzeinspeisung liegt immer ein generatorferner Kurzschluss vor, weil die Ausgleichsvorgänge im Generator nicht wirksam sind, es sei denn, speisende Generatoren sind im Gebäude oder in unmittelbarer Nähe.

Ein über einen Transformator gespeister Kurzschluss aus dem Netz nach **Bild 3.9** wird als generatorferner Kurzschluss betrachtet, wenn:

$$X_{TUS} \geq 2 \cdot X_{Qt} \tag{3.3}$$

ist.

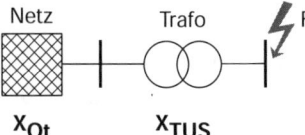

Bild 3.9
Definition des generatorfernen Kurzschlusses

Bei diesem Vergleich der Transformatorreaktanz X_{TUS} mit dem zweifachen Wert der Netzreaktanz $2 \cdot X_{Qt}$ müssen beide Widerstände auf die Unterspannungsseite bezogen sein.

3.1.6 Kurzschluss-Ströme für den Kurzschluss-Schutz

Folgende Kurzschluss-Stromgrößen sind für den Nachweis der Kurzschlussfestigkeit der Betriebsmittel und Anlagen sowie der Selektivität bei Kurzschluss-Stromausschaltung erforderlich:

a) Anfangs-Kurzschlusswechselstrom I_k''
b) Dauerkurzschluss-Strom I_k
c) Stoßkurzschluss-Strom i_p
d) Durchlass-Strom i_d
e) Ausschaltwechselstrom I_a
f) Thermisch gleichwertiger Kurzschluss-Strom I_{th}
g) Kurzschluss-Strom-Wärmewert $I_k^2 T_k$
h) Anfangs-Kurzschlusswechselstromleistung S_k''.

Die genormten Definitionen können im **Anhang A1** unter Fachausdrücke und ihre Definitionen nachgelesen werden.

Diese Kurzschluss-Ströme können als Folge eines drei-, zwei- und einpoligen Fehlers ohne und mit Erdberührung auftreten.

Die Berechnung der Kurzschluss-Ströme wird in den Abschnitten 3.2.6 und 3.2.7 eingehend behandelt. An dieser Stelle sollen nur die charakteristischen Merkmale der einzelnen Kurzschluss-Ströme verdeutlicht werden.

zu a) *Anfangs-Kurzschlusswechselstrom I_k''*
Der Anfangs-Kurzschlusswechselstrom als Effektivwert ist bei Kurzschlusseintritt definiert (Bild 3.7 und 3.8) und beinhaltet alle symmetrischen Wechselstromanteile, die durch Ausgleichsvorgänge auftreten, insbesondere von Generatoren.

Für die Bestimmung der anderen Kurzschluss-Ströme ist der Anfangs-Kurzschlusswechselstrom die Ausgangsgröße.

zu b) *Dauerkurzschluss-Strom I_k*
Der Dauerkurzschluss-Strom ist der zu erwartende Kurzschluss-Strom der bestehen bleibt, wenn alle Anteile durch Ausgleichsvorgänge abgeklungen sind (Bild 3.7 und 3.8). Beim generatorfernen Kurzschluss kann der Dauerkurzschluss-Strom dem Anfangs-Kurzschlusswechselstrom gleichgesetzt werden. Deshalb reicht es in Niederspannungsnetzen aus, nur vom Dauerkurzschluss-Strom zu sprechen, verkürzt meist (und auch in diesem Buch!) vom Kurzschluss-Strom I_k.

zu c) *Stoßkurzschluss-Strom i_p*
Der Stoßkurzschluss-Strom ist der maximal mögliche Augenblickswert des zu erwartenden Kurzschluss-Stromes und der erste Spitzenwert nach dem Eintritt des Kurzschlusses (Bild 3.8).

Die maximale mechanische Beanspruchung der Betriebsmittel und Anlagen wird durch diesen Strom hervorgerufen. Deshalb wird dieser Stoßkurzschluss-Strom zum Nachweis der mechanischen Kurzschlussfestigkeit benötigt.

zu d) *Durchlass-Strom i_d*
Strombegrenzende Kurzschluss-Schutzeinrichtungen schalten beim Durchlass-Strom, vor dem Erreichen des Stoßkurzschluss-Stromes, ab. Die mechanische Beanspruchung der Betriebsmittel und Anlagen ist dadurch stark reduziert.

zu e) *Ausschaltwechselstrom I_a*

Der Ausschaltwechselstrom ist der Effektivwert der symmetrischen Wechselstromanteile des zu erwartenden Kurzschluss-Stromes im Augenblick der Kontakttrennung des ersten Pols einer Schalteinrichtung. Weil die mechanische Kontakttrennung nicht schon bei Kurzschlusseintritt einsetzen kann, besteht zwischen Kurzschlusseintritt und Kontaktöffnung (Lichtbogenentstehung) die Öffnungszeit. Das bedeutet: Der Kurzschluss-Strom ist schon etwas abgeklungen, wenn die Schalteinrichtung den Kurzschluss-Strom unterbricht. Das Ausschaltvermögen der Schalteinrichtung muss deshalb nicht für den Anfangs-Kurzschlusswechselstrom ausgelegt sein. Dies trifft beim generatornahen Kurzschluss zu. Beim generatorfernen Kurzschluss treten keine zusätzlichen Wechselstromanteile auf, sodass der Ausschaltwechselstrom gleich dem Dauerkurzschluss-Strom ist.

Zusammenfassend aus b) und e) folgt für den generatorfernen Kurzschluss:

$$I_k'' = I_k = I_a. \tag{3.4}$$

zu f) *Thermisch gleichwertiger Kurzschluss-Strom I_{th}*

Der thermisch gleichwertige Kurzschluss-Strom als Effektivwert hat die gleiche Wärmewirkung wie der tatsächlich fließende Kurzschluss-Strom. Dabei muss die zeitliche Einwirkung der Kurzschluss-Ströme berücksichtigt werden.

Der thermisch gleichwertige Kurzschluss-Strom wird zur Überprüfung der thermischen Kurzschlussfestigkeit herangezogen.

zu g) *Kurzschluss-Strom-Wärmewert $I_k^2 T_k$*

Bei einer Kurzschlussdauer $T_k < 0,1$ s wird zur Überprüfung der thermischen Kurzschlussfestigkeit von Kabeln und Leitungen sowie für den Selektivitätsnachweis der Stromwärmewert I^2T benötigt. Er drückt die durch den Kurzschluss-Strom bis zu seiner Ausschaltung erzeugte Wärmemenge aus.

zu h) *Anfangs-Kurzschlusswechselstromleistung S_k''*

Eine für den dreipoligen Kurzschluss fiktive Drehstrom-Kurzschlussleistung bezogen auf einen bestimmten Punkt im Netz lässt sich wie folgt ausdrücken:

$$S_k'' = \sqrt{3} \cdot U_n \cdot I_k''. \tag{3.5}$$

3.2 Kurzschluss-Ströme im Niederspannungsnetz

3.2.1 Ermittlung der Kurzschluss-Ströme; Notwendigkeit und Möglichkeiten

Zur Überprüfung des Kurzschluss-Schutzes ist die Kenntnis der Kurzschlussgrößen erforderlich. Neben den zu erwartenden größten Kurzschluss-Strömen sind auch die kleinsten Kurzschluss-Ströme von Bedeutung. Die großen Kurzschluss-Ströme rufen eine große mechanische Beanspruchung hervor. Die thermische Beanspruchung hängt neben der Höhe des Kurzschluss-Stromes auch von der Kurzschlussdauer ab. Da die zulässige Kurzschlussdauer für Kabel und Leitungen im Allgemeinen mit maximal 5 s festgelegt ist, ist für die Einhaltung dieser Bedingung ein Mindestkurzschluss-Strom erforderlich. Weiterhin werden die kleinsten Kurzschluss-Ströme zur Auswahl bzw. Einstellung der Kurzschluss-Schutzeinrichtungen benötigt, um ein zuverlässiges und selektives Abschalten im Fehlerfall sicherzustellen.

Die zu erwartenden Kurzschluss-Ströme in Gebäuden können nach folgenden Methoden bestimmt werden:

- anhand von Angaben des EVU,
- mittels Berechnungsverfahren nach DIN VDE 0102 sowie
- durch Messung des Kurzschluss-Stromes oder der Schleifenimpedanz.

Die Angaben durch das EVU beziehen sich nur auf den Anschlusspunkt Q eines Netzes oder eines Gebäudes und sind dann Ausgangsgrößen für die rechnerische Bestimmung der Kurzschluss-Ströme in der verzweigten elektrischen Anlage eines Gebäudes. Berechnungen sind in der Regel nötig. Deshalb ist die Berechnung der Kurzschluss-Ströme in Niederspannungsanlagen in diesem Kapitel recht ausführlich dargestellt, aber auf die praktische Anwendung begrenzt. Die Hochspannungsanlagen werden dabei insoweit berücksichtigt, wie sie als Bestandteil zur Versorgung von Gebäuden vorhanden sind.

3.2.2 Angabe der Kurzschluss-Ströme durch das EVU

Die Energieversorgungsunternehmen (EVU) geben auf Verlangen für den Anschlusspunkt Q die erforderlichen Kurzschlussgrößen an.

Mit den Angaben:

- Anfangs-Kurzschlusswechselstrom I_k'' oder Anfangs-Kurzschlusswechselstromleistung S_k'' und
- Stoßfaktor κ oder das R_Q/X_Q-Verhältnis

kann die Kurzschlussimpedanz Z_Q bis zum Anschlusspunkt Q (Netzimpedanz) ermittelt werden, die für die Berechnung der im Gebäude auftretenden Kurzschluss-Ströme benötigt wird.

3.2.3 Methodik und Verfahren der Kurzschlussberechnung

Die Berechnung der Größe des dreipoligen Kurzschluss-Stromes I_k wird im Prinzip mit dem ohmschen Gesetz durchgeführt:

Eine Spannungsquelle U treibt über die Kurzschlussimpedanz Z_k den Kurzschlusswechselstrom I_k. (**Bild 3.10**).

Die Impedanz Z_k wird für Berechnungen im Kurzschlussfall, als Kurzschlussimpedanz an der Fehlerstelle bezeichnet, und ist die Summe aller Kurzschlussimpedanzen der Betriebsmittel von der Spannungsquelle bis zur Fehlerstelle. Dazu zählen im Wesentlichen die Kurzschlussimpedanzen der Betriebsmittel, wie Generatoren, einspeisende Netze, Transformatoren und Leitungen.

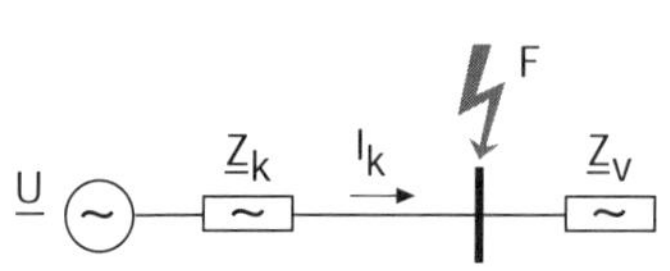

Bild 3.10
Netzschaltbild; einfacher Kurzschlussfall

Für ausführliche Berechnungen und zur Erzielung genauerer Ergebnisse (Was nicht immer nötig ist!) ist die Anwendung der komplexen Rechenmethode erforderlich. Dazu wird die physikalische Größe in eine Wirk- und eine Blindkomponente zerlegt. Die Kurzschlussimpedanz besteht aus dem ohmschen Widerstand (Resistanz) R_k als Wirkkomponente und dem induktiven Widerstand (Reaktanz) jX_k als Blindkomponente. Mit der Kennzeichnung einer komplexe Größe durch Unterstreichen wird die Kurzschlussimpedanz geschrieben:

$$\underline{Z}_k = R_k + jX_k \,. \tag{3.6}$$

In komplexer Schreibweise nimmt das ohmsche Gesetz dann folgende Form an:

$$\underline{I}_k = \frac{\underline{U}}{\underline{Z}_k} = \frac{\underline{U}}{R_k + jX_k} \,. \tag{3.7}$$

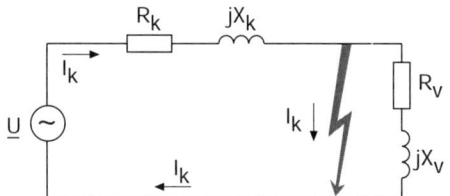

Bild 3.11
Ersatzschaltbild; einfacher Kurzschluss-Stromkreis

Die im **Bild 3.11** eingezeichnete Verbraucherlast $\underline{Z}_V = R_V + jX_V$ wird im Kurzschlussfall überbrückt und hat praktisch keinen Einfluss auf die Höhe des Kurzschluss-Stromes.

Der methodische Ansatz zur Berechnung des Kurzschluss-Stromes nach DIN VDE 0102 [3.1] ist so vorgegeben, dass an der Fehlerstelle eine Ersatzspannungsquelle $\underline{U}_{ers}$ eingeführt und die tatsächliche Spannungsquelle als kurzgeschlossen betrachtet wird (**Bild 3.12**).

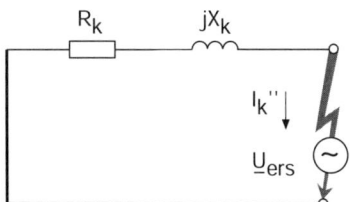

Bild 3.12
Ersatzschaltbild zur Methodik der Berechnung des Kurzschluss-Stromes

Mit der Einführung der Ersatzspannung lautet die Formel (3.7):

$$\underline{I}_k = \frac{\underline{U}_{ers}}{\underline{Z}_k} \,. \tag{3.8}$$

Die Ersatzspannung $\underline{U}_{ers}$ wird mit der Netznennspannung $\underline{U}_n$ und dem Spannungsfaktor c bestimmt:

$$\underline{U}_{ers} = \frac{c \cdot \underline{U}_n}{\sqrt{3}} \,. \tag{3.9}$$

Sie ist eine Sternspannung und wird mittels des Spannungsfaktors c (**Tafel 3.1**) je nach der Berechnung des größten oder des kleinsten Kurzschluss-Stromes angepasst.

Der Spannungsfaktor berücksichtigt:

– die Spannungsunterschiede im Netz,
– die Stufenstellung von Transformatorstufenschaltern,
– die Vernachlässigung der Lasten und Kapazitäten und
– das mit Ausgleichsvorgängen verbundene Verhalten von Generatoren und Motoren.

Tafel 3.1 Spannungsfaktor c [3.1, 3.2]

Nennspannung U_n	Spannungsfaktor c für die Berechnung des	
	größten	kleinsten
	Kurzschluss-Stromes	
	c_{max}	c_{min}
100 V bis 1000 V a) 230/400 V b) sonstige Spannungen	1,00 (1,05) 1,05	0,95 1,00 (0,95)
Mittelspannung > 1 kV bis 35 kV	1,10	1,00
Hochspannung > 35 kV bis 230 kV 380 kV	1,10	1,00

Anmerkung: – cU_m sollte die höchste Spannung U_m für Betriebsmittel in Netzen nicht überschreiten
– in Klammern Angaben im Entwurf von DIN VDE 0102 (Spannungstoleranz +6%)

Die bisherige Betrachtung berücksichtigt nur die Speisung eines Kurzschluss-Stromes in einem Gebäude durch das Netz des EVU. Sind Generatoren und/oder Asynchronmotoren in Betrieb, liefern diese auch Anteile zum gesamten Kurzschluss-Strom an der Fehlerstelle (Bild 3.2). Das Ersatzschaltbild mit der Einführung der Ersatzspannungsquelle an der Fehlerstelle zur Berechnung des Anfangs-Kurzschlusswechselstromes $\underline{I}_k''$ ist im **Bild 3.13** dargestellt.

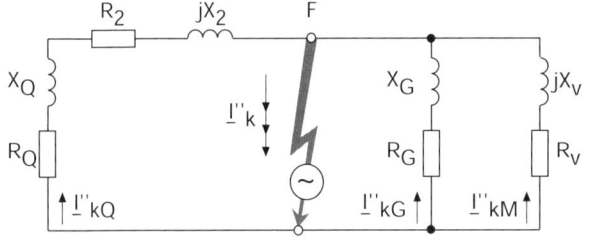

Bild 3.13 Ersatzschaltung unter Berücksichtigung der Speisung des Kurzschluss-Stromes von der Netzseite, von Generatoren und Asynchronmotoren

R_Q, X_Q – Widerstände der Netzeinspeisung
R_L, X_L – Widerstände auf dem gesamten Leitungsweg vom Anschlusspunkt Q zur Fehlerstelle F
R_G, X_G – Widerstände des Generators/einer Generatorgrupppe
R_M, X_M – Widerstände des Asynchronmotors/einer Asynchronmotorengruppe

Gebäude werden in der Regel vom Netz eines EVU eingespeist, und ein Kurzschluss in der elektrischen Anlage kann als generatorfern mit den im Abschnitt 3.1.5 genannten Vereinfachungen betrachtet werden. Komplexe mathematische Berechnungen sind dann nicht nötig. Dies gilt insbesondere, wenn der Kurzschluss hinter einer längeren Leitung mit kleinem Querschnitt angenommen wird. Dann genügt die Berechnung mit den Beträgen der Kurzschlussimpedanzen der Betriebsmittel (Abschnitt 3.2.6).

Die bisher betrachtete Berechnung für einen dreipoligen Kurzschluss ist relativ einfach, weil sich der Kurzschluss-Strom bezüglich des Auftretens in den drei Leitern genauso verhält wie der Betriebsstrom in einem symmetrisch belasteten Drehstromnetz: In jedem Leiter fließt ein Strom mit gleichem Betrag, nur dass die Phasenlage um jeweils 120° gedreht ist. Deshalb muss der Kurzschluss-Strom nur für einen Leiter ermittelt werden, mit dem dann die Kurzschlussbelastung für alle drei Leiter überprüft werden kann.

Für den Nachweis des Kurzschluss-Schutzes sind aber auch die unsymmetrischen Kurzschluss-Ströme von Interesse (Bilder 3.4 bis 3.6), weil mit ihrer Kenntnis erst eine Aussage über die größten und kleinsten Kurzschluss-Ströme möglich wird.

Da bei den unsymmetrischen Kurzschlüssen die Ströme in den betroffenen Leitern unterschiedlich sind, ist deren Berechnung mit den herkömmlichen Methoden recht aufwendig. Deshalb wird für diese Fehlerfälle in der Drehstromtechnik das Berechnungsverfahren der symmetrischen Komponenten genutzt. Dabei wird der tatsächliche Fehlerstrom in drei symmetrische Komponentensysteme zerlegt (**Bild 3.14**): Das Mitsystem $\underline{I}_{(1)}$, das Gegensystem $\underline{I}_{(2)}$ und das Nullsystem $\underline{I}_{(0)}$.

Das Mit- und das Gegensystem sind symmetrische Drehstromsysteme mit gegenläufigem Drehsinn, und das Nullsystem besteht aus drei Zeigergrößen mit gleichen Beträgen und jeweils gleicher Richtung.

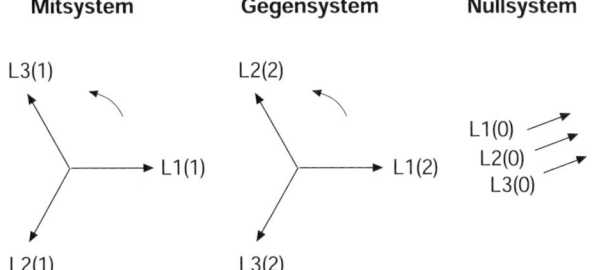

Bild 3.14
Symmetrische Komponentensysteme

Jedes der drei Komponentensysteme hat auch eine eigene Impedanz: Mitimpedanz $\underline{Z}_{(1)}$, Gegenimpedanz $\underline{Z}_{(2)}$ und Nullimpedanz $\underline{Z}_{(0)}$. Mit den durch eine Transformationsvorschrift ermittelten Spannungen, Strömen und Impedanzen als symmetrische Komponenten kann vereinfacht wie im symmetrischen Drehstromnetz mittels des ohmschen Gesetzes gerechnet werden. Die anschließende Überlagerung der drei Komponentensysteme in jedem Leiter ergibt den Fehlerstrom für die einzelnen Leiter. Beispielsweise gilt für den Leiter L1:

$$\underline{I}_{L1} = \underline{I}_{L1(1)} + \underline{I}_{L1(2)} + \underline{I}_{L1(0)}. \tag{3.10}$$

Auf diese Berechnungsmethodik soll hier nicht weiter eingegangen werden. Insbesondere bei der Anwendung der in den Abschnitten 3.2.6 bis 3.2.7 angegebenen Berechnungsformeln für unsymmetrische Kurzschluss-Ströme sollte aber Folgendes bekannt sein: Die Formeln sind so aufgebaut, dass der zu berechnende Kurzschluss-Strom I_k und die einzusetzende Netznennspannung U_n als Leiter-Leiter-Spannung immer die realen Größen darstellen.

Die Impedanzen sind Größen aus dem Komponentensystem: Mitimpedanz $\underline{Z}_{(1)}$, Gegenimpedanz $\underline{Z}_{(2)}$ und Nullimpedanz $\underline{Z}_{(0)}$.

Je nach der Fehlerart müssen die einzelnen Impedanzen berücksichtigt werden (**Bild 3.15**), beim dreipoligen Kurzschluss jedoch nur die Impedanz des Mitsystems. Der zweipolige Kurzschluss-Strom wird von der Mit- und der Gegenimpedanz begrenzt. Beim einpoligen Kurzschluss müssen alle drei Impedanzen eingesetzt werden.

Vereinfachend kann in Drehstromsystemen der Elektroenergieversorgung bei der Berechnung von Kurzschluss-Strömen die Mitimpedanz $\underline{Z}_{(1)}$ gleich der Gegenimpedanz $\underline{Z}_{(2)}$ gesetzt werden, sodass in den Formeln oft nur eine Impedanz, die Kurzschlussimpedanz $\underline{Z}_k$ des Mitsystems, angegeben ist: $\underline{Z}_k = \underline{Z}_{(1)} = \underline{Z}_{(2)}$.

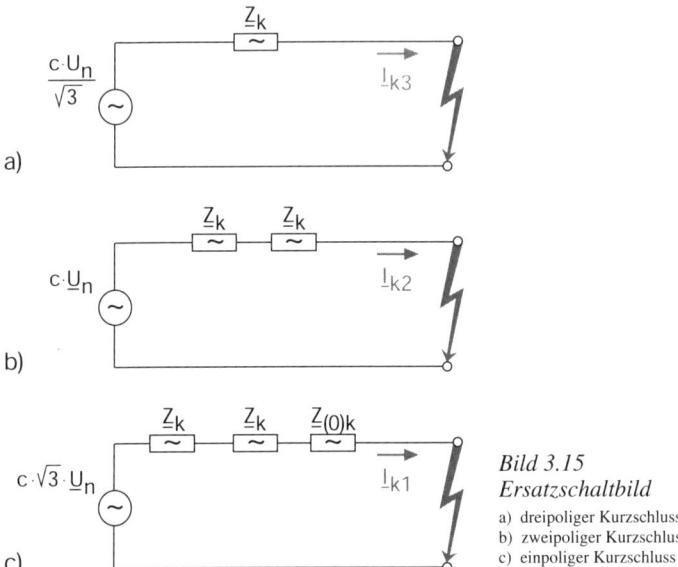

Bild 3.15
Ersatzschaltbild
a) dreipoliger Kurzschluss
b) zweipoliger Kurzschluss
c) einpoliger Kurzschluss

Die Nullimpedanz $\underline{Z}_{(0)}$ wird immer dann berücksichtigt, wenn der Kurzschluss-Strom bei einem einpoligen Fehler über den Neutralleiter und/oder das Erdreich zum Sternpunkt des Transformators zurückfließt. Es muss eine Schaltung der Transformatorwicklungen in Stern oder Zick-Zack vorliegen. Dies ist bei der üblichen Schaltgruppe Dy5 von Ortsnetztransformatoren der Fall.

Die nachfolgend in die Formeln einzusetzenden Mit- und Nullimpedanzen werden von den Herstellern der Betriebsmittel und in [3.3] angegeben. Im Abschnitt 3.2.9 sind in den Tafeln 3.6 bis 3.32 entsprechend aufbereitete Kurzschlussimpedanzen angegeben.

3.2.4 Vereinfachungen für die Kurzschlussberechnung

Zur Überprüfung der Kurzschlussfestigkeit und des -schutzes ist nicht die Berechnung des zeitlichen Verlaufes des Kurzschluss-Stromes entsprechend den Bildern 3.7 und 3.8 erforderlich. Es werden nur charakteristische Werte dieses Kurzschlusswechselstromes wie

− der Anfangs-Kurzschlusswechselstrom I_k'',
− der Stoßkurzschluss-Strom i_p,
− der Dauerkurzschluss-Strom I_k,
− der Ausschaltwechselstrom I_a und
− der thermisch gleichwertige Kurzschluss-Strom I_{th}

bestimmt, mit denen der Nachweis des Standhaltens der elektrischen Anlage und der Gewährleistung von Selektivität im Kurzschlussfall erfolgen kann.

Da der Inhalt dieses Buch auf die Gebäudeinstallation beschränkt ist, sind weitere Vereinfachungen möglich, die sich aus der Tatsache ergeben, dass in Gebäuden oft nur ein generatorferner Kurzschluss auftritt.

Weiterhin werden für die Berechnungen folgende Vereinfachungen vorausgesetzt:

− Für die Dauer des Kurzschlusses ändert sich die Kurzschlussart nicht.
− Der Schaltzustand des Netzes bleibt unverändert.
− Der Lichtbogenwiderstand an der Fehlerstelle wird nicht berücksichtigt.
− Als Last haben nur Asynchronmotoren Einfluss auf die Höhe des Kurzschluss-Stromes.

3.2.5 Berechnung größter und kleinster Kurzschluss-Ströme

Im Niederspannungsnetz von Gebäuden ist der dreipolige Kurzschluss-Strom am größten. Nur wenn der Kurzschluss in unmittelbarer Nähe des Transformators liegt, kann der einpolige etwas größer als der dreipolige Kurzschluss-Strom sein. Der zweipolige Kurzschluss-Strom wird in Niederspannungsnetzen nie der größte Kurzschluss-Strom sein.

Aber auch der kleinste Kurzschluss-Strom kann, insbesondere bei der Belastung von Kabeln und Leitungen, eine zu hohe thermische Beanspruchung hervorrufen, denn geringe Kurzschluss-Ströme haben bei thermisch wirkenden Schutzeinrichtungen eine relativ lange Abschaltzeit zur Folge. In Gebäudeinstallationen ist beim einpoligen Kurzschluss der kleinste Fehlerstrom zu erwarten; der dreipolige Kurzschluss-Strom ist dafür auszuschließen. Ist die Netzimpedanz vor dem einspeisenden Transformators hoch, kann auch der zweipolige Kurzschluss in Transformatornähe den kleinsten Wert annehmen. In diesem Fall ist eine genauere Überprüfung erforderlich.

Diese Aussagen treffen auf das TN-System zu. Im IT-System und im Dreileiternetz liefert immer der dreipolige Kurzschluss den größten und der zweipolige Kurzschluss den kleinsten Kurzschluss-Strom.

Die Größe des Kurzschluss-Stromes wird durch die Höhe der Betriebsspannung an der Fehlerstelle unmittelbar vor dem Kurzschluss und die gesamte Kurzschlussimpedanz bestimmt. Sowohl die Betriebsspannung als auch die Kurzschlussimpedanz sind keine konstanten Größen.

Die Betriebsspannung darf sich in einem bestimmten Bereich ändern. Dieser Einfluss wird mit der Wahl des Spannungsfaktors c (Tafel 3.1) berücksichtigt.

Die Kurzschlussimpedanz unterliegt den Einflussfaktoren:

- Netzleistung,
- Schaltzustand des Netzes bzw. der elektrischen Anlage,
- Leitertemperatur sowie
- Berücksichtigung zusätzlicher Kurzschluss-Stromquellen (z. B. Asynchronmotoren).

Je nach der Art der Berücksichtigung der Einflussgrößen kann der zu erwartende größte und kleinste Kurzschluss-Strom berechnet werden.

Im Einzelnen ist zu berücksichtigen:

a) bei der Berechnung des größten Kurzschluss-Stromes
- der Spannungsfaktor c_{max},
- die kleinste Netz- bzw. Generatorimpedanz (größte Kurzschlussleistung des Netzes bzw. Generatorleistung),
- Schaltzustand, der die kleinste Kurzschlussimpedanz ergibt (mögliche Parallelschaltung und Vermaschung),
- Annahme der Leitertemperatur $\vartheta = 20\ °C$ sowie
- Motoren;

b) bei der Berechnung des kleinsten Kurzschluss-Stromes
- der Spannungsfaktor c_{min},
- die größte Netz- bzw. Generatorimpedanz (kleinste Kurzschlussleistung des Netzes bzw. Generatorleistung),
- Schaltzustand, der die größte Kurzschlussimpedanz ergibt (ohne Parallelschaltung und Vermaschung),
- Annahme der Leitertemperatur $\vartheta = 80\ °C$ und höher (z. B. 145 °C[1]), wenn die zulässige Betriebstemperatur erreicht wird,

---

[1] Die Leiterendtemperatur darf im Kurzschlussfall bis 200 °C (Tafel 5.1 und 5.2) betragen.

- Motoren vernachlässigen sowie
- eventuell Berücksichtigung der (Zusatz)Impedanzen von Stromschienen, Wandlern, Schaltern, Sicherungen, Verbindungsstellen.

Mit den Formeln (3.28) und (3.29) kann unter Berücksichtigung der Einflussgrößen der größte und kleinste Kurzschluss-Strom berechnet werden.

3.2.6 Berechnung der Kurzschluss-Ströme im Strahlennetz (praxisgerecht)

Als praxisgerechtes Verfahren wird die Ermittlung des Kurzschluss-Stromes mit einer für die Planungs- und Prüfungsaufgabe ausreichenden Genauigkeit verstanden.

Die Genauigkeit ist eingeschränkt, wenn wie im Folgenden nur mit den Beträgen der Kurzschlussimpedanzen gerechnet wird. Für die Berechnung der Kurzschluss-Ströme in Gebäuden ist diese Methode oft ausreichend. Nur wenn die Impedanzwinkel der Kurzschlussimpedanzen der Betriebsmittel stark voneinander abweichen oder ein generatornaher Kurzschluss vorliegt, ist die Anwendung der komplexen Berechnungsmethode erforderlich (siehe Abschnitt 3.2.7).

Für die Berechnung von generatorfernen Kurzschluss-Strömen in Gebäuden und für Überschlagsrechnungen reicht die vereinfachte Berechnung mit den Beträgen der Impedanzen und Kurzschluss-Ströme oft aus!

Da bei der Überprüfung der Kurzschlussfestigkeit der tatsächliche Kurzschlusswert in den meisten Fällen wesentlich kleiner ist als der vom Hersteller angegebene Festigkeitswert, ist eine genauere Berechnung hinsichtlich des Arbeitsaufwandes nicht zu vertreten. Nur wenn der Unterschied zwischen den beiden Werten gering ist, muss schon etwas genauer gerechnet werden.

Die einfache Einspeisung durch das regionale Verteilungsnetz des Elektroenergieversorgungsunternehmens ist typisch für die Versorgung von Gebäuden. Von der Hauptverteilung des Gebäudes bis zu den Verbrauchern ist das Leitungsnetz ein verzweigtes Strahlennetz. Dies ist aber nur dann so eindeutig, wenn keine gleichzeitig betriebenen Kurzschluss-Stromquellen (Generatoren, Asynchronmotoren, 2. Einspeisung) vorhanden sind. Ansonsten ist die genauere Berechnung nach den Abschnitten 3.2.7 und 3.2.11 erforderlich.

Impedanzen der Betriebsmittel

Für das Niederspannungsstrahlennetz in Gebäuden können die folgenden Formeln und Richtlinien zur einfachen bzw. überschlägigen Berechnung zugrunde gelegt werden.

Es werden dabei nur die Impedanzen der Betriebsmittel – speisendes Netz Z_Q, Transformator Z_T und Leitungen Z_L – berücksichtigt.

Speisendes Netz. Mit der Kenntnis der Kurzschlusswechselstromleistung S_k oder des Kurzschlusswechselstromes I_k am Anschlusspunkt Q wird die *Netzimpedanz* Z_Q, bezogen auf die zum Anschlusspunkt Q gehörende Spannungsebene U_{nQ}, berechnet:

$$Z_Q = \frac{c \cdot U_{nQ}^2}{S_k} = \frac{c \cdot U_{nQ}}{\sqrt{3} \cdot I_k}. \tag{3.11}$$

3.2 Kurzschluss-Ströme im Niederspannungsnetz

Ist die Kurzschlussleistung S_k am Anschlusspunkt Q nicht bekannt, kann für die Berechnung größter Kurzschluss-Ströme S_k = 500 MVA angenommen werden.

In **Tafel 3.2** sind Netzimpedanzen Z_Q für unterschiedliche Kurzschlussleistungen S_k und Netznennspannungen U_n als Richtwerte angegeben.

Die EVU geben allgemein für bestimmte Anschlusspunkte (z. B. Hausanschluss) einen Impedanzwert des vorgeschalteten Netzes an.

Tafel 3.2 Netzimpedanz Z_Q in mΩ bezogen auf die Niederspannungsseite (c = 1,1)

S_k in MVA	20	40	60	80	100	150	200	250	300	350	400	450	500	600	800
U_n in V															
230	2,91	1,45	0,97	0,727	0,582	0,388	0,29	0,233	0,194	0,166	0,145	0,129	0,116	0,97	0,072
400	8,8	4,4	2,93	2,2	1,76	1,17	0,88	0,704	0,587	0,503	0,44	0,391	0,352	0,293	0,22
500	13,75	6,875	4,583	3,437	2,75	1,833	1,375	1,10	0,917	0,786	0,687	0,611	0,55	0,458	0,344
690	26,2	13,1	8,73	6,55	5,24	3,49	2,62	2,095	1,746	1,50	1,31	1,164	1,047	0,873	0,655

Transformatoren. Die *Transformatorimpedanz* Z_T wird mit der Bemessungsspannung U_{rT}, der Bemessungsscheinleistung S_{rT} und der Kurzschluss-Spannung in % ermittelt:

$$Z_T = \frac{u_k \cdot U_{rT}^2}{100 \cdot S_{rT}} \tag{3.12}$$

Wenn mehr als zwei Transformatoren mit ungleichen Kurzschluss-Spannungen parallel geschaltet sind, ist es vorteilhaft, mit der Ersatzkurzschluss-Spannung $u_{k\text{ers}}$ und der Summe der Bemessungsscheinleistungen ΣS_{rT} die Ersatz-Transformatorimpedanz $Z_{T\text{ers}}$ zu bestimmen:

$$Z_{T\text{ers}} = \frac{u_{k\text{ers}} \cdot U_{rT}^2}{100\% \cdot \sum S_{rT}} \quad \text{mit} \tag{3.13}$$

$$u_{k\text{ers}} = \frac{S_{rT1} + S_{rT2} + S_{rT3} + \ldots + S_{rTn}}{\dfrac{S_{rT1}}{u_{krT1}} + \dfrac{S_{rT2}}{u_{krT2}} + \dfrac{S_{rT3}}{u_{krT3}} + \ldots + \dfrac{S_{rTn}}{u_{krTn}}}. \tag{3.14}$$

Die *Transformatornullimpedanz* Z_{0T} hängt von der Schaltgruppe des Transformators ab. Bei der Schaltgruppe Dy5 ist näherungsweise

$$Z_{0T} = 0{,}95 \cdot Z_T. \tag{3.15}$$

Zur Bestimmung der Nullimpedanz von Öltransformatoren mit einer anderen Schaltgruppe sind die Angaben in Tafel 3.20 heranzuziehen.

In den **Tafeln 3.3** und **3.4** sind Transformatorimpedanzen Z_T und -nullimpedanzen Z_{0T} für unterschiedliche Transformatorleistungen S_{rT} und -Bemessungsspannungen U_{rT} als Richtwerte angegeben.

Weitere Werte für Öl- und Trockentransformatoren mit einer Bemessungsspannung U_{rT} = 420 V sind in den Tafeln 3.20 bis 3.22 aufgelistet.

Tafel 3.3 Impedanzen Z_T in mΩ bezogen auf die Niederspannungsseite von Öltransformatoren ($u_k = 4\%$, ab 800 kVA $u_k = 6\%$)

S_T in kVA	50	100	160	200	250	315	400	500	630	800	1000	1250	1600	2000	2500
U_{rT} in V															
230	42,32	21,16	13,22	10,58	8,46	6,72	5,29	4,23	3,36	3,97	3,174	2,54	1,984	1,587	1,27
400	128,0	64,0	40,0	32,0	25,6	20,32	16,0	12,8	10,16	12,0	9,6	7,68	6,0	4,8	3,841
500	200,0	100	62,5	50	40	31,75	25,0	20,0	15,87	18,75	15,0	12,0	9,375	7,5	6,0
690	380,1	190,4	119,0	95,22	76,18	60,46	47,61	38,09	30,23	35,71	28,57	22,85	17,85	14,28	11,43

Tafel 3.4 Nullimpedanzen Z_{0T} in mΩ bezogen auf die Niederspannungsseite von Öltransformatoren ($u_k = 4\%$, ab 800 kVA $u_k = 6\%$, Dy5)

S_T in kVA	50	100	160	200	250	315	400	500	630	800	1000	1250	1600	2000	2500
U_{rT} in V															
400	123,6	61,43	38,28	30,61	24,46	19,4	15,27	12,21	9,69	11,42	9,14	7,31	5,71	5,57	5,57

Kabel und Leitungen. Mit der auf die Länge bezogenen *Leitungsimpedanz (Impedanzbelag)* Z'_L und *-nullimpedanz* Z'_{0L} sowie der Leitungslänge l_L werden die Impedanzen

$$Z_L = Z'_L \cdot l_L \quad \text{und} \tag{3.16}$$

$$Z_{0L} = Z'_{0L} \cdot l_L \tag{3.17}$$

ermittelt.

Da der ohmsche Widerstand von der Leitertemperatur abhängig ist, wird zur Berechnung des kleinsten und des größten Kurzschluss-Stromes die Impedanz auf die zugrunde zu legende Temperatur bezogen eingesetzt (siehe Abschnitt 3.2.5).

Ist der Belag Z' nicht bekannt, so kann dieser Wert mit dem ohmschen R' und induktiven Widerstandsbelag X', die in den Tafeln 3.24 bis 3.34 für verschiedene Kabeltypen angegeben oder aus entsprechenden Kabelkatalogen der Hersteller zu entnehmen sind, berechnet werden:

$$Z'_L = \sqrt{(R'_L)^2 + (X'_L)^2} \quad \text{bzw.} \tag{3.18}$$

$$Z'_{0L} = \sqrt{(R'_{0L})^2 + (X'_{0L})^2} \; . \tag{3.19}$$

Bei Leiterquerschnitten bis 16 mm² Kupfer und 25 mm² Aluminium kann der induktive Anteil der Impedanz unberücksichtigt bleiben.

In den **Tafeln 3.5** bis **3.8** sind für Niederspannungs-Kunststoffkabel die Impedanzbeläge Z'_L und Z'_{0L} bei einer Leitertemperatur $\vartheta = 20\,°C$ und $\vartheta = 80\,°C$ aufgelistet.

3.2 Kurzschluss-Ströme im Niederspannungsnetz

Tafel 3.5 Impedanzenbeläge Z'_L in Ω/km von Niederspannungs-Kunststoffkabeln bei $\vartheta = 20\ °C$

q_n in mm²	1,5	2,5	4	6	10	16	25	35	50	70	95	120	150	185	240	300
Cu	11,79	7,07	4,561	3,032	1,812	1,144	0,729	0,532	0,398	0,283	0,213	0,177	0,148	0,129	0,112	0,102
Al	–	11,94	7,471	4,981	2,981	1,893	1,204	0,88	0,647	0,451	0,331	0,267	0,223	0,185	0,153	0,133

Tafel 3.6 Impedanzenbeläge Z'_L in Ω/km von Niederspannungs-Kunststoffkabeln bei $\vartheta = 80\ °C$

q_n in mm²	1,5	2,5	4	6	10	16	25	35	50	70	95	120	150	185	240	300
Cu	14,62	8,77	5,66	3,76	2,25	1,42	0,9	0,66	0,49	0,35	0,26	0,21	0,18	0,152	0,13	0,117
Al	–	14,8	9,26	6,17	3,7	2,35	1,49	1,09	0,8	0,56	0,41	0,33	0,27	0,222	0,18	0,155

Tafel 3.7 Nullimpedanzen Z'_{0L} in Ω/km von Niederspannungs-Kunststoffkabeln bei $\vartheta = 20\ °C$

q_n in mm²		1,5	2,5	4	6	10	16	25	35	50	70	95	120	150	185	240	300
Cu	a	47,16	28,28	18,24	12,13	7,25	4,58	2,92	2,13	1,59	1,12	0,84	0,69	0,59	0,51	0,44	0,4
	c	12,38	7,79	5,55	4,26	3,27	2,62	2,03	1,65	1,31	0,98	0,75	0,62	0,54	0,47	0,4	0,37
Al	a	–	–	–	–	–	–	3,52	2,59	1,8	1,32	1,06	0,88	0,73	–	–	–
	c	–	–	–	–	–	–	2,26	1,88	1,45	1,12	0,93	0,78	0,65	–	–	–

a Rückleitung über 4. Leiter; c Rückleitung über 4. Leiter und Erde

Tafel 3.8 Nullimpedanzen Z'_{0L} in Ω/km von Niederspannungs-Kunststoffkabeln bei $\vartheta = 80\ °C$

q_n in mm²		1,5	2,5	4	6	10	16	25	35	50	70	95	120	150	185	240	300
Cu	a	58,48	35,07	22,62	15,03	8,99	5,67	3,61	2,63	1,95	1,38	1,02	0,83	0,7	0,6	0,5	0,45
	c	15,25	9,5	6,68	5,03	3,81	3,05	2,39	1,95	1,56	1,17	0,89	0,73	0,63	0,54	0,45	0,4
Al	a	–	–	–	–	–	–	4,36	3,2	2,22	1,62	1,3	1,07	0,88	–	–	–
	c	–	–	–	–	–	–	2,64	2,21	1,72	1,33	1,1	0,93	0,77	–	–	–

a Rückleitung über 4. Leiter; c Rückleitung über 4. Leiter und Erde

Ermittlung der Impedanz von parallel geschalteten Betriebsmitteln

Für eine Parallelschaltung von *zwei* Betriebsmitteln (Kabeln und Leitungen unterschiedlichen Typs, Querschnitt und/oder Material oder für Transformatoren mit unterschiedlichen Impedanzen) gilt allgemein:

$$Z_{\text{ers}} = \frac{Z_1 \cdot Z_2}{Z_1 + Z_2}. \tag{3.20}$$

Werden *drei* Betriebsmittel parallel betrieben, wird Formel (3.20) erweitert:

$$Z_{ers} = \frac{Z_1 \cdot Z_2 \cdot Z_3}{Z_1 \cdot Z_2 + Z_1 \cdot Z_3 + Z_2 \cdot Z_3} \,. \tag{3.21}$$

Sind *mehrere* Betriebsmittel gleicher Bauart parallel geschaltet, berechnet sich die Ersatzimpedanz Z_{ers} als Quotient der Impedanz eines Betriebsmittels Z und der Anzahl der Betriebsmittel n:

$$Z_{ers} = \frac{Z}{n} \,. \tag{3.22}$$

Beispiel 3.1:
Kurzschlussimpedanz von parallel geschalteten, unterschiedlichen Transformatoren
Für zwei parallel geschaltete Transformatoren, die ein 400 V-Netz versorgen, mit den Bemessungsleistungen $S_{rT1} = 400$ kVA und $S_{rT2} = 630$ kVA und einer Kurzschluss-Spannung von jeweils $u_k = 4\%$, soll die Ersatzimpedanz ermittelt werden.

Vorgehensweise:
Mit der Formel (3.20) und den in Tafel 3.3 angegebenen Einzelimpedanzen für die Transformatoren wird die wirksame Kurzschlussimpedanz für die Berechnung größter Kurzschluss-Ströme bestimmt:

$$Z_{ers} = \frac{16 \text{ m}\Omega \cdot 10,16 \text{ m}\Omega}{16 \text{ m}\Omega + 10,16 \text{ m}\Omega} = 6,21 \text{ m}\Omega \,.$$

Mit den Formeln (3.14) und (3.13) erhält man das gleiche Ergebnis:

$$u_{k\,ers} = \frac{400 \text{ kVA} + 630 \text{ kVA}}{\dfrac{400 \text{ kVA}}{4\%} + \dfrac{630 \text{ kVA}}{4\%}} = 4\%$$

$$Z_T = \frac{4\% \cdot (400 \text{ V})^2}{100\% \cdot 1030 \text{ kVA}} = 6,21 \text{ m}\Omega \,.$$

Beispiel 3.2:
Kurzschlussimpedanzen von parallel geschalteten Kabeln gleichen Typs, Querschnitt und Material
Berechnet wird die Leitungsimpedanz von drei parallel geführten Kabeln vom Typ NYY 4×185 mm² und einer Kabellänge $l = 40$ m.

Vorgehensweise:
Der Impedanzbelag nach Tafel 3.5 von $Z'_L = 0,129 \, \Omega/\text{km}$ multipliziert mit der Kabellänge ergibt mit Formel (3.18) die (Mit-)Impedanz Z_L eines Kabels:

$$Z_L = 0,129 \, \Omega/\text{km} \cdot 0,04 \text{ km} = 0,00516 \, \Omega = 5,16 \text{ m}\Omega \,.$$

Die Ersatzimpedanz der drei Kabel unter Anwendung von Formel (3.22) wird:

$$Z_{L\,ers} = \frac{Z_L}{n_L} = \frac{5,16 \text{ m}\Omega}{3} = 1,72 \text{ m}\Omega \,.$$

Zur Bestimmung der *Nullimpedanz* Z_{0L} muss der Rückflussweg des Stromes zum Transformator berücksichtigt werden. Unter der Annahme, dass der Rückfluss über PEN-Leiter und Erde (Potentialausgleich) erfolgt, wird aus Tafel 3.7 der Nullimpedanzbelag $Z'_{0L} = 0{,}47$ mΩ bestimmt. Die gesamte Nullimpedanz der Kabel wird

$$Z_{0L} = \frac{0{,}47\ \Omega/\text{km} \cdot 0{,}04\ \text{km}}{3} = 6{,}27\ \text{m}\Omega.$$

Kurzschlussimpedanz an der Fehlerstelle

Die *Kurzschlussimpedanz an der Fehlerstelle* Z_k ist die Summe der Einzelimpedanzen der Betriebsmittel bis zum Fehlerort. Darin können n-fache Leitungsabschnitte enthalten sein:

$$Z_k = Z_Q + Z_T + Z_{L1} + \ldots + Z_{Ln}. \tag{3.23}$$

Die *Nullimpedanz an der Kurzschluss-Stelle* Z_{0k} ist:

$$Z_{0k} = Z_{0T} + Z_{0L1} + \ldots + Z_{0Ln}. \tag{3.24}$$

Berechnung der Kurzschluss-Ströme

Die verschiedenen Kurzschluss-Ströme werden wie folgt berechnet.
a) Kurzschluss-Strom (Effektivwert)

$$I_{k3} = \frac{c \cdot U_n}{\sqrt{3} \cdot Z_k} \qquad \text{Dreipolig} \tag{3.25}$$

$$I_{k2} = \frac{c \cdot U_n}{2 \cdot Z_k} = \frac{\sqrt{3}}{2} \cdot I_{k3} \qquad \text{Zweipolig} \tag{3.26}$$

$$I_{k1} = \frac{\sqrt{3} \cdot c \cdot U_n}{2 \cdot Z_k + Z_{0k}} \qquad \text{Einpolig} \tag{3.27}$$

Soll der größte oder der kleinste Kurzschluss-Strom berechnet werden, dann muss der entsprechende Spannungsfaktor nach Tafel 3.1 und die Kurzschlussimpedanz unter Berücksichtigung der im Abschnitt 3.2.5 genannten Einflussgrößen eingesetzt werden. Für die Berechnung der *dreipoligen* Kurzschluss-Ströme wird dann:

$$I_{k\max} = \frac{c_{\max} \cdot U_n}{\sqrt{3} \cdot Z_{k\min}} \tag{3.28}$$

$$I_{k\min} = \frac{c_{\min} \cdot U_n}{\sqrt{3} \cdot Z_{k\max}} \tag{3.29}$$

b) Stoßkurzschluss-Strom (Spitzenwert)

$$i_{p3} = \sqrt{2} \cdot \kappa \cdot I_{k3} \qquad \text{Dreipolig} \tag{3.30}$$

$$i_{p2} = \sqrt{2} \cdot \kappa \cdot I_{k2} \qquad \text{Zweipolig} \tag{3.31}$$

$$i_{p1} = \sqrt{2} \cdot \kappa \cdot I_{k1} \qquad \text{Einpolig} \tag{3.32}$$

Der Faktor κ wird in Abhängigkeit von der Höhe des Effektivwertes des Kurzschluss-Stromes nach **Tafel 3.9** bestimmt. Praktisch kann der Faktor κ in Niederspannungsanlagen aber nicht größer als 1,8 sein.

Tafel 3.9 Faktor κ (Richtwerte) zur Ermittlung des Stoßkurzschluss-Stromes

Bereich von I_k in kA	$I_k \leq 5$	$5 < I_k \leq 10$	$10 < I_k \leq 20$	$20 < I_k \leq 60$	$50 < I_k$
Kurzschluss ist	Faktor κ				
Transformator-fern	1,02	1,2	1,4	1,5	1,6
Transformator-nah	1,2	1,4	1,6	1,7	1,8

c) Ausschaltwechselstrom
Für den generatorfernen Kurzschluss, der bei Netzeinspeisung vorausgesetzt werden kann, gilt:

$$I_{a3} = I_{k3} \tag{3.33}$$

$$I_{a2} = I_{k2} \tag{3.34}$$

$$I_{a1} = I_{k1} \tag{3.35}$$

d) Thermisch gleichwertiger Kurzschluss-Strom
Für eine Kurzschlussdauer $T_k \geq 0,1$ s kann angenommen werden:

$$I_{th3} = I_{k3} \tag{3.36}$$

$$I_{th2} = I_{k2} \tag{3.37}$$

$$I_{th1} = I_{k1} \tag{3.38}$$

Das Gleichsetzen des thermisch gleichwertigen Kurzschluss-Stromes I_{th} mit dem Kurzschluss-Strom I_k gilt streng genommen erst ab $T_k > 1$ s. Der thermisch gleichwertige Kurzschluss-Strom ist bei einem generatorfernen Kurzschluss und einer Kurzschlussdauer von 0,1 s bis 1 s nur geringfügig größer als der Kurzschluss-Strom.
  Zur Anleitung und besseren Übersicht stehen die beiden Arbeitsblätter:

– Datenerfassung und Ermittlung der Kurzschlussimpedanzen **(Arbeitsblatt A1/CD-ROM)** und
– Berechnung und Ergebnisse der Kurzschluss-Ströme **(Arbeitsblatt A2/CD-ROM)**

zur Verfügung. Im folgenden Beispiel 3.3 wird das Ausfüllen dieser Arbeitsblätter demonstriert.

Beispiel 3.3:
Die *vereinfachte Kurzschlussberechnung* erfolgt für das im **Bild 3.16** dargestellte Niederspannungsstrahlennetz.
  Für die Fehlerstellen F1, F2 und F3 sind die für den Nachweis des Kurzschluss-Schutzes erforderlichen kleinsten und größten Kurzschluss-Ströme:

– Kurzschluss-Strom I_k (Effektivwert),
– Stoßkurzschluss-Strom i_p (Spitzenwert),

3.2 Kurzschluss-Ströme im Niederspannungsnetz   37

- Ausschaltwechselstrom I_a und
- thermisch gleichwertiger Kurzschluss-Strom I_{th}

zu bestimmen.

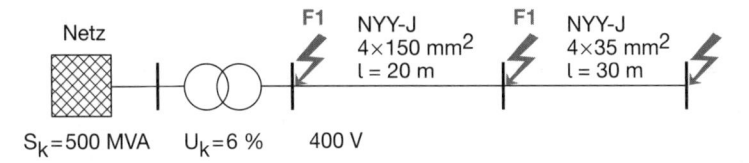

```
Netz           F1  NYY-J           F1  NYY-J
                   4×150 mm²            4×35 mm²
                   l = 20 m              l = 30 m

S_k=500 MVA  U_k=6 %   400 V
```

Bild 3.16
Praxisgerechte Berechnung von Kurzschluss-Strömen (Beispiel 3.3)

Vorgehensweise:
1. Ermittlung der Kurzschlussimpedanzen
a) von den Betriebsmitteln unter Anwendung der Formeln (3.11) bis (3.15)

Netzimpedanz Z_Q

$$Z_Q = \frac{1{,}1 \cdot (400 \text{ V})^2}{500 \text{ MVA}} = 0{,}352 \text{ m}\Omega$$

Transformatorenimpedanzen Z_T und Z_{0T}

$$Z_T = \frac{6\% \cdot (400 \text{ V})^2}{100\% \cdot 630 \text{ kVA}} = 15{,}24 \text{ m}\Omega$$

$$Z_{0T} = 0{,}95 \cdot 15{,}24 \text{ m}\Omega = 14{,}5 \text{ m}\Omega$$

Leitungsimpedanzen Z_L und Z_{0L}

Die Leitungsimpedanzen werden mit den auf die Länge bezogenen Leitungsimpedanzen aus den Tafeln 3.5 bis 3.8 und den Formeln (3.17) und (3.18) ermittelt.

Leitung 1: NYY-J 4×150 mm²; $l = 20$ m

$$Z_{L1\,min} = Z'_{L1/20°C} \cdot l_{L1} = 0{,}148 \text{ }\Omega/\text{km} \cdot 0{,}02 \text{ km} = 2{,}96 \text{ m}\Omega$$
$$Z_{L1\,max} = Z'_{L1/80°C} \cdot l_{L1} = 0{,}18 \text{ }\Omega/\text{km} \cdot 0{,}02 \text{ km} = 3{,}6 \text{ m}\Omega$$
$$Z_{0L1\,min} = Z'_{0L1/20°C} \cdot l_{L1} = 0{,}54 \text{ }\Omega/\text{km} \cdot 0{,}02 \text{ km} = 10{,}8 \text{ m}\Omega$$
$$Z_{0L1\,max} = Z'_{0L1/80°C} \cdot l_{L1} = 0{,}63 \text{ }\Omega/\text{km} \cdot 0{,}02 \text{ km} = 12{,}6 \text{ m}\Omega$$

Leitung 2: NAYY-J 4×35 mm²; $l = 30$ m

$$Z_{L2\,min} = Z'_{L2/20°C} \cdot l_{L2} = 0{,}88 \text{ }\Omega/\text{km} \cdot 0{,}03 \text{ km} = 26{,}4 \text{ m}\Omega$$
$$Z_{L2\,max} = Z'_{L2/80°C} \cdot l_{L2} = 1{,}09 \text{ }\Omega/\text{km} \cdot 0{,}03 \text{ km} = 32{,}7 \text{ m}\Omega$$
$$Z_{0L2\,min} = Z'_{0L2/20°C} \cdot l_{L2} = 3{,}52 \text{ }\Omega/\text{km} \cdot 0{,}03 \text{ km} = 105{,}6 \text{ m}\Omega$$
$$Z_{0L2\,max} = Z'_{0L2/80°C} \cdot l_{L2} = 4{,}36 \text{ }\Omega/\text{km} \cdot 0{,}03 \text{ km} = 130{,}8 \text{ m}\Omega$$

b) an den Fehlerstellen durch Zusammenfassung der einzelnen Kurzschlussimpedanzen unter Anwendung der Formeln (3.23) und (3.24)

Fehlerstelle F1

$$Z_k = Z_Q + Z_T = 0{,}352 \text{ m}\Omega + 15{,}24 \text{ m}\Omega = 15{,}592 \text{ m}\Omega$$

$$Z_{0k} = Z_{0T} = 14{,}5 \text{ m}\Omega$$

Fehlerstelle F2

$$Z_{k\,\min} = Z_Q + Z_T + Z_{L1\,\min} = 0{,}352 \text{ m}\Omega + 15{,}24 \text{ m}\Omega + 2{,}96 \text{ m}\Omega = 18{,}552 \text{ m}\Omega$$

$$Z_{k\,\max} = Z_Q + Z_T + Z_{L1\,\max} = 0{,}352 \text{ m}\Omega + 15{,}24 \text{ m}\Omega + 3{,}6 \text{ m}\Omega = 19{,}192 \text{ m}\Omega$$

$$Z_{0k\,\min} = Z_{0T} + Z_{0L1\,\min} = 14{,}5 \text{ m}\Omega + 10{,}8 \text{ m}\Omega = 25{,}3 \text{ m}\Omega$$

$$Z_{0k\,\max} = Z_{0T} + Z_{0L1\,\max} = 14{,}5 \text{ m}\Omega + 12{,}6 \text{ m}\Omega = 27{,}1 \text{ m}\Omega$$

Fehlerstelle F3

$$Z_{k\,\min} = Z_Q + Z_T + Z_{L1\,\min} + Z_{L2\,\min} = 0{,}352 \text{ m}\Omega + 15{,}24 \text{ m}\Omega + 2{,}96 \text{ m}\Omega + 26{,}4 \text{ m}\Omega = 44{,}952 \text{ m}\Omega$$

$$Z_{k\,\max} = Z_Q + Z_T + Z_{L1\,\max} + Z_{L2\,\max} = 0{,}352 \text{ m}\Omega + 15{,}24 \text{ m}\Omega + 3{,}6 \text{ m}\Omega + 32{,}7 \text{ m}\Omega = 51{,}892 \text{ m}\Omega$$

$$Z_{0k\,\min} = Z_{0T} + Z_{0L1\,\min} + Z_{0L2\,\min} = 14{,}5 \text{ m}\Omega + 10{,}8 \text{ m}\Omega + 105{,}6 \text{ m}\Omega = 130{,}9 \text{ m}\Omega$$

$$Z_{0k\,\max} = Z_{0T} + Z_{0L1\,\max} + Z_{0L2\,\max} = 14{,}5 \text{ m}\Omega + 12{,}6 \text{ m}\Omega + 130{,}8 \text{ m}\Omega = 157{,}9 \text{ m}\Omega$$

2. Berechnung der Kurzschlussgrößen

Verwendet werden die Formeln (3.25) bis (3.38). Es werden nur Kurzschlussgrößen berechnet, die für die Überprüfung des Kurzschluss-Schutzes von Bedeutung sein können.

Fehlerstelle F1

Dreipoliger Kurzschluss

Kurzschluss-Strom (Effektivwert): Mit dem zutreffenden Spannungsfaktor c aus Tafel 3.1 wird:

$$I_{k3\,\max} = \frac{c_{\max} \cdot U_n}{\sqrt{3} \cdot Z_{k\,\min}} = \frac{1 \cdot 400 \text{ V}}{\sqrt{3} \cdot 15{,}592 \text{ m}\Omega} = 14{,}81 \text{ kA}$$

$$I_{k3\,\min} = \frac{c_{\min} \cdot U_n}{\sqrt{3} \cdot Z_{k\,\max}} = \frac{0{,}95 \cdot 400 \text{ V}}{\sqrt{3} \cdot 15{,}592 \text{ m}\Omega} = 14{,}07 \text{ kA}$$

Stoßkurzschluss-Strom (Spitzenwert): Der Faktor κ wird für einen transformatornahen Kurzschluss und einen Kurzschluss-Strom $10 \text{ kA} < I_k \leq 20 \text{ kA}$ nach Tafel 3.9 mit einem Wert von 1,6 eingesetzt.

$$i_{p3} = \sqrt{2} \cdot \kappa \cdot I_{k3\,\max} = \sqrt{2} \cdot 1{,}6 \cdot 14{,}81 \text{ kA} = 33{,}51 \text{ kA}$$

Ausschaltwechselstrom (Effektivwert):

$$I_{a3} = I_{k3\,\max} = 14{,}81 \text{ kA} \tag{3.33}$$

Thermisch gleichwertiger Mittelwert (Effektivwert):

$$I_{\text{th}3} = I_{k3\,\max} = 14{,}81 \text{ kA}, \quad \text{weil} \quad T_k = 0{,}5 \text{ s} \tag{3.36}$$

Zweipoliger Kurzschluss

$$I_{k2\,\min} = \frac{\sqrt{3}}{2} \cdot I_{k3\,\min} = \frac{\sqrt{3}}{2} \cdot 14{,}07 \text{ kA} = 12{,}18 \text{ kA}$$

Einpoliger Kurzschluss

$$I_{k1\,max} = \frac{\sqrt{3} \cdot c_{max} \cdot U_n}{2 \cdot Z_k + Z_{0k}} = \frac{\sqrt{3} \cdot 1 \cdot 400\text{ V}}{2 \cdot 15{,}592\text{ m}\Omega + 14{,}5\text{ m}\Omega} = 15{,}17\text{ kA}$$

$$I_{k1\,min} = \frac{\sqrt{3} \cdot c_{min} \cdot U_n}{2 \cdot Z_k + Z_{0k}} = \frac{\sqrt{3} \cdot 0{,}95 \cdot 400\text{ V}}{2 \cdot 15{,}592\text{ m}\Omega + 14{,}5\text{ m}\Omega} = 14{,}41\text{ kA}$$

$$i_{p1} = \sqrt{2} \cdot \kappa \cdot I_{k1\,max} = \sqrt{2} \cdot 1{,}6 \cdot 15{,}17\text{ kA} = 34{,}33\text{ kA}$$

$$I_{a1} = I_{k1\,max} = 15{,}17\text{ kA} \tag{3.35}$$

$$I_{th1} = I_{k1\,max} = 15{,}17\text{ kA}, \quad \text{weil} \quad T_k = 0{,}5\text{ s} \tag{3.38}$$

Fehlerstelle F2

Dreipoliger Kurzschluss

$$I_{k3\,max} = \frac{c_{max} \cdot U_n}{\sqrt{3} \cdot Z_{k\,min}} = \frac{1 \cdot 400\text{ V}}{\sqrt{3} \cdot 18{,}552\text{ m}\Omega} = 12{,}45\text{ kA}$$

$$I_{k3\,min} = \frac{c_{min} \cdot U_n}{\sqrt{3} \cdot Z_{k\,max}} = \frac{0{,}95 \cdot 400\text{ V}}{\sqrt{3} \cdot 19{,}192\text{ m}\Omega} = 11{,}43\text{ kA}$$

Der Faktor κ wird für einen transformator„fernen" Kurzschluss und einen Kurzschluss-Strom $10\text{ kA} < I_k \leq 20\text{ kA}$ nach Tafel 3.9 mit einem Wert von 1,4 eingesetzt.

$$i_{p3} = \sqrt{2} \cdot \kappa \cdot I_{k3\,max} = \sqrt{2} \cdot 1{,}4 \cdot 12{,}45\text{ kA} = 24{,}65\text{ kA}$$

$$I_{a3} = I_{k3\,max} = 12{,}45\text{ kA}$$

$$I_{th3} = I_{k3\,max} = 12{,}45\text{ kA}, \quad \text{weil} \quad T_k = 0{,}1\text{ s} \tag{3.36}$$

Zweipoliger Kurzschluss

$$I_{k2\,min} = \frac{\sqrt{3}}{2} \cdot I_{k3\,min} = \frac{\sqrt{3}}{2} \cdot 11{,}43\text{ kA} = 9{,}9\text{ kA}$$

Einpoliger Kurzschluss

$$I_{k1\,max} = \frac{\sqrt{3} \cdot c_{max} \cdot U_n}{2 \cdot Z_{k\,min} + Z_{0k\,min}} = \frac{\sqrt{3} \cdot 1 \cdot 400\text{ V}}{2 \cdot 18{,}552\text{ m}\Omega + 25{,}3\text{ m}\Omega} = 11{,}1\text{ kA}$$

$$I_{k1\,min} = \frac{\sqrt{3} \cdot c_{min} \cdot U_n}{2 \cdot Z_{k\,max} + Z_{0k\,min}} = \frac{\sqrt{3} \cdot 0{,}95 \cdot 400\text{ V}}{2 \cdot 19{,}192\text{ m}\Omega + 27{,}1\text{ m}\Omega} = 10{,}05\text{ kA}$$

$$i_{p1} = \sqrt{2} \cdot \kappa \cdot I_{k1\,max} = \sqrt{2} \cdot 1{,}4 \cdot 11{,}1\text{ kA} = 21{,}98\text{ kA}$$

$$I_{a1} = I_{k1\,max} = 11{,}1\text{ kA}$$

$$I_{th1} = I_{k1\,max} = 11{,}1\text{ kA}, \quad \text{weil} \quad T_k = 0{,}1\text{ s} \tag{3.38}$$

Fehlerstelle F3

Dreipoliger Kurzschluss

$$I_{k3\,max} = \frac{c_{max} \cdot U_n}{\sqrt{3} \cdot Z_{k\,min}} = \frac{1 \cdot 400\text{ V}}{\sqrt{3} \cdot 44{,}952\text{ m}\Omega} = 5{,}14\text{ kA}$$

$$I_{k3\,min} = \frac{c_{min} \cdot U_n}{\sqrt{3} \cdot Z_{k\,max}} = \frac{0{,}95 \cdot 400\text{ V}}{\sqrt{3} \cdot 51{,}892\text{ m}\Omega} = 4{,}22\text{ kA}$$

Der Faktor κ wird für einen transformatorfernen Kurzschluss und einen Kurzschluss-Strom 5 kA < I_k ≤ 10 kA nach Tafel 3.9 mit einem Wert von 1,02 eingesetzt.

$$i_{p3} = \sqrt{2} \cdot \kappa \cdot I_{k3\,max} = \sqrt{2} \cdot 1{,}02 \cdot 5{,}14\text{ kA} = 7{,}41\text{ kA}$$
$$I_{a3} = I_{k3\,max} = 5{,}14\text{ kA}$$
$$I_{th3} = I_{k3\,max} = 5{,}14\text{ kA}$$

Zweipoliger Kurzschluss

$$I_{k2\,min} = \frac{\sqrt{3}}{2} \cdot I_{k3\,min} = \frac{\sqrt{3}}{2} \cdot 4{,}22\text{ kA} = 3{,}65\text{ kA}$$

Einpoliger Kurzschluss

$$I_{k1\,max} = \frac{\sqrt{3} \cdot c_{max} \cdot U_n}{2 \cdot Z_{k\,min} + Z_{0k\,min}} = \frac{\sqrt{3} \cdot 1 \cdot 400\text{ V}}{2 \cdot 44{,}952\text{ m}\Omega + 130{,}9\text{ m}\Omega} = 3{,}14\text{ kA}$$

$$I_{k1\,min} = \frac{\sqrt{3} \cdot c_{min} \cdot U_n}{2 \cdot Z_{k\,max} + Z_{0k\,max}} = \frac{\sqrt{3} \cdot 0{,}95 \cdot 400\text{ V}}{2 \cdot 51{,}892\text{ m}\Omega + 157{,}9\text{ m}\Omega} = 2{,}51\text{ kA}$$

$$i_{p1} = \sqrt{2} \cdot \kappa \cdot I_{k1\,max} = \sqrt{2} \cdot 1{,}02 \cdot 3{,}14\text{ kA} = 4{,}53\text{ kA}$$
$$I_{a1} = I_{k1\,max} = 3{,}14\text{ kA}$$
$$I_{th1} = I_{k1\,max} = 3{,}14\text{ kA}$$

In den Arbeitsblättern (**Tafel 3.10** und **3.11**) sind die Kurzschlussimpedanzen und die berechneten Kurzschluss-Ströme beispielhaft zusammengefasst (s. a. o.).

3.2.7 Genauere Berechnung der Kurzschluss-Ströme (Anwendung der komplexen Rechnung)

Im Abschnitt 3.2.6 wurden die Kurzschluss-Ströme mit den Beträgen der Kurzschlussimpedanzen berechnet. Bekanntlich setzen sich aber die Wechselstrom-Impedanzen aus einem ohmschen, induktiven und kapazitiven Anteil zusammen. Mit der Anwendung der komplexen Rechnung werden die unterschiedlichen physikalischen Wirkungen der Anteile berücksichtigt und die Berechnung vereinfacht.

Der kapazitive Anteil ist bei den zu berücksichtigenden Kurzschlussimpedanzen so klein, dass er nachfolgend vernachlässigt wird.

3.2 Kurzschluss-Ströme im Niederspannungsnetz

Tafel 3.10 Datenerfassung und Ermittlung der Kurzschlussimpedanzen zum Beispiel 3.3

Betriebsmittel	Spannung und Kabeltyp	Anzahl	Leistung in MVA	Kurzschluss-Strom/ Spannung	Länge in m	Quer-schnitt in mm²	Formel	$Z'_{L20\,°C}$ $Z'_{L80\,°C}$ in Ω/km	$Z'_{0L20\,°C}$ $Z'_{0L80\,°C}$ in Ω/km	$Z_{k\,min}$ $Z_{k\,max}$ in mΩ	$Z_{0k\,min}$ $Z_{0k\,max}$ in mΩ
Speisendes Netz	U_{nQ} = 20 kV		S_k = 500	I_k = kA			$Z_Q = \dfrac{c \cdot U_{nQ}^2}{S_k} = \dfrac{c \cdot U_{nQ}}{\sqrt{3} \cdot I_k}$			0,352 0,532	
Transformator	U_{rT} = 400 V		S_{rT} = 0,63	u_k = 6 %			$Z_T = \dfrac{u_k \cdot U_{rT}^2}{100 \cdot S_{rT}}$ $Z_{0T} = 0{,}95 \cdot Z_T$ (Dy5)			15,24 15,24	14,5 14,5
							F1: Summen			15,592 15,592	14,5 14,5
Leitungen/Kabel											
1. Abschnitt	NYY	1			20	150	$Z_{L\,min} = Z'_{L20\,°C} \cdot l_L$ $Z_{L\,max} = Z'_{L80\,°C} \cdot l_L$	0,148 0,180	0,54 0,63	2,96 3,6	10,8 12,6
							F2: Summen			18,552 19,192	25,3 27,1
2. Abschnitt	NYY	1			30	35	$Z_{0L\,min} = Z'_{L20\,°C} \cdot l_L$ $Z_{0L\,min} = Z'_{L80\,°C} \cdot l_L$	0,88 1,09	3,52 4,36	26,4 32,7	105,6 130,8
							F3: Summen			44,952 51,892	130,9 157,9
3. Abschnitt	–	–			–	–		–	–	–	–
							F4: Summen				
4. Abschnitt	–	–			–	–		–	–	–	–
							F5: Summen				

Tafel 3.11 Berechnung und Ergebnisse der Kurzschluss-Ströme zum Beispiel 3.3

Berechnung der Kurzschluss-Ströme	Formel – Quelle – Bedingung	Ergebnisse an den Fehlerstellen in kA oder s				
Fehlerstelle		F1	F2	F3	F4	F5
3pol. größter Kurzschluss-Strom	$I_{k3\,max} = U_n / (\sqrt{3} \cdot Z_{k3\,min})$	14,81	12,45	5,14		
3pol. kleinster Kurzschluss-Strom	$I_{k3\,min} = 0{,}95 \cdot U_n / (\sqrt{3} \cdot Z_{k3\,max})$	14,07	11,43	4,22		
3pol. Stoßkurzschluss-Strom	$i_{p3} = \sqrt{2} \cdot \kappa \cdot I_{k3\,max}$; $\kappa = 1{,}6$ (Trafonähe); 1,4 oder 1,02	33,51	24,65	7,41		
3pol. Ausschaltwechselstrom	$I_{a3} = I_{k3\,max}$	14,81	12,45	5,14		
3pol. thermisch gleichwertiger Kurzschluss-Strom	$I_{th3} = I_{k3\,max}$	14,81	12,45	5,14		
2pol. kleinster Kurzschluss-Strom	$I_{k2\,min} = 0{,}866 \cdot I_{k3\,min}$	12,18	9,9	3,65		
1pol. größter Kurzschluss-Strom	$I_{k1\,max} = \sqrt{3} \cdot U_n / (2 \cdot Z_{k1\,min} + Z_{0k1\,min})$	15,17	11,1	3,14		
1pol. kleinster Kurzschluss-Strom	$I_{k1\,min} = 0{,}95 \cdot \sqrt{3} \cdot U_n / (2 \cdot Z_{k1\,max} + Z_{0k1\,max})$	14,41	10,05	2,51		
1pol. Stoßkurzschluss-Strom	$i_{p1} = \sqrt{2} \cdot \kappa \cdot I_{k1\,max}$; $\kappa = 1{,}6$ (Trafonähe); 1,4 oder 1,02	34,33	21,98	4,53		
1pol. Ausschaltwechselstrom	$I_{a1} = I_{k1\,max}$	15,17	11,1	3,14		
1pol. thermisch gleichwertiger Kurzschluss-Strom	$I_{th1} = I_{k1\,max}$	15,17	11,1	3,14		

Um eine genauere Berechnung durchführen zu können, muss die Kurzschlussimpedanz als komplexe Größe behandelt werden. Dabei erhält die Kurzschlussimpedanz neben dem Widerstandsbetrag auch einen Impedanzwinkel φ_k. Setzt sich die Impedanz aus einem ohmschen (Resistanz) und einem induktiven (Reaktanz) Anteil zusammen, lautet in der komplexen Schreibweise die Kurzschlussimpedanz wie folgt:

a) Arithmetische Form (s. Formel 3.6)

$$\underline{Z}_k = R_k + jX_k \quad \text{und}$$

b) Exponentialform

$$\underline{Z}_k = Z_k \cdot e^{j\varphi_k} \quad \text{mit} \tag{3.39}$$

$$Z_k = \sqrt{R_k^2 + X_k^2} \quad \text{und} \quad \varphi_k = \arctan\frac{X_k}{R_k}.$$

Analog gilt diese Schreibweise auch für Spannungen und Ströme.

Die genauere Berechnung der Kurzschluss-Ströme erfordert die Anwendung der Formeln in komplexer Schreibweise, und dies vor allem dann, wenn eine Überlagerung oder Aufteilung auf verschiedene Leitungszweige ermittelt werden muss. Wird der Kurzschluss-Strom nur von einer Kurzschlussimpedanz an der Fehlerstelle bestimmt, hat der Kurzschluss-Strom den gleichen Winkelbetrag wie die Kurzschlussimpedanz, aber mit negativem Vorzeichen, vorausgesetzt, die Netznenn- bzw. Ersatzspannung wird als Bezugsgröße mit dem Spannungswinkel $\varphi_u = 0°$ eingesetzt.

Ob die Anwendung der komplexen Rechnung notwendig ist, ergibt sich aus der Frage:

Wie hoch kann eigentlich die Abweichung werden, wenn nur mit den Beträgen von Impedanzen, Strömen und Spannungen gerechnet wird?

Zum besseren Verständnis dieser Frage und zur Einschätzung, welchen Einfluss unterschiedliche Impedanzwinkel der Betriebsmittel auf die Höhe der berechneten Kurzschluss-Ströme haben, werden beispielsweise zwei Impedanzen $\underline{Z}_1 = 9\,\Omega \cdot e^{j60°}$ und $\underline{Z}_2 = 6\,\Omega \cdot e^{j30°}$ vorgegeben, die mit und ohne Berücksichtigung der Impedanzwinkel addiert werden:

Komplexe Addition (siehe CD-ROM: Rechnen mit komplexen Zahlen):

$$\underline{Z}_1 + \underline{Z}_2 = (9{,}7 + j10{,}8)\,\Omega = 14{,}5\,\Omega \cdot e^{j48{,}1°}$$

Addition der Beträge:

$$|\underline{Z}_1| + |\underline{Z}_2| = Z_1 + Z_2 = 9\,\Omega + 6\,\Omega = 15\,\Omega$$

Der Vergleich der berechneten Impedanzgrößen zeigt, dass bei der Berücksichtigung der Impedanzwinkel die Impedanz geringer ausfällt. Die Darstellung der Zeiger im **Bild 3.17** verdeutlicht den Sachverhalt am besten.

Wenn nur mit den Betragsgrößen gerechnet wird, sind die Berechnungsergebnisse umso ungenauer, je weiter die Kurzschlussimpedanzwinkel der Betriebsmittel auseinander liegen. Sind dabei aber die Beträge der Impedanzen sehr unterschiedlich, machen sich die abweichenden Impedanzwinkel der einzelnen Betriebsmittel so gut wie nicht bemerkbar, und die Anwendung der komplexen Rechnung ist nur Zeitverschwendung. Dies trifft für die Niederspannungsstrahlennetze von Gebäuden mit Netzeinspeisung und den relativ großen Impedanzen von Kabeln und Leitungen auch zu.

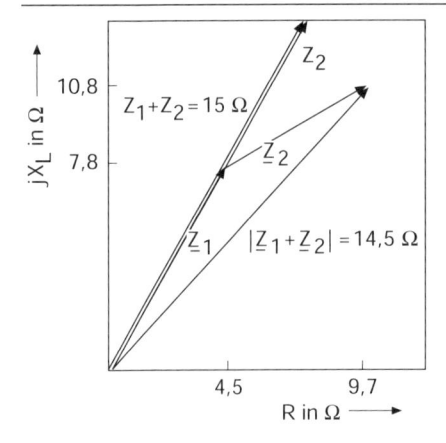

Bild 3.17
Addition von Impedanzen im Vergleich

Wird ein Gebäude direkt durch einen Generator versorgt, oder sind im Fehlerfall Kurzschluss-Ströme von leistungsstarken Motoren zu erwarten, dann sind genauere Berechnungen nötig. Auch eine genauere Bestimmung des Faktors κ zur Berechnung des Stoßkurzschluss-Stromes erfordert die Kenntnis der ohmschen und induktiven Anteile der Kurzschlussimpedanz.

Da es eine Vielzahl von Netzkonstellationen, mit den dann zu berücksichtigenden Kurzschlussorten gibt, kann keine generelle Aussage getroffen werden, in welchen Fällen die komplexe Rechnung unbedingt erforderlich ist.

Für die Anwendung der Kurzschluss-Stromgrößen zum Nachweis der Kurzschlussfestigkeit ist aber schon zu erkennen: Wenn die Summe der Impedanzen bei der Addition der Beträge etwas größer ist, liegt das Ergebnis bei der Berechnung kleinster Kurzschluss-Ströme auf der sicheren Seite. Anders ist es bei der Berechnung größter Kurzschluss-Ströme, wo der Kurzschluss-Strom rechnerisch etwas kleiner ausfällt und der Nachweis der Kurzschlussfestigkeit mit einem größeren Wert erfolgen muss.

3.2.7.1 Kurzschluss-Ströme vom speisenden Netz

a) Kurzschluss-Strom I_k

Bei Netzeinspeisung kann von einem generatorfernen Kurzschluss ausgegangen werden. Eine Erhöhung des effektiven Kurzschluss-Stromes bei Kurzschlusseintritt ist nicht vorhanden. Die Größe des Kurzschluss-Stromes ändert sich nicht bis zur Ausschaltung, sodass zwischen den Begriffen Kurzschluss-Strom, Anfangs-Kurzschlusswechselstrom und Dauerkurzschluss-Strom nicht unterschieden werden muss.

In Verbindung mit den Ersatzschaltbildern im Bild 3.15 werden mit nachfolgenden Berechnungsformeln die Kurzschluss-Ströme im Strahlennetz berechnet:

Dreipoliger Kurzschluss

$$I_{k3} = \frac{c \cdot U_n}{\sqrt{3} \cdot Z_k} = \frac{c \cdot U_n}{\sqrt{3} \cdot \sqrt{R_k^2 + X_k^2}}. \tag{3.40}$$

Zweipoliger Kurzschluss

$$I_{k2} = \frac{c \cdot U_n}{\sqrt{(2 \cdot R_k)^2 + (2 \cdot X_k)^2}} = \frac{\sqrt{3}}{2} \cdot I_{k3}. \tag{3.41}$$

Einpoliger Kurzschluss

$$I_{k1} = \frac{c \cdot \sqrt{3} \cdot U_n}{\sqrt{(2 \cdot R_{(1)k} + R_{(0)k})^2 + (2 \cdot X_{(1)k} + X_{(0)k})^2}}. \quad (3.42)$$

Ist der Index nicht an das Formelzeichen angehängt, handelt es sich immer um die Impedanz des Mitsystems.

b) Stoßkurzschluss-Strom i_p
Der Spitzenwert des Kurzschluss-Stromes wird mit Formel (3.43) berechnet:

$$i_p = \sqrt{2} \cdot \kappa \cdot I_k. \quad (3.43)$$

Dabei stellt $\sqrt{2} \cdot I_k$ den Scheitelwert des Kurzschluss-Stromes dar und der Faktor κ die Verschiebung der Hüllkurve des Kurzschluss-Stromes. Der Faktor κ (**Bild 3.18**), auch als Stoßfaktor bezeichnet, ist vom R_k/X_k-Verhältnis der Kurzschlussimpedanz an der Fehlerstelle abhängig und kann theoretisch nicht größer als 2 und praktisch kaum größer als 1,8 werden; im Niederspannungsnetz, elektrisch weit entfernt vom Verteilungstransformator, besonders bei einem hohen Leitungsanteil an der Kurzschlussimpedanz, geht der Wert für $\kappa \rightarrow 1{,}02$.

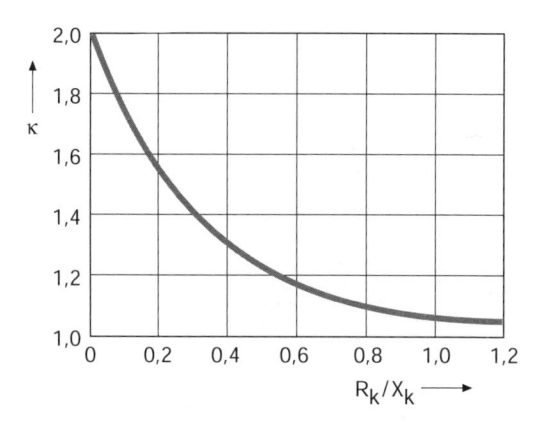

Bild 3.18
Faktor κ als Funktion von R_k/X_k

Berechnungsformel: $\kappa = 1{,}02 + 0{,}98 \cdot e^{-3 \frac{R_k}{X_k}}$ \quad (3.44)

Die Kurzschlusswiderstände R_k und X_k sind die jeweils summierten Impedanzen bis zur Fehlerstelle.

Das R_k/X_k-Verhältnis ergibt für jede mögliche Kurzschluss-Stelle einen anderen Wert. Allerdings ändert sich der Wert bei der Einbeziehung von größeren Leitungslängen kaum.

c) Ausschaltwechselstrom I_a
Der Ausschaltwechselstrom ist der Strom, den ein Leistungsschalter im Kurzschlussfall sicher unterbrechen können muss. Die Unterbrechung erfolgt nicht gleich bei Eintritt des Kurzschlusses sondern erst nach einer gewissen Reaktionszeit, der Schaltverzugszeit der gesamten Schalteinrichtung. Da sich der Kurzschluss-Strom beim generatorfernen Kurzschluss bis zur Abschaltung nicht ändert, ist der Ausschaltwechselstrom gleich dem Kurzschluss-Strom:

$$I_a = I_k \quad (3.45)$$

d) Thermisch gleichwertiger Kurzschluss-Strom I_{th}

Der thermisch gleichwertige Kurzschluss-Strom ist der Effektivwert des Stromes mit der gleichen thermischen Wirkung und der gleichen Dauer wie der tatsächliche Kurzschluss-Strom und wird zur Überprüfung der thermischen Kurzschlussfestigkeit herangezogen. Er wird beim generatorfernen Kurzschluss mit dem Kurzschluss-Strom I_k sowie den Faktoren m und n berechnet:

$$I_{th} = I_k \sqrt{m+n} \ . \tag{3.46}$$

Die Faktoren m und n berücksichtigen die Ausgleichsvorgänge.

Der Faktor m (**Bild 3.19**) berücksichtigt die Wärmewirkung durch die Gleichstromkomponente und ist von der Kurzschlussdauer T_k, dem Stoßfaktor κ und von der Frequenz f abhängig.

Ist die Kurzschlussdauer $T_k \geq 1$ s, kann für praktische Berechnungen $m = 0$ eingesetzt werden:

$$m = \frac{1}{100 \ T_{k/s} \ \ln(\kappa-1)} (e^{200 \ T_{k/s} \ln(\kappa-1)} - 1) \ . \tag{3.47}$$

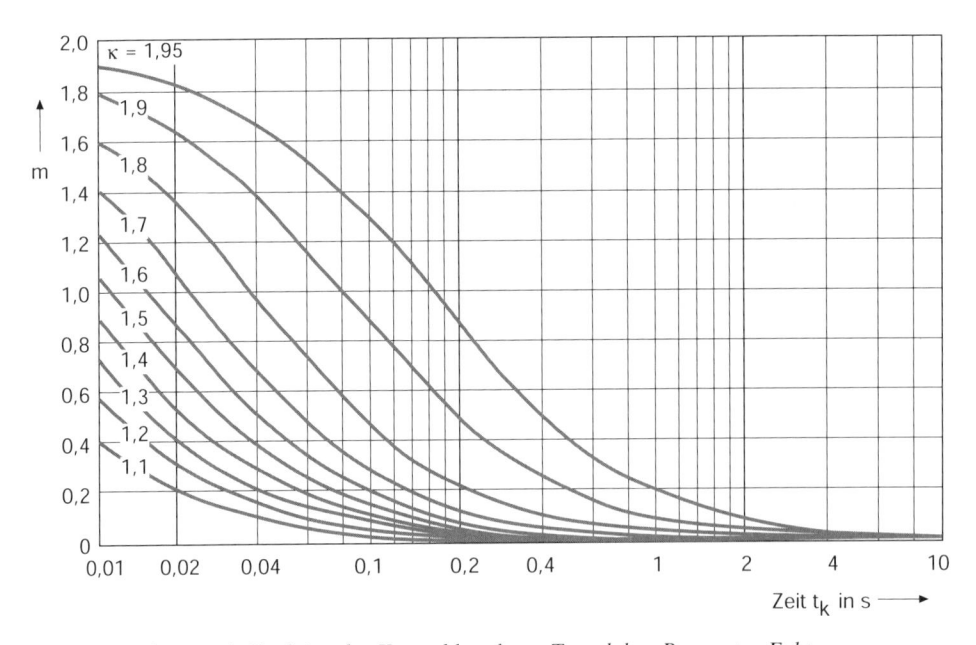

Bild 3.19 Faktor m als Funktion der Kurzschlussdauer T_k und dem Parameter Faktor κ

Der Faktor n (**Bild 3.20**) berücksichtigt die Wärmewirkung durch die Wechselstromkomponente und ist von der Kurzschlussdauer T_k und dem Quotienten I_k''/I_k, gebildet aus dem Anfangskurzschlusswechselstrom I_k'' und dem Dauerkurzschluss-Strom I_k, abhängig.

Da beim generatorfernen Kurzschluss die Wechselstromkomponente nicht auftritt, ist $I_k''/I_k = 1$ und damit der Faktor $n = 1$.

Für einen generatorfernen Kurzschluss mit einer Kurzschlussdauer $T_k \geq 1$ s ist damit der thermisch gleichwertige Kurzschluss-Strom gleich dem (Dauer)Kurzschluss-Strom:

$$I_{th} = I_k \ . \tag{3.48}$$

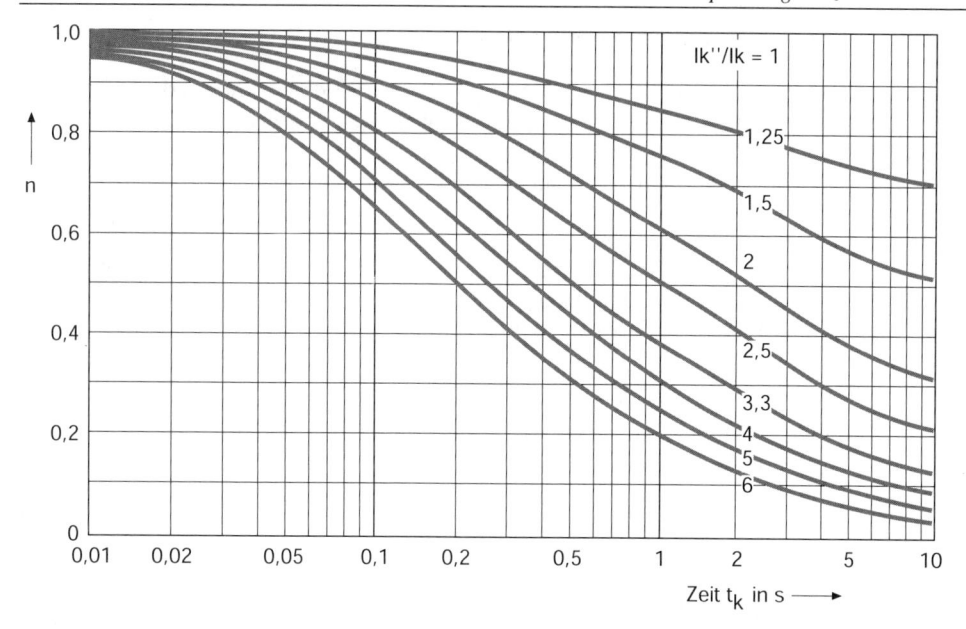

Bild 3.20 Faktor n als Funktion der Kurzschlussdauer T_k und dem Parameter I''_k/I_k

In **Tafel 3.12** sind die Formeln zur Berechnung der Kurzschluss-Ströme im Niederspannungsstrahlennetz bei einfacher Netzeinspeisung zusammengefasst.

Tafel 3.12 Formeln zur Berechnung der Kurzschluss-Ströme bei einfacher Einspeisung und unvermaschtem Niederspannungsnetz

Kurzschlussart / Kurzschluss-Strom	Dreipoliger Kurzschluss	Zweipoliger Kurzschluss	Einpoliger Kurzschluss
Kurzschluss-Strom	$I_{k3} = \dfrac{c \cdot U_n}{\sqrt{3} \cdot Z_k}$	$I_{k2} = \dfrac{\sqrt{3}}{2} \cdot I_{k3}$	$\underline{I}_{k1} = \dfrac{\sqrt{3} \cdot c \cdot \underline{U}_n}{2 \cdot \underline{Z}_k + \underline{Z}_{k(0)}}$ [1]
Stoßkurzschluss-Strom	$i_{p3} = \sqrt{2} \cdot \kappa \cdot I_{k3}$ [2]	$i_{p2} = \dfrac{\sqrt{3}}{2} \cdot i_{p3}$	$i_{p1} = \sqrt{2} \cdot \kappa \cdot I_{k1}$
Ausschaltwechselstrom	$I_{a3} = I_{k3}$	$I_{a2} = I_{k2}$	$I_{a1} = I_{k1}$
Dauer-kurzschluss-Strom	$I_{k3} = \dfrac{c \cdot U_n}{\sqrt{3} \cdot Z_k}$	$I_{k2} = \dfrac{\sqrt{3}}{2} \cdot I_{k3}$	$\underline{I}_{k1} = \dfrac{\sqrt{3} \cdot c \cdot \underline{U}_n}{2 \cdot \underline{Z}_k + \underline{Z}_{k(0)}}$
Thermisch-gleichwertiger Kurzschluss-Strom	$I_{th3} = I_{k3} \cdot \sqrt{m+n}$	$I_{th2} = I_{k2} \cdot \sqrt{m+n}$	$I_{th1} = I_{k1} \cdot \sqrt{m+n}$

[1] $\underline{Z}_{k(0)}$ muß bei sternpunktgeerdeten Netzen berücksichtigt werden. Ist der Sternpunkt des Netzes nicht geerdet, ist $\underline{Z}_{k(0)} \to \infty$ und $I_{k1} \to 0$.
[2] Faktor κ siehe Bild 3.18.

3.2.7.2 Kurzschluss-Ströme von Generatoren

Unmittelbar auf den Kurzschluss speisende Generatoren (Blockheizkraftwerk, Netzersatzanlage) können zusätzliche Wechselstromkomponenten enthalten und sind dann als generatornah zu betrachten. Das hat die Konsequenz, dass die Berechnungsformeln nicht mehr vereinfacht wie bei der Netzeinspeisung angewendet werden dürfen.

a) Anfangs-Kurzschlusswechselstrom I_k''

Der effektive Kurzschluss-Strom von Generatoren ist bei Eintritt des Kurzschlusses durch die zusätzliche Wechselstromkomponente etwas erhöht. Dieser Anfangs-Kurzschlusswechselstrom I_k'' wird mit einem hoch gestellten Anführungszeichen gekennzeichnet.

Dreipoliger Kurzschluss

Wenn der dreipolige Anfangs-Kurzschlusswechselstrom I_{k3}'' nur durch die Generatorimpedanz Z_G begrenzt ist, gilt:

$$\underline{I}_{k3}'' = \frac{c \cdot \underline{U}_n}{\sqrt{3} \cdot \underline{Z}_G} \, . \tag{3.49}$$

Die Generatorimpedanz wird als korrigierte Generatorimpedanz $\underline{Z}_{Gk}$ eingesetzt (siehe Abschnitt 3.2.9.2).

Sind zwischen Generator und Kurzschluss-Stelle weitere Kurzschlussimpedanzen von Betriebsmitteln vorhanden, gilt für den Betrag des Kurzschluss-Stromes:

$$I_{k3}'' = \frac{c \cdot U_n}{\sqrt{3} \cdot Z_k} = \frac{c \cdot U_n}{\sqrt{3} \cdot \sqrt{R_k^2 + X_k^2}} \, . \tag{3.50}$$

Zweipoliger Kurzschluss

$$I_{k2}'' = \frac{c \cdot \underline{U}_n}{\underline{Z}_{(1)G} + \underline{Z}_{(2)G}} \quad \text{bzw.} \quad I_{k2}'' = \frac{c \cdot \underline{U}_n}{\underline{Z}_{(1)k} + \underline{Z}_{(2)k}} \tag{3.51}$$

Einpoliger Kurzschluss

$$I_{k1}'' = \frac{c \cdot \sqrt{3} \cdot \underline{U}_n}{\underline{Z}_{(1)G} + \underline{Z}_{(2)G} + \underline{Z}_{(0)G}} \quad \text{bzw.} \quad I_{k1}'' = \frac{c \cdot \sqrt{3} \cdot \underline{U}_n}{\underline{Z}_{(1)k} + \underline{Z}_{(2)k} + \underline{Z}_{(0)k}} \tag{3.52}$$

Der symmetrische dreipolige Kurzschluss liefert bei ungeerdetem Sternpunkt der Generatorwicklungen den größten Strom. Bei vorhandener Sternpunkterdung (wie in Niederspannungsnetzen) wird wegen der geringeren Nullimpedanz gegenüber der Mitimpedanz des Generators der einpolige Kurzschluss-Strom am höchsten.

b) Stoßkurzschluss-Strom i_p

Der Spitzenwert des Kurzschluss-Stromes wird mit dem Anfangs-Kurzschlusswechselstrom und dem Faktor κ (Bild 3.18) berechnet:

$$i_p = \sqrt{2} \cdot \kappa \cdot I_k'' \, . \tag{3.53}$$

Die Kurzschlusswiderstände R_k und X_k sind die jeweiligen Summenwiderstände bis zur Fehlerstelle. Das R_k/X_k-Verhältnis ergibt für jede mögliche Kurzschluss-Stelle einen anderen Wert. Allerdings ändert sich der Wert bei der Einbeziehung von größeren Leitungslängen kaum.

c) Ausschaltwechselstrom I_a

Der Ausschaltwechselstrom ist ein vom Anfangs-Kurzschlusswechselstrom abgeklungener Wert, der mit dem Faktor μ bestimmt wird:

$$I_a = \mu \cdot I_k''. \tag{3.54}$$

Der Faktor μ hängt vom Anfangskurzschlusswechselstrom I_{kG}'' bei Generatorkurzschluss, dem Bemessungsstrom I_{rG} des Generators und der Mindestschaltverzugszeit t_{min} ab.

Er kann für Hochspannungs-Synchronmaschinen (Turbogeneratoren, Schenkelpolgeneratoren und Synchronphasenschieber), die durch rotierende Erregermaschinen oder Stromrichter erregt werden (solange bei Stromrichtererregung der Mindestschaltverzug kleiner als 0,25 s bleibt und die maximale Erregerspannung den 1,6fachen Wert der Erregerspannung bei Bemessungsbetrieb nicht überschreitet), dem **Bild 3.21** entnommen oder mit den Formeln (3.55) bis (3.58) berechnet werden.

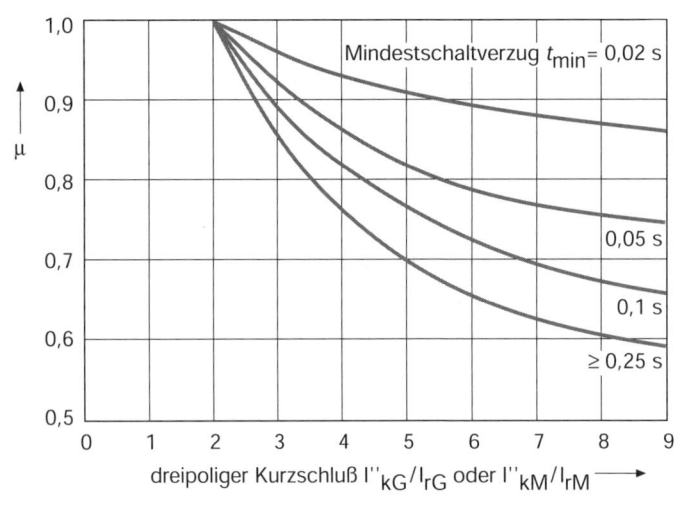

Bild 3.21
Faktor μ zur Berechnung des Ausschaltwechselstromes

Die Berechnung von μ kann mit folgenden Formeln erfolgen:

$$\mu = 0{,}84 + 0{,}26 \, e^{-0{,}26 \frac{I_{kG}''}{I_{rG}}} \quad \text{bei} \quad t_{min} = 0{,}02 \text{ s} \tag{3.55}$$

$$\mu = 0{,}71 + 0{,}51 \, e^{-0{,}30 \frac{I_{kG}''}{I_{rG}}} \quad \text{bei} \quad t_{min} = 0{,}05 \text{ s} \tag{3.56}$$

$$\mu = 0{,}62 + 0{,}72 \, e^{-0{,}32 \frac{I_{kG}''}{I_{rG}}} \quad \text{bei} \quad t_{min} = 0{,}10 \text{ s} \tag{3.57}$$

$$\mu = 0{,}56 + 0{,}94 \, e^{-0{,}38 \frac{I_{kG}''}{I_{rG}}} \quad \text{bei} \quad t_{min} \geq 0{,}25 \text{ s} \tag{3.58}$$

Die Berechnung des Ausschaltwechselstromes von Niederspannungsgeneratoren ist in [3.1] ausdrücklich nicht angegeben. Es wird auf entsprechende Angaben der Hersteller hingewiesen.

Sind solche Angaben nicht erhältlich, ist die Annahme, dass der Ausschaltwechselstrom gleich dem Anfangs-Kurzschlusswechselstrom sei, für die Auswahl von Schaltgeräten möglich. Von dieser Voraussetzung wird beim generatorfernen Kurzschluss immer ausgegangen.

d) Dauerkurzschluss-Strom I_k

Der Dauerkurzschluss-Strom fließt, wenn alle Ausgleichsvorgänge abgeklungen sind. Rechnerisch bestimmbar ist er nur, wenn der Kurzschluss-Strom direkt von Generatoren herrührt und die Generatorbemessungsdaten bekannt sind.

Die Höhe des Dauerkurzschluss-Stromes hängt vom Erregungszustand des Generators ab. Bestimmt wird der maximale und der minimale Dauerkurzschluss-Strom folgendermaßen:

$$I_{k\,max} = \lambda_{max} I_{rG} \quad \text{maximale Erregung} \tag{3.59}$$

$$I_{k\,min} = \lambda_{min} I_{rG} \quad \text{konstante Leerlauferregung} \tag{3.60}$$

Der Faktor λ hängt vom Anfangskurzschlusswechselstrom I''_{k3}, dem Bemessungsstrom I_{rG} und der Synchronreaktanz x_d im gesättigten Zustand ab und ist den Bildern 17 und 18 in [3.1] zu entnehmen.

e) Thermisch gleichwertiger Kurzschluss-Strom I_{th}

Der thermisch gleichwertige Kurzschluss-Strom wird beim generatornahen Kurzschluss mit dem Anfangs-Kurzschlusswechselstrom I''_k sowie den Faktoren m und n berechnet:

$$I_{th} = I''_k \sqrt{m+n}\,. \tag{3.61}$$

Die Ermittlung der Faktoren m und n erfolgt mit den Bildern 3.19 und 3.20 wie im Abschnitt 3.2.7.1 beschrieben.

In **Tafel 3.13** sind die Formeln zur Berechnung der Kurzschluss-Ströme bei direkter Generatorspeisung auf die Fehlerstelle zusammengefasst.

Tafel 3.13 Formeln zur Berechnung der Kurzschluss-Ströme bei direkter Generatorspeisung auf die Fehlerstelle

Kurzschlussart / Kurzschluss-Strom	Dreipoliger Kurzschluss	Zweipoliger Kurzschluss	Einpoliger Kurzschluss
Anfangs-Kurzschlusswechselstrom	$I''_{k3} = \dfrac{c \cdot U_n}{\sqrt{3} \cdot Z_G}$	$I''_{k2} = \dfrac{\sqrt{3}}{2} \cdot I''_{k3}$	$I''_{k1} = \dfrac{\sqrt{3} \cdot c \cdot U_n}{\underline{Z}_{G(1)} + \underline{Z}_{G(2)} + \underline{Z}_{G(0)G}}$ [1]
Stosskurzschluss-Strom	$i_{p3} = \sqrt{2} \cdot \kappa \cdot I''_{k3}$ [2]	–	$i_{p1} = \sqrt{2} \cdot \kappa \cdot I''_{k1}$
Ausschaltwechselstrom	$I_{a3} = \mu \cdot I''_{k3}$ [3]	–	$I_{a1} = \mu \cdot I''_{k1}$
Dauer-kurzschluss-Strom	$I_{k3} = \lambda \cdot I_{rG}$ [4]	–	Herstellerangabe
Thermisch-gleichwertiger Kurzschluss-Strom	$I_{th3} = I''_{k3} \cdot \sqrt{m+n}$ [5]	–	$I_{th1} = I''_{k1} \cdot \sqrt{m+n}$

[1] $\underline{Z}_{G(0)}$ muss bei sternpunktgeerdeten Generatoren berücksichtigt werden. Ist der Sternpunkt des Generators nicht geerdet, ist $\underline{Z}_{G(0)} \to \infty$ und $I_{k1G} \to 0$.
[2] Faktor κ siehe Bild 3.18.
[3] Faktor μ siehe Bild 3.21.
[4] Faktor λ siehe [3.1, Bilder 17 und 18].
[5] Faktoren m und n siehe Bild 3.19 und 3.20.

3.2.7.3 Kurzschluss-Ströme von Asynchronmotoren

Hoch- und Niederspannungsmotoren liefern entsprechend **Bild 3.22** Beiträge zu den folgenden Kurzschluss-Strömen:

- Anfangs-Kurzschlusswechselstrom,
- Stoßkurzschluss-Strom,
- Ausschaltwechselstrom und
- Dauerkurzschluss-Strom bei unsymmetrischem Kurzschluss.

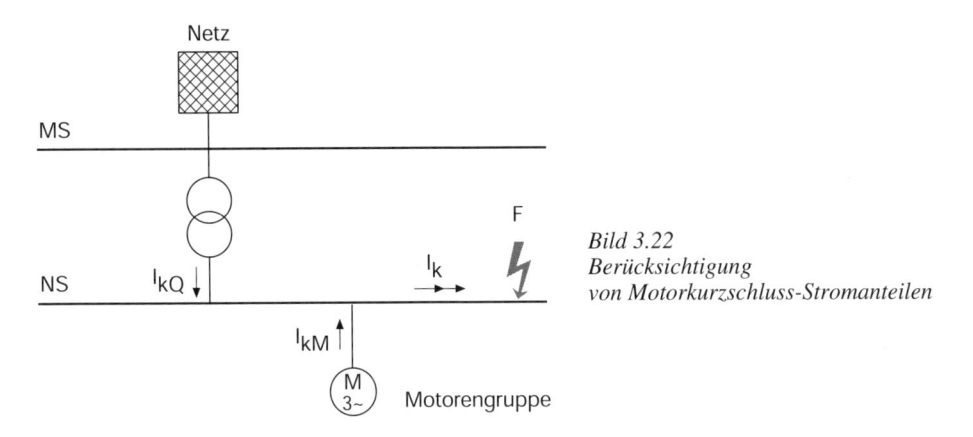

Bild 3.22
Berücksichtigung von Motorkurzschluss-Stromanteilen

Allgemein gilt:
Kurzschlussanteile von Asynchronmotoren $\sum I''_{kM}$ dürfen vernachlässigt werden, wenn ihr gesamter Anteil kleiner als 5% im Vergleich zum Kurzschluss-Strom ohne Motoranteil I''_{kQ} ist:

$$\sum I''_{kM} \leq 0{,}05 \cdot I''_{kM} \:. \tag{3.62}$$

Niederspannungsmotoren, die an eine gemeinsame Sammelschiene angeschlossen sind, können einschließlich der Anschlussleitungen zu Motorengruppen zusammengefasst werden.

Wenn die Summe der Bemessungsströme $\sum I_{rM}$ kleiner als 1% im Vergleich zum gesamten Kurzschluss-Stromanteil der Motorengruppe ist, kann der Motorkurzschluss-Strom I_{kM} vernachlässigt werden:

$$\sum I_{rM} \leq 0{,}01 \cdot I_{kM} \:. \tag{3.63}$$

Der Bemessungsstrom I_{rM} eines Motors wird mit Formel (3.115) berechnet.

Niederspannungsmotoren werden demnach nur bei hohen Bemessungsleistungen P_{rM} berücksichtigt. Wenn der Motor über ein längeres Anschlusskabel angeschlossen ist, wird der Kurzschluss-Stromanteil zusätzlich begrenzt.

Beim Motorkurzschluss ist durch das immer vorhandene Abklingen des Kurzschluss-Stromes die Unterscheidung von Anfangs-Kurzschlusswechselstrom I''_{kM} und dem Dauerkurzschluss-Strom I_k angebracht.

Die Formeln zur Berechnung der Motorkurzschlussanteile mit den zugehörigen Angaben sind in **Tafel 3.14** zusammengefasst.

Für das Auftreten des höchsten Kurzschluss-Stromes gilt für den Asynchronmotor die gleiche Bemerkung wie für den Generator: Der höchste Kurzschluss-Strom tritt bei sehr kleiner Sternpunktimpedanz beim einpoligen Kurzschluss-Strom auf.

Der Ausschaltwechselstrom kann auch für Niederspannungsmotoren mit dem Faktor μ berechnet werden. Weil der Abklingvorgang beim Asynchronmotor noch schneller als beim Generator beendet ist, wird noch ein zusätzlicher Faktor q eingeführt (**Bild 3.23**). Insbesondere für Niederspannungsmotoren ist die geringe Mindestschaltverzugszeit t_{min} von 0,02 s aufgenommen worden.

Das Berechnungsbeispiel 3.17 (Abschnitt 3.2.11) beinhaltet die Berücksichtigung des Kurzschlussanteiles eines Asynchronmotors.

Tafel 3.14 Formeln zur Berechnung der Kurzschlussanteile von Asynchronmotoren

Kurzschlussart Kurzschluss-Strom	Dreipoliger Kurzschluss	Zweipoliger Kurzschluss	Einpoliger Kurzschluss
Anfangs-Kurzschlusswechselstrom	$I''_{k3M} = \dfrac{c \cdot U_n}{\sqrt{3} \cdot Z_M}$	$I''_{k2M} = \dfrac{\sqrt{3}}{2} \cdot I''_{k3M}$	$\underline{I}''_{k1M} = \dfrac{\sqrt{3} \cdot U_n}{2 \cdot \underline{Z}_M + \underline{Z}_{(0)M}}$ [1]
Stoßkurzschluss-Strom	$i_{p3M} = \sqrt{2} \cdot \kappa_M \cdot I''_{k3M}$ [2]	$i_{p2M} = \dfrac{\sqrt{3}}{2} \cdot i_{p3M}$	$i_{p1M} = \sqrt{2} \cdot \kappa_M \cdot I''_{k1M}$
Ausschaltwechselstrom	$I_{b3M} = \mu \cdot q \cdot I''_{k3M}$ [3] [4]	$I_{b2M} \approx \dfrac{\sqrt{3}}{2} \cdot I''_{k3M}$	$I''_{b1M} \approx I''_{k1M}$
Dauerkurzschluss-Strom	$I_{k3M} = 0$	$I_{k2M} \approx \dfrac{\sqrt{3}}{2} \cdot I''_{k3M}$	$I_{k1M} \approx I''_{k1M}$

[1] $\underline{Z}_M = \underline{Z}_{M(1)} = \underline{Z}_{M(2)}$; $\underline{Z}_{0M}$ muss in sternpunktgeerdeten Netzen berücksichtigt werden. Ist der Sternpunkt des Motors nicht geerdet, ist $\underline{Z}_{M(0)} \to \infty$ und $I_{k1M} \to 0$.
[2] Niederspannungsmotorengruppen mit Verbindungskabeln: $\kappa_M = 1{,}3$ ($R_M/X_M = 0{,}42$) Mittelspannungsmotoren: $\kappa_M = 1{,}65$ ($R_M/X_M = 0{,}15$) für Leistungen pro Polpaar < 1 MW $\kappa_M = 1{,}75$ ($R_M/X_M = 0{,}10$) für Leistungen pro Polpaar ≥ 1 MW
[3] Faktor μ siehe Bild 3.21
[4] Faktor q siehe Bild 3.23

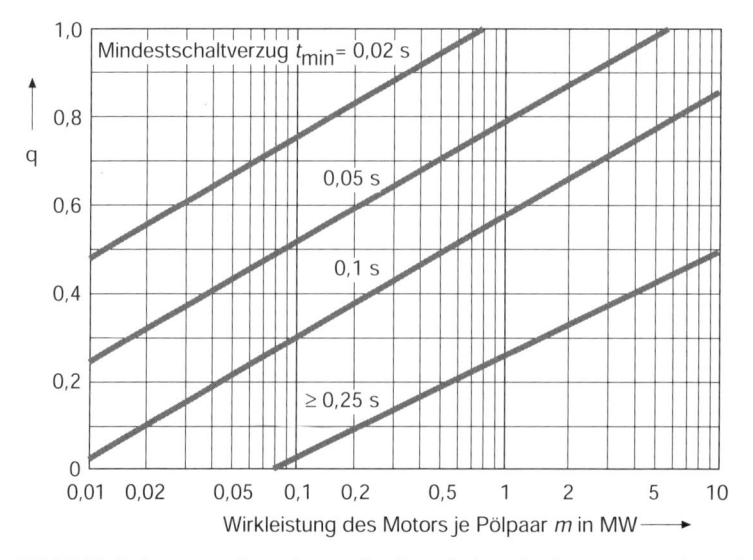

Bild 3.23 Faktor q zur Berechnung des Ausschaltwechselstromes von Asynchronmotoren

[Berechnung mit folgenden Gleichungen:

$$q = 1{,}03 + 0{,}12 \ln m \quad \text{bei} \quad t_{min} = 0{,}02 \text{ s} \tag{3.64}$$

$$q = 0{,}79 + 0{,}12 \ln m \quad \text{bei} \quad t_{min} = 0{,}05 \text{ s} \tag{3.65}$$

$$q = 0{,}57 + 0{,}12 \ln m \quad \text{bei} \quad t_{min} = 0{,}10 \text{ s} \tag{3.66}$$

$$q = 0{,}26 + 0{,}10 \ln m \quad \text{bei} \quad t_{min} \geq 0{,}25 \text{ s} \tag{3.67}$$

m – Bemessungswirkleistung des Motors je Polpaar in MW]

3.2.7.4 Kurzschluss-Ströme bei mehreren Kurzschluss-Stromquellen

Bei der Speisung von mehreren Kurzschluss-Stromquellen nach **Bild 3.24** wird der gesamte Anfangs-Kurzschlusswechselstrom vor der Fehlerstelle nach Formel (3.68) berechnet:

$$\underline{I}_k'' = \underline{I}_{kQ}'' + \underline{I}_{kG}'' + \underline{I}_{kM}'' \; . \tag{3.68}$$

Vereinfachend können nach [3.1] der Stoßkurzschluss-Strom i_p, der Ausschaltwechselstrom I_a und der Dauerkurzschluss-Strom I_k ermittelt werden:

$$i_p = i_{pQ} + i_{pG} + i_{pM} \; , \tag{3.69}$$

$$I_a = I_{aQ} + I_{aG} + I_{aM} \; , \tag{3.70}$$

$$I_k = I_{kQ} + I_{kG} + I_{kM} \; . \tag{3.71}$$

Die Anwendung der Formeln (3.69) bis (3.71) liefert höhere, auf der sicheren Seite liegende Werte.

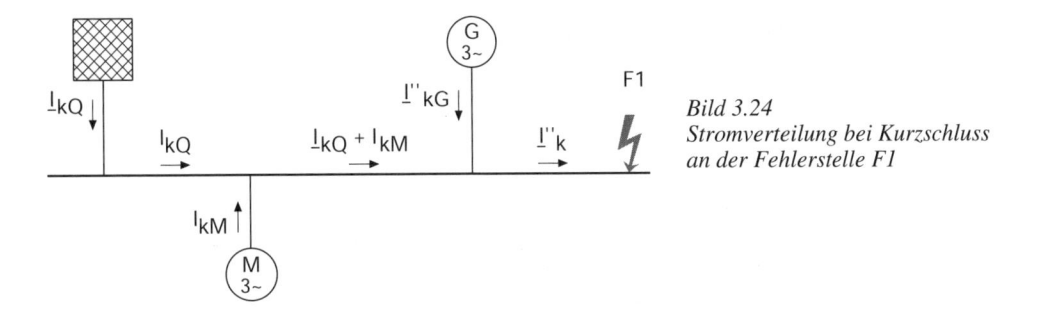

Bild 3.24
Stromverteilung bei Kurzschluss an der Fehlerstelle F1

Die Kurzschluss-Ströme in den einzelnen Zweigen werden mit dem Stromteilergesetz berechnet (Beispiel 3.17).

3.2.8 Kurzschluss-Ströme in vermaschten Netzen

Die Berechnung der Kurzschluss-Ströme an der Fehlerstelle im Niederspannungsmaschennetz erfolgt mit den gleichen Formeln wie beim einfach gespeisten Kurzschluss.
Die Ermittlung der Kurzschlussimpedanz Z_k erfordert bei manueller Berechnung des Anfangs-Kurzschlusswechselstromes bzw. Kurzschluss-Stromes

$$I_k'' \approx I_k = \frac{c \cdot U_n}{\sqrt{3} \cdot Z_k} \tag{3.72}$$

einen größeren Aufwand. Im Allgemeinen ist eine Netzreduktion (Dreieck-Stern-Umwandlung, Parallelschaltung, Reihenschaltung) notwendig (**Bild 3.25**). Deshalb ist insbesondere bei größeren Maschennetzen die Anwendung eines entsprechenden EDV-Programmes sinnvoll, mit dem auch die Kurzschluss-Ströme in den einzelnen Zweigen berechnet werden.

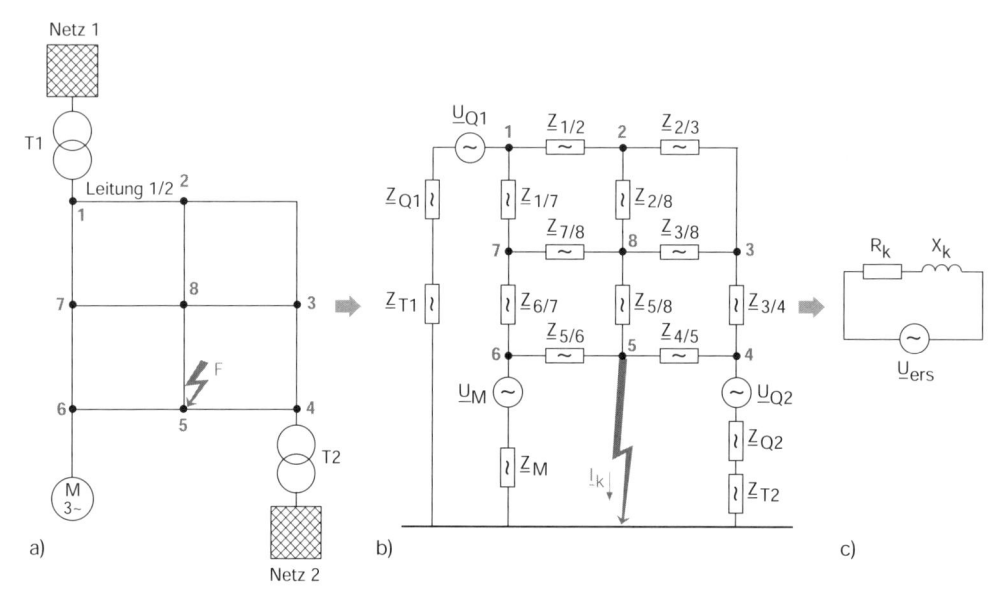

Bild 3.25 Kurzschluss im vermaschten Netz
a) Netzschaltbild; b) Ersatzschaltbild; c) Reduziertes Ersatzschaltbild

Zur Berechnung des Stoßkurzschluss-Stromes im Maschennetz mit Formel

$$i_p = \sqrt{2} \cdot \kappa \cdot I_k \tag{3.73}$$

sind in DIN VDE 0102 drei Methoden zur Bestimmung des Stoßfaktors κ vorgegeben:

Methode A
Der Faktor $\kappa = \kappa_a$ wird mit dem kleinsten R/X-Verhältnis aller Zweige des Netzes, die zusammen mindestens 80% des Kurzschluss-Stromes führen, nach Bild 3.25 bestimmt.
 Diese Methode soll nur angewendet werden, wenn die Bedingung des Verhältnisses der Kurzschlussimpedanzen $R_k < 0{,}3 \cdot X_k$ gegeben ist. Das Ergebnis ist nur eine Näherung. Als obere Grenze gilt: $\kappa = 1{,}8$

Methode B
Der Faktor κ_b wird mit dem R/X-Verhältnis aus der Reduktion des Netzes mit den komplexen Impedanzen bestimmt. Zur Berücksichtigung der Vermaschung wird κ_b mit dem Faktor 1,15 multipliziert ($\kappa = 1{,}15 \cdot \kappa_b$).

$$i_p = \sqrt{2} \cdot 1{,}15 \cdot \kappa_b \cdot I_k \tag{3.74}$$

Hinweis:

– Diese Methode soll nur angewendet werden, wenn in allen Zweigen: $\dfrac{R}{X} \leq 1$.

– Der Faktor von 1,15 wird nicht berücksichtigt, wenn in allen Zweigen: $\dfrac{R}{X} > 0{,}3$.

— In Niederspannungsnetzen ist das Produkt 1,15 κ_b auf 1,8 und in Mittel- und Hochspannungsnetzen auf 2,0 begrenzt.

Methode C

Der Faktor κ_c wird mit einem R/X-Verhältnis berechnet, welches mit einer Ersatzfrequenz f_C = 20 Hz ermittelt wird:

$$\frac{R}{X} = \frac{R_C}{X_C} \frac{f_C}{f_N} . \qquad (3.75)$$

Dabei sind:

$\underline{Z}_C = R_C + jX_C$ Ersatzimpedanz an der Kurzschluss-Stelle, wenn dort eine Spannungsquelle mit der Frequenz f_C = 20 Hz angenommen wird.

R_C Realteil von $\underline{Z}_C$ (R_C ist im Allgemeinen ungleich R bei Nennfrequenz)

X_C Imaginärteil von $\underline{Z}_C$ (X_C ist im Allgemeinen ungleich X bei Nennfrequenz).

Eine Genauigkeit von ±5% ist gewährleistet, wenn die R/X-Verhältnisse aller Zweige innerhalb der Grenzen $0{,}005 \leq R/X \leq 5{,}0$ liegen.

Die Methode C wird zur Anwendung empfohlen.

Die Anwendung dieser Verfahren wird in den ausführlichen Berechnungsbeispielen 3.16 und 3.17 (Abschnitt 3.2.11) an einfachen vermaschten Netzen demonstriert.

3.2.9 Kurzschlussimpedanzen

Um die Kurzschluss-Ströme nach den Abschnitten 3.2.6 und 3.2.7 berechnen zu können, muss die Größe der Kurzschlussimpedanz bekannt sein.

Unterschieden wird die Kurzschlussimpedanz an der Kurzschluss-Stelle, $\underline{Z}_k$ (auch als Kurzschlussimpedanz eines Drehstromnetzes bezeichnet), die allgemein als Impedanz von der Kurzschluss-Stelle aus betrachtet definiert ist, und die Kurzschlussimpedanz eines elektrischen Betriebsmittels $\underline{Z}_{BM}$, die in der Regel von mehreren Betriebsmitteln zur Bildung der Kurzschlussimpedanz an der Kurzschluss-Stelle $\underline{Z}_k$ benötigt wird.

Bestimmt wird die Herangehensweise und der Aufwand bei der Ermittlung der Kurzschlussimpedanz von der notwendigen Genauigkeit der berechneten Kurzschluss-Ströme. Oft reichen schon überschlägige Berechnungsergebnisse aus, mit denen das Einhalten bestimmter Forderungen erkannt wird. Liegt aber der berechnete Kurzschluss-Strom in der Nähe des zulässigen Grenzwertes, ist das Berücksichtigen von weiteren Impedanzen der Betriebsmittel und Einflussfaktoren notwendig. Zusätzliche Impedanzen neben dem speisenden Netz, den Transformatoren und Leitungen können die Impedanzen von Stromschienen, Verbindungsstellen, Sicherungen, Schalter usw. sein. Die Leitertemperatur kann als Einflussfaktor zur Widerstandserhöhung dann nicht vernachlässigt werden. Dies hängt auch davon ab, ob der größte oder kleinste Kurzschluss-Strom berechnet werden soll.

In Niederspannungsnetzen werden die hochohmigen Impedanzen der Isolierung zwischen den Leitungen sowie zwischen den Leitern und der Erde nicht berücksichtigt.

3.2.9.1 Kurzschlussimpedanz an der Kurzschluss-Stelle

Die Kurzschlussimpedanz an der Kurzschluss-Stelle ist eine Ersatzimpedanz aller Impedanzen, über die der Kurzschluss-Strom fließt. Der Kurzschluss-Stromkreis wird so vereinfacht, dass die kurzgeschlossenen Spannungsquellen nur durch ihre Innenimpedanzen berücksichtigt werden und an der Fehlerstelle eine Ersatzspannungsquelle eingeführt wird, die den Kurzschluss-Strom über die Kurzschlussimpedanz treibt (**Bild 3.26**).

Wird ein Gebäude über ein Strahlennetz aus dem Mittelspannungsnetz gespeist, fließt der Strom bei einem Kurzschluss im Gebäude (z. B. in einer Unterverteilung) über die Impedanz des Netzes, des Verteilungstransformators und der Leitungen.

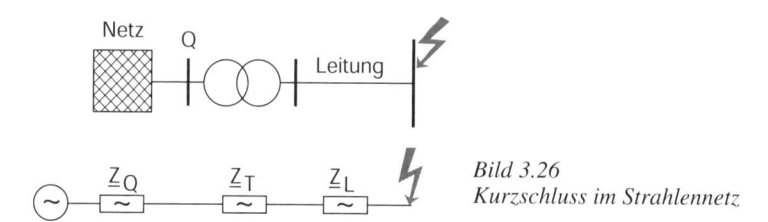

Bild 3.26
Kurzschluss im Strahlennetz

Die Kurzschlussimpedanz an der Kurzschluss-Stelle ist dann die Summe der einzelnen Impedanzen:

$$\underline{Z}_k = \underline{Z}_Q + \underline{Z}_T + \underline{Z}_L. \tag{3.76}$$

Achtung: Impedanzen dürfen nur addiert werden, wenn sie auf die gleiche Spannung bezogen sind.

Es muss deshalb bei einem Kurzschluss im 400 V-Netz konkreter lauten:

$$\underline{Z}_{k\,400\,V} = \underline{Z}_{Q\,400\,V} + \underline{Z}_{T\,400\,V} + \underline{Z}_{L\,400\,V}. \tag{3.77}$$

Die auf die Mittelspannung (z. B. 20 kV) bezogene Netzimpedanz $Z_{Q\,20\,kV}$ muss mit dem Quadrat des Bemessungsübersetzungsverhältnisses des Transformators

$$\ddot{u}_r^2 = \left(\frac{U_{rMS}}{U_{rNS}}\right)^2 \tag{3.78}$$

auf die Netznennspannung von 400 V umgerechnet werden:

$$\underline{Z}_{Q\,400\,V} = \underline{Z}_{Q\,20\,kV}\frac{1}{\ddot{u}_r^2}. \tag{3.79}$$

Da sich die Impedanz bezogen auf eine kleinere Spannung entsprechend verringert, muss mit dem reziproken Wert multipliziert werden. Weiterhin ist hierbei zu beachten, dass die Netznennspannung nicht mit der Bemessungsspannung des Transformators übereinstimmen muss (z. B. U_n = 400 V, U_{rT} = 420 V).

Für die Berechnung des dreipoligen Kurzschluss-Stromes wird die bisher betrachtete Mitimpedanz $Z_k = Z_{(1)k}$ benötigt.

Die bei unsymmetrischen Fehlern zusätzlich wirksamen Impedanzen im Gegen- und Nullsystem werden bei einem einfach gespeisten Kurzschluss genauso addiert:

Die Gegenimpedanz an der Kurzschluss-Stelle summiert sich aus:

$$\underline{Z}_{(2)k} = \underline{Z}_{(2)Q} + \underline{Z}_{(2)T} + \underline{Z}_{(2)L}. \tag{3.80}$$

Die Nullimpedanz an der Kurzschluss-Stelle summiert sich aus:

$$\underline{Z}_{(0)k} = \underline{Z}_{(0)T} + \underline{Z}_{(0)L}. \tag{3.81}$$

Für den generatorfernen Kurzschluss kann immer $\underline{Z}_{(1)k} = \underline{Z}_{(2)k}$ angenommen werden.

Fließt der Kurzschluss-Strom über parallele Zweige (z. B. Tranformatoren) oder im Maschennetz, wird die Kurzschlussimpedanz im Mit-, Gegen- und Nullsystem mittels Netzreduktion ermittelt.

Vereinfacht kann der Betrag der Kurzschlussimpedanz Z_k des Mitsystems im Vergleich zur Formel (3.77) folgendermaßen berechnet werden:

$$Z_k = \sqrt{(R_Q + R_T + R_L)^2 + (X_Q + X_T + X_L)^2} \,. \tag{3.82}$$

In Verbindung mit Formel (3.52) wird für die Berechnung des einpoligen Kurzschluss-Stromes bei der Bildung der Kurzschlussimpedanz auch das Gegen- und Nullsystem berücksichtigt:

$$Z_{k1} = \sqrt{[2 \cdot (R_Q + R_T + R_L) + R_{0T} + R_{0L}]^2 + [2 \cdot (X_Q + X_T + X_L) + X_{0T} + X_{0L}]^2} \,. \tag{3.83}$$

3.2.9.2 Kurzschlussimpedanz von elektrischen Betriebsmitteln

Um die Kurzschlussimpedanz an der Kurzschluss-Stelle bilden zu können, sind die Kurzschlussimpedanzen der Betriebsmittel bis zur Fehlerstelle erforderlich.

Dazu zählen: Generatoren, das speisende Netz, Asynchronmotoren, Transformatoren, Kabel und Leitungen sowie weitere so genannte Zusatzimpedanzen.

Die Impedanz eines Betriebsmittels besteht im Allgemeinen aus einem ohmschen (Resistanz) und einem induktiven Widerstand (Reaktanz).

Formelmäßig wird dies als komplexe Größe wie folgt ausgedrückt:

$$\underline{Z}_{BM} = R_{BM} + jX_{BM} \,. \tag{3.84}$$

Die Kurzschlussimpedanz $\underline{Z}_{BM}$ oder die Kurzschlussresistanz R_{BM} und -reaktanz X_{BM} eines elektrischen Betriebsmittels sind aus den Bemessungswerten des Betriebsmittels zu berechnen oder direkt den Angaben der Hersteller zu entnehmen.

Sind die tatsächlichen Bemessungswerte nicht bekannt, können Nennwerte, Mittelwerte und Richtwerte herangezogen werden.

Bei der Berechnung der Impedanz für Generatoren, Transformatoren und Asynchronmotoren ist die Bemessungsspannung des Betriebsmittels (Nicht die Netznennspannung!) einzusetzen.

Netzeinspeisung

Mit der Kenntnis der Anfangs-Kurzschlusswechselstromleistung S_k'' oder des Anfangs-Kurzschlusswechselstromes I_k'' am Anschlusspunkt Q wird die *Netzimpedanz* Z_Q bezogen auf die zum Anschlusspunkt Q gehörende Spannungsebene U_{nQ} mit der Formel:

$$Z_Q = \frac{c \cdot U_{nQ}^2}{S_{kQ}''} = \frac{c \cdot U_{nQ}}{\sqrt{3} \cdot I_{kQ}''} \,. \tag{3.85}$$

berechnet.

Die Anfangs-Kurzschlusswechselstromleistung S_k'' oder der Anfangs-Kurzschlusswechselstrom I_k'' wird vom zuständigen EVU angegeben.

Die auf die Niederspannungsseite bezogene Kurzschlussimpedanz des Netzes erhält man mit Formel (3.86) und dem Leerlaufübersetzungsverhältnis des Transformators $ü_r$:

$$Z_{Q/US} = \frac{c \cdot U_{nQ}^2}{S_{kQ}''} \frac{1}{ü_r^2} = \frac{c \cdot U_{nQ}^2}{S_{kQ}''} \left(\frac{U_{US}}{U_{OS}}\right)^2 \,. \tag{3.86}$$

3 Der Kurzschluss in Niederspannungsanlagen

Bei fehlender Angabe der Kurzschlussangaben für das vorgelagerte Netz können für die Berechnung maximaler Kurzschluss-Ströme folgende Kurzschlussleistungen bezogen auf die jeweilige Spannungsebene als Richtwerte nach **Tafel 3.15** herangezogen werden:

Tafel 3.15 Richtwerte für größte Kurzschlussleistungen

Höchste Spannung für Betriebsmittel in kV	Kurzschlussleistung des Netzes in MVA
bis 24	500
36	1 000
52 und 72,5	3 000
100 und 123	6 000

Von den EVU wird auch die mögliche minimale und maximale Anfangs-Kurzschlusswechselstromleistung $S''_{kQ\,min}$, $S''_{kQ\,max}$ (oder Anfangs-Kurzschlusswechselstrom $I''_{kQ\,min}$, $I''_{kQ\,max}$) angegeben, die dann jeweils in die Formeln (3.87) und (3.88) eingesetzt wird.

$$Z_{Q\,max} = \frac{c_{max} \cdot U_{nQ}^2}{S''_{kQ\,min}}, \qquad (3.87)$$

$$Z_{Q\,min} = \frac{c_{min} \cdot U_{nQ}^2}{S''_{kQ\,max}}. \qquad (3.88)$$

Der Spannungsfaktor c wird nach Tafel 3.1 eingesetzt. In **Tafel 3.16** stehen nach (3.87) und (3.88) berechnete Netzimpedanzen zur Verfügung.

Tafel 3.16 Maximale und minimale Netzimpedanz ($Z_{Q\,max}$, $Z_{Q\,min}$) in mΩ bezogen auf die Niederspannungsseite

	$U_n = 400$ V		$U_n = 690$ V	
S_k in MVA	$Z_{Q\,max}$ ($c = 1,1$)	$Z_{Q\,min}$ ($c = 1,0$)	$Z_{Q\,max}$ ($c = 1,1$)	$Z_{Q\,min}$ ($c = 1,0$)
20	9,70	8,82	26,19	23,80
50	3,88	3,53	10,47	9,52
100	1,94	1,76	5,24	4,76
150	1,29	1,18	3,49	3,17
200	0,97	0,88	2,62	2,38
250	0,78	0,71	2,09	1,90
300	0,65	0,59	1,75	1,59
350	0,55	0,50	1,50	1,36
400	0,49	0,44	1,31	1,19
450	0,43	0,39	1,16	1,06
500	0,39	0,35	1,05	0,95

Beispiel 3.4:
Berechnung der Netzimpedanz (Bild 3.27)
Das zuständige EVU gibt für den Anschlusspunkt Q mit einer Netznennspannung $U_n = 20$ kV die Anfangskurzschlussleistungen $S''_{k\,max} = 250$ MVA und $S''_{k\,min} = 210$ MVA an. Für einen Kurzschluss
a) an der 20 kV- Sammelschiene und
b) hinter dem Transformator mit einem Bemessungsübersetzungsverhältnis $ü_r = 20$ kV/0,42 kV
soll jeweils die minimale und die maximale Impedanz des Netzes bezogen auf die Netzspannung des Kurzschlussortes bestimmt werden.

3.2 Kurzschluss-Ströme im Niederspannungsnetz

Netz — 20 kV —a)— 20 kV/0,42 kV —400 V— b)

Bild 3.27
Ermittlung der Netzimpedanz (Beispiel 3.4)

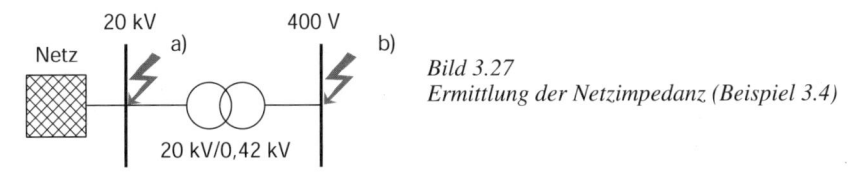

Vorgehensweise:
a) Die Werte eingesetzt in die Formeln (3.87) und (3.88) ergeben folgendes:

$$Z_{Q\,min} = \frac{1{,}0 \cdot 20^2 \,(kV)^2}{250 \,MVA} = 1{,}6\,\Omega,$$

$$Z_{Q\,max} = \frac{1{,}1 \cdot 20^2 \,(kV)^2}{210 \,MVA} = 2{,}095\,\Omega.$$

b) Unter Berücksichtigung des Übersetzungsverhältnisses des Transformators und Formel (3.82) gilt:

$$Z_{Q\,min} = \frac{1{,}1 \cdot 20^2 \,(kV)^2}{250\,MVA} \cdot \left(\frac{0{,}42\,kV}{20\,kV}\right)^2 = \frac{1{,}1 \cdot 0{,}42^2 \,(kV)^2}{250\,MVA} = 0{,}000776\,\Omega$$
$$= 0{,}776\,m\Omega,$$

$$Z_{Q\,max} = \frac{1{,}0 \cdot 20^2 \,(kV)^2}{210\,MVA} \cdot \left(\frac{0{,}42\,kV}{20\,kV}\right)^2 = \frac{1{,}0 \cdot 0{,}42^2 \,(kV)^2}{210\,MVA} = 0{,}00084\,\Omega$$
$$= 0{,}84\,m\Omega.$$

Hinweis:
Die Vereinfachung, dass nur die Niederspannung von 0,42 kV in die Formel eingesetzt wird, ist nur dann korrekt, wenn die Netzmittelspannung und die Transformatorbemessungsspannung auf der Primärseite übereinstimmen.

Für genauere Kurzschlussberechnungen ist die Kenntnis des ohmschen und induktiven Anteils der Netzimpedanz erforderlich.

Zur Ermittlung der Widerstände wird vom EVU das Verhältnis der *Netzersatzgrößen* R_Q/X_Q oder der Faktor κ angegeben.

Mit dem Quotienten R_Q/X_Q gelten folgende Formeln:

$$X_Q = \frac{c \cdot U_{nQ}^2}{S_k'' \sqrt{\left(\frac{R_Q}{X_Q}\right)^2 + 1}} \tag{3.89}$$

$$R_Q = \frac{c \cdot U_{nQ}^2}{S_k'' \sqrt{\left(\frac{X_Q}{R_Q}\right)^2 + 1}} \tag{3.90}$$

oder

$$R_Q = \left(\frac{R_Q}{X_Q}\right) \cdot X_Q. \tag{3.91}$$

Beispiel 3.5:
Ermittlung der Netzresistanz und -reaktanz
Ergänzend zu den Angaben im Beispiel 3.4 wird das Verhältnis $R_Q/X_Q = 0{,}1$ angegeben. Es sollen die für einen Kurzschluss an der 20 kV-Sammelschiene erforderlichen minimalen Widerstände des Netzes bestimmt werden.

Vorgehensweise:
Mit den Formeln (3.89) und (3.90) sowie $c_{min} = 1$ ergibt sich:

$$X_{Q\,min} = \frac{1 \cdot 20^2 \,(\text{kV})^2}{250\,\text{MVA}\,\sqrt{(0{,}1)^2 + 1}} = 1{,}592\,\Omega\,,$$

$$R_{Q\,min} = (0{,}1) \cdot 1{,}592\,\Omega = 0{,}1592\,\Omega\,.$$

Anmerkung: Zur Berechnung des Kurzschluss-Stromes an der Fehlerstelle b) muss die Impedanz des Transformators berücksichtigt werden.

Wenn der **Faktor** κ bekannt ist, kann der Quotient R_Q/X_Q nach Umstellung der Formel (3.44) ermittelt werden:

$$\frac{R_Q}{X_Q} = -\frac{1}{3}\ln\frac{\kappa - 1{,}02}{0{,}98}\,. \quad (3.92)$$

Beispiel 3.6:
Ermittlung des R_Q/X_Q-Quotienten am Anschlusspunkt Q
Mit welcher Größe ist das R_Q/X_Q-Verhältnis in Formel (3.85) einzusetzen, wenn der **Faktor** $\kappa = 1{,}6$ bekannt ist?

Vorgehensweise:
Mit Formel (3.92) wird ermittelt:

$$\frac{R_Q}{X_Q} = -\frac{1}{3}\ln\frac{1{,}6 - 1{,}02}{0{,}98} = 0{,}175 \quad \text{oder aus Bild 3.18 abgelesen.}$$

Wenn die Resistanz R_Q, das R_Q/X_Q-Verhältnis und der **Faktor** κ nicht bekannt sind, kann $R_Q = 0{,}1 \cdot X_Q$ mit $X_Q = 0{,}995 \cdot Z_Q$ eingeführt werden [3.1].

Für Hochspannungsnetzeinspeisungen mit Nennspannungen über 35 kV, gespeist über Freileitungen, kann die Innenimpedanz $\underline{Z}_Q$ als Reaktanz betrachtet werden, d. h.

$$\underline{Z}_Q = 0 + jX_Q\,.$$

In den **Tafeln 3.17/CD-ROM** und **3.18/CD-ROM** sind berechnete kleinste Netzresistanzen und -reaktanzen aufgelistet. Zur Ermittlung der größten Netzresistanzen und -reaktanzen wird der Tafelwert mit $c = 1{,}1$ multipliziert.

Die Ermittlung der Netznullimpedanzen zur Berechnung der Kurzschluss-Ströme ist in Niederspannungsanlagen normalerweise nicht erforderlich. Wenn im vorgeschalteten Mittelspannungsnetz der Transformatorsternpunkt hochohmig geerdet ist (z. B. Resonanzsternpunkterdung) oder die Transformatorwicklungen sind in Dreieckschaltung ausgebildet, ist das Nullsystem unbedeutend für Kurzschluss-Ströme oder ist gar nicht vorhanden. Dies ist der Fall, in den weit verbreiteten Niederspannungs-Netzeinspeisungen aus dem resonanzsternpunktgeerdeten Mittelspannungsnetz bei primärseitiger Dreieckschaltung des Transformators (z. B. Dy5).

Verteilungstransformatoren
Die Berechnungsformeln zur Ermittlung der Transformatorimpedanzen im Mitsystem lauten:

Mit- und Gegenimpedanz

$$Z_T = \frac{u_{kr}}{100\,\%} \cdot \frac{U_{rT}^2}{S_{rT}}, \tag{3.93}$$

$$R_T = \frac{u_{Rr}}{100\,\%} \cdot \frac{U_{rT}^2}{S_{rT}} = \frac{P_{krT} \cdot U_{rT}^2}{S_{rT}^2} = \frac{P_{krT}}{3 \cdot I_{rT}^2}, \tag{3.94}$$

$$X_T = \frac{u_{Xr}}{100\,\%} \cdot \frac{U_{rT}^2}{S_{rT}} \tag{3.95}$$

oder

$$X_T = \sqrt{Z_T^2 - R_T^2}. \tag{3.96}$$

Hierin bedeuten:

U_{rT} Bemessungsspannung des Transformators auf der Ober- oder Unterspannungsseite
I_{rT} Bemessungsstrom des Transformators auf der Ober- oder Unterspannungsseite
S_{rT} Bemessungsscheinleistung des Transformators
P_{krT} Gesamte Wicklungsverluste des Transformators bei Bemessungsstrom
u_{kr} Bemessungswert der Kurzschluss-Spannung in %
u_{Rr} Bemessungswert des ohmschen Spannungsfalls in %.

Verteilungstransformatoren werden unterspannungsseitig mit verschiedenen Bemessungsspannungen (400 V, 410 V, 420 V und 433 V) angeboten. Der jeweilige Wert ist in Formel (3.93) bis (3.95) für U_{rT} einzusetzen.

Beispiel 3.7:
Ermittlung der Impedanzen eines Verteilungstransformators
Für einen Ortsnetztransformator mit einer niederspannungsseitigen Bemessungsspannung U_{rT} = 420 V und einer Bemessungsscheinleistung S_{rT} = 400 kVA sind die Widerstände R_T, X_T und Z_T zu ermitteln. Im Datenblatt für den Transformator ist als Kurzschlussverlustleistung P_{krT} = 4,6 kW und für die Kurzschluss-Spannung u_{kr} = 4 % angegeben.

Vorgehensweise:
Mit den Formeln (3.93), (3.94) und (3.96) werden die (Mit)Impedanzen berechnet:

$$Z_T = \frac{4\,\%}{100\,\%} \cdot \frac{(420\,\text{V})^2}{400\,\text{kVA}} = 17{,}64\,\text{m}\Omega,$$

$$R_T = \frac{4{,}6\,\text{kW} \cdot (420\,\text{V})^2}{(400\,\text{kVA})^2} = 5{,}07\,\text{m}\Omega,$$

$$X_T = \sqrt{17{,}64^2 - 5{,}07^2}\,\text{m}\Omega = 16{,}9\,\Omega.$$

Parallelgeschaltete Transformatoren (Bild 3.28). Wenn Transformatoren parallel geschaltet sind, ist zur Bildung der Kurzschlussimpedanz die Ersatzimpedanz der Transformatoren $\underline{Z}_{T\text{ers}}$ nötig. Die genaue Berechnung der Ersatzimpedanz erfordert die Anwendung der komplexen Rechnung.

$$\underline{Z}_{T\text{ers}} = \frac{\underline{Z}_{T1} \cdot \underline{Z}_{T2}}{\underline{Z}_{T1} + \underline{Z}_{T2}} = \frac{(R_{T1} + jX_{T1}) \cdot (R_{T2} + jX_{T2})}{(R_{T1} + jX_{T1}) + (R_{T2} + jX_{T2})},$$

$$\underline{Z}_{T\text{ers}} = \frac{R_{T1} \cdot R_{T2} + j^2 X_{T1} X_{T2} + jR_{T1} X_{T2} + jR_{T2} X_{T1}}{(R_{T1} + R_{T2}) + j(X_{T1} + X_{T2})}. \tag{3.97}$$

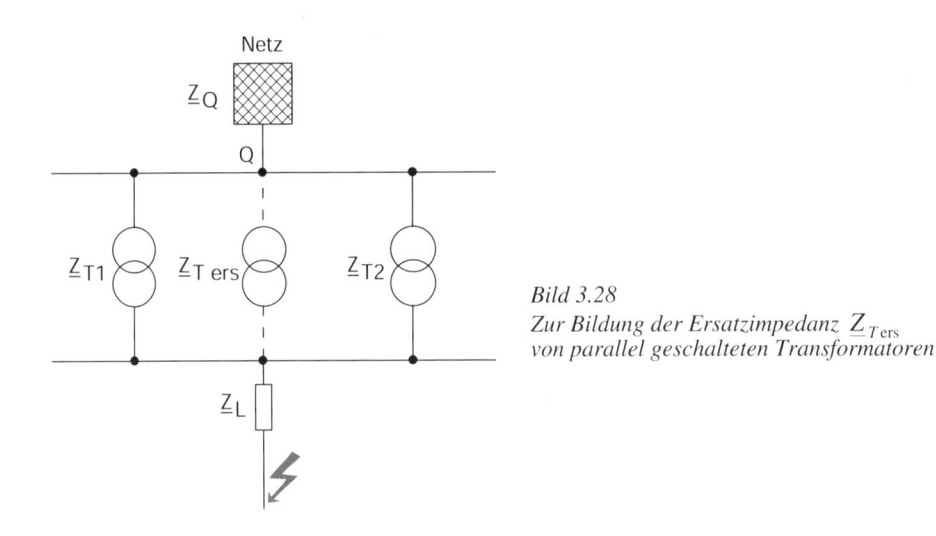

Bild 3.28
Zur Bildung der Ersatzimpedanz $\underline{Z}_{T\text{ers}}$ von parallel geschalteten Transformatoren

Beispiel 3.8:
Ersatzimpedanz parallel geschalteter Transformatoren (Bild 3.29)
Es sollen die Ersatzwiderstände $R_{T\text{ers}}$ und $X_{T\text{ers}}$ von zwei parallel geschalteten Transformatoren unterschiedlicher Bemessungsleistung S_{rT} berechnet werden.

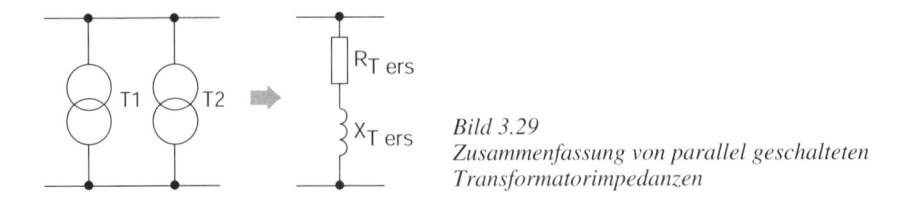

Bild 3.29
Zusammenfassung von parallel geschalteten Transformatorimpedanzen

Folgende Bemessungswerte sind für die Transformatoren $T1$ und $T2$ gegeben:

$T1$: $S_{rT} = 250$ kVA, $\ddot{u}_r = 20/042$ kV, $u_{kr} = 4\,\%$, $P_{krT} = 3{,}25$ kW
$T2$: $S_{rT} = 630$ kVA, $\ddot{u}_r = 20/042$ kV, $u_{kr} = 4\,\%$, $P_{krT} = 6{,}4$ kW

Für die Widerstände wurde mit den gleichen Transformatoren im Beispiel 3.7 ermittelt:

$T1$: $R_{T1} = 9{,}173$ mΩ, $X_{T1} = 26{,}629$ mΩ, $Z_{T1} = 28{,}224$ mΩ
$T2$: $R_{T2} = 2{,}889$ mΩ, $X_{T2} = 10{,}821$ mΩ, $Z_{T2} = 11{,}200$ mΩ

Vorgehensweise:
Mit diesen Werten ergibt sich nach Formel 3.97:

$$\underline{Z}_{T\text{ers}} = \frac{(9{,}173 \cdot 2{,}889 - 26{,}629 \cdot 10{,}821) + j(9{,}173 \cdot 10{,}821 + 2{,}889 \cdot 26{,}629)}{(9{,}173 + 2{,}889) + j(26{,}629 + 10{,}821)} \, \text{m}\Omega,$$

$$\underline{Z}_{T\text{ers}} = \frac{-261{,}65 + j\,176{,}19}{12{,}062 + j\,37{,}45} \, \text{m}\Omega = \frac{315{,}44 \, e^{j\,146{,}0°}}{39{,}34 \, e^{j\,72{,}14°}} \, \text{m}\Omega = 8{,}02 \, \text{m}\Omega \, e^{j\,73{,}92°}.$$

Nach der Umrechnung in die trigonometrische Form erhält man:

$$\underline{Z}_{T\text{ers}} = (R_{T\text{ers}} + jX_{T\text{ers}}) = (2{,}22 + j\,7{,}703) \, \text{m}\Omega.$$

Nullimpedanz von Verteilungstransformatoren. Das Nullsystem ist im Niederspannungsnetz nur möglich, wenn der Verteilungstransformator auf der Niederspannungsseite in Stern- oder Zick-Zack geschaltet ist (Regelfall im EVU-Netz). Dann kann im Kurzschlussfall ein Kurzschluss-Strom über den Neutralleiter und/oder das Erdreich fließen. Die Nullimpedanz ist so klein, dass bei einem unsymmetrischen Fehlerfall ein Kurzschluss-Strom fließen kann.

In **Tafel 3.19** ist das Verhältnis von Null- und Mitimpedanz sowohl für die Resistanz als auch für die Reaktanz in Abhängigkeit von der Schaltgruppe angegeben.

Ist die Mitresistanz R_T bekannt, so kann mit dem angegebenen Verhältnis die Nullresistanz R_{0T} berechnet werden:

$$R_{0T} = \left(\frac{R_{0T}}{R_T}\right) \cdot R_T. \tag{3.98}$$

Das Gleiche gilt für die Nullreaktanz:

$$X_{0T} = \left(\frac{X_{0T}}{X_T}\right) \cdot X_T. \tag{3.99}$$

Die Nullimpedanz wird dann:

$$Z_{0T} = \sqrt{R_{0T}^2 + X_{0T}^2}. \tag{3.100}$$

Transformator-Schaltgruppe	$\dfrac{R_{0T}}{R_T}$	$\dfrac{X_{0T}}{X_T}$
Dy	1	0,95
Dz, Yy	0,4	0,1
Yy[1]	1	7 bis 100[1]

Tafel 3.19
Quotienten der Wirk- und Blindwiderstände im Null- und Mitsystem von Niederspannungstransformatoren bei f = 50 Hz [3.3]

[1] Oberspannungsseitiger Sternpunkt nicht geerdet

Beispiel 3.9
Ermittlung der Nullimpedanzen eines Verteilungstransformators
Für einen 630 kVA-Öltransformator mit der Schaltgruppe Dy5 werden mit den Formeln (3.98) bis (3.100) die Nullimpedanzen ermittelt.

3 Der Kurzschluss in Niederspannungsanlagen

Vorgehensweise:
In **Tafel 3.20** stehen die Impedanzen $R_{1T} = 2{,}889$ mΩ und $X_{1T} = 10{,}821$ mΩ zur Verfügung. Mit den Quotienten $(R_{0T}/R_{1T}) = 1$ sowie $(X_{0T}/X_{1T}) = 0{,}95$ werden die Impedanzen

$$R_{0T} = (1) \cdot 2{,}889 \text{ mΩ} = 2{,}889 \text{ mΩ}$$

$$X_{0T} = 0{,}95 \cdot 10{,}821 \text{ mΩ} = 10{,}28 \text{ mΩ}$$

$$Z_{0T} = \sqrt{2{,}889^2 + 10{,}28^2} \text{ mΩ} = 10{,}68 \text{ mΩ}.$$

ermittelt oder aus Tafel 3.20 direkt entnommen.

In den **Tafeln** 3.20, **3.21/CD-ROM** und **3.22/CD-ROM** sind die Bemessungsdaten und die damit berechneten Impedanzen, Resistanzen und Reaktanzen von Öl- und Trockentransformatoren aufgelistet.

Tafel 3.20 Impedanzen von Öltransformatoren mit einer Bemessungsspannung $U_{rT} = 420$ V [3.4]

S_{rT} in kVA	u_{kr} in %	P_{krT} in W	u_r in %	u_s in %	R_T in mΩ	X_T in mΩ	Z_T in mΩ	R_{0T} in mΩ	X_{0T} in mΩ	Z_{0T} in mΩ
50	4	1100	2,20	3,34	77,616	117,86	141,12	77,616	111,97	136,24
100	4	1750	1,75	3,60	30,870	63,449	70,56	30,870	60,277	67,72
160	4	2350	1,47	3,72	16,193	41,019	44,1	16,193	38,968	42,2
200	4	2850	1,43	3,74	12,568	32,965	35,28	12,568	31,317	33,74
250	4	3250	1,30	3,78	9,173	26,692	28,224	9,173	25,357	26,96
315	4	3900	1,24	3,80	6,933	21,300	22,4	6,933	20,235	21,39
400	4	4600	1,15	3,83	5,071	16,895	17,64	5,071	16,050	16,83
500	4	5500	1,10	3,85	3,880	13,568	14,112	3,880	12,890	13,46
630	4	6500	1,03	3,86	2,889	10,821	11,2	2,889	10,280	10,68
800	6	8400	1,05	5,91	2,315	13,026	13,23	2,315	12,378	12,59
1000	6	10500	1,05	5,91	1,852	10,421	10,584	1,852	9,900	10,07
1250	6	13000	1,04	5,91	1,467	8,380	8,467	1,467	7,961	8,10
1600	6	17000	1,06	5,91	1,171	6,526	6,615	1,171	6,200	6,31
2000	6	21500	1,06	5,90	0,948	5,202	5,292	0,948	4,942	5,03
2500	6	26500	1,06	5,91	0,748	4,145	4,234	0,748	3,938	4,0

Kabel und Leitungen

Die Impedanz $\underline{Z}_L = R_L + jX_L$ von Freileitungen und Kabeln kann

– mittels des Widerstandsbelages aus Datenblättern der Hersteller oder
– aus den Leiterdaten (Querschnitt und Mittenabstände der Leiter)

berechnet werden.

Sind die Widerstandsbeläge R'_L und X'_L bekannt, wird die gesamte Resistanz R_L und Reaktanz X_L mit der Leitungslänge l bestimmt:

$$R_L = R'_L \cdot l \tag{3.101}$$

und

$$X_L = X'_L \cdot l. \tag{3.102}$$

Die Widerstandsbeläge R'_L und X'_L von Kabeln und Freileitungen stehen in den **Tafeln 3.23/CD-ROM, 3.24** und **3.25** zur Verfügung.

Tafel 3.24 ohmsche Wirkwiderstandsbeläge R'_L in Ω/km im Mitsystem für 0,6/1-kV-Kabeltypen N(A)YY, N(A)YCWY, N(A)KLEY und N(A)KBA bei f = 50Hz [3.3]

Nennquerschnitt q_N in mm²	Wirkwiderstandsbeläge R'_L in Ω/km			
	Leitertemperatur 20 °C		Leitertemperatur 80 °C	
	Kupfer	Aluminium	Kupfer	Aluminium
1,5	11,79	–	14,62	–
2,5	7,07	11,94	8,77	14,8
4	4,560	7,47	5,654	9,26
6	3,030	4,98	3,757	6,17
10	1,810	2,98	2,244	3,7
16	1,141	1,891	1,415	2,345
25	0,724	1,201	0,898	1,489
35	0,526	0,876	0,652	1,086
50	0,389	0,642	0,482	0,796
70	0,271	0,444	0,336	0,551
95	0,197	0,321	0,244	0,398
120	0,157	0,255	0,195	0,316
150	0,129[1]	0,208	0,160	0,258
185	0,105[1]	0,167	0,130	0,207
240	0,083[2]	0,131	0,103	0,162
300	0,069[2]	0,107	0,086	0,133

[1] Abzüglich 0,004 bzw. 0,00496 Ω/km bei Vierleiterkabeln NYY und Vierleiterkabeln mit Schirm NYCWY bzw. 0,002 bzw. 0,00248 Ω/km bei Dreileiterkabeln mit Schirm verringerten Querschnittes NYCWY

[2] Abzüglich 0,006 bzw. 0,00744 Ω/km bei Vierleiterkabeln NYY und Vierleiterkabeln mit Schirm NYCWY bzw. 0,003 bzw. 0,000372 Ω/km bei Dreileiterkabeln mit Schirm verringerten Querschnittes NYCWY

Tafel 3.25 Induktive Blindwiderstandsbeläge X'_L im Mitsystem für 0,6/1-kV-Kabeltypen N(A)YY, N(A)YCWY, N(A)KLEY und N(A)KBA bei f = 50Hz [3.3]

Nennquerschnitt q_N in mm²	Induktive Blindwiderstandsbeläge X'_L in Ω/km				
	Vierleiterkabel N(A)YY Vierleiterkabel mit Schirm N(A)YCWY	Vierleiterkabel N(A)KBA	Dreieinhalbleiterkabel N(A)KBA	Dreieinhalbleiterkabel mit Aluminiummantel N(A)KLEY	Dreileiterkabel mit Schirm N(A)YCWY
1,5	0,115	–	–	–	–
2,5	0,11	–	–	–	–
4	0,107	–	–	–	0,100
6	0,100	–	–	–	0,094
10	0,094	–	–	–	0,088
16	0,090	0,099	–	–	0,083
25	0,086	0,094	0,092	–	0,080
35	0,083	0,092	0,090	–	0,077
50	0,083	0,090	0,087	0,071	0,077
70	0,082	0,087	0,085	0,069	0,074
95	0,082	0,086	0,084	0,068	0,074
120	0,080	0,085	0,083	0,067	0,072
150	0,080	0,086	0,084	0,068	0,072
185	0,080	0,085	0,083	0,067	0,072
240	0,079	0,084	0,082	0,066	0,072
300	0,079	0,084	0,082	–	0,072

Die Leitungsimpedanz ist zu berechnen als:

komplexe Größe

$$\underline{Z}_L = R_L + jX_L = \sqrt{R_L^2 + X_L^2} \cdot e^{j\arctan\frac{X_L}{R_L}} \qquad (3.103)$$

und Betragsgröße

$$Z_L = \sqrt{R_L^2 + X_L^2} . \qquad (3.104)$$

Nullimpedanzen von Kabeln und Leitungen. Mit den Nullwiderstandsbelägen R'_{0L} und X'_{0L} und der Leitungslänge l werden mit den Formeln (3.105) und (3.106) die Nullimpedanzen bestimmt:

$$R_{0L} = R'_{0L} \cdot l \qquad (3.105)$$

und

$$X_{0L} = X'_{0L} \cdot l. \qquad (3.106)$$

Zur Ermittlung der Nullresistanz R_0 und der Nullreaktanz X_0 von Leitungen und Kabeln werden in DIN VDE 0102 [3.3] die Quotienten der Widerstände vom Null- zum Mitsystem angegeben. Daraus berechnete Werte sind in den **Tafeln 3.26, 3.27/CD-ROM bis 3.32/CD-ROM** angegeben. Für den gleichen Leitungs- und Kabeltyp sind mehrere Spalten vorgesehen. Der Rückfluss des unsymmetrischen Fehlerstromes zur Spannungsquelle kann über verschiedene Wege erfolgen; entweder nur über einen Leiter (Neutralleiter N oder Schutzleiter PE – in den Tafeln als 4. Leiter bezeichnet), oder über den Neutralleiter N und/oder Schutzleiter PE sowie das Erdreich. Wenn der Fehlerstrom nur über N oder PE zurückfließt, ist die Nullresistanz R_0 praktisch der vierfache Wert der Mitresistanz R_1. Dies trifft immer für die Leitung zu, die unmittelbar an ein ungeerdetes Betriebsmittel angeschlossen ist. Ist ein Potentialausgleich vorhanden, fließt der einpolige Kurzschluss-Strom auch über das Erdreich, und durch die Parallelschaltung von Rückleiter und Erdreich verringert sich vergleichsweise die Resistanz, und die Reaktanz wird größer.

Temperatureinfluss auf den ohmschen Widerstand. Die Größe der Leitungsresistanz R_L wird wie bei allen ohmschen Widerständen von der Temperatur des Leitermaterials beeinflusst. Da die Leitungsimpedanz Z_L wesentlich zur Kurzschlussimpedanz beiträgt, kann der Temperatureinfluss auf den Leiter und Neutralleiter nicht vernachlässigt werden.

Berücksichtigt wird der Temperatureinfluss bei der Berechnung des größten und des kleinsten Kurzschluss-Stromes:

a) Berechnung des größten Kurzschluss-Stromes:
   Leitertemperatur 20 °C
b) Berechnung des kleinsten Kurzschluss-Stromes:
   Leitertemperatur 80 °C oder höher (z. B. 145 °C) für Niederspannungsleitungen.

Der Wirkwiderstand der Leitung R_L für die Leitertemperatur ϑ kann mit folgender Formel ermittelt werden:

$$R_\vartheta = R_{20\,°C} \cdot [1 + \alpha_{20\,°C} \cdot (\vartheta - 20\,°C)] . \qquad (3.107)$$

$\alpha_{20\,°C}$ Temperaturkoeffizient bei 20 °C in 1/K

– 0,00393 1/K für Kupfer
– 0,00403 1/K für Aluminium.

Tafel 3.26 ohmsche Wirkwiderstände und induktive Blindwiderstände in Ω/km im Nullsystem für Kabel N(A)YY in Abhängigkeit von der Rückleitung bei f = 50Hz [3.3]

Aderzahl und Nenn-querschnitt q_n in mm²	R'_{0L} 20°C				X'_{0L}			
	Kupfer		Aluminium		Kupfer		Aluminium	
	a	c	a	c	a	c	a	c
4 × 1,5	47,16	12,144	–	–	0,459	2,447	–	–
4 × 2,5	28,28	7,424	47,76	–	0,441	2,378	–	–
4 × 4	18,24	5,062	29,88	–	0,426	2,286	–	–
4 × 6	12,12	3,666	19,92	–	0,403	2,162	–	–
4 × 10	7,24	2,661	11,92	–	0,378	1,901	–	–
4 × 16	4,564	2,122	7,564	–	0,358	1,538	–	–
4 × 25	2,896	1,701	4,804	–	0,355	1,115	–	–
4 × 35	2,104	1,425	3,504	1,857	0,314	0,832	0,343	1,284
4 × 50	1,556	1,148	2,568	1,592	0,312	0,632	0,312	0,995
4 × 70	1,084	0,862	1,776	1,261	0,3	0,466	0,3	0,708
4 × 95	0,788	0,648	1,284	0,985	0,299	0,38	0,299	0,534
4 × 120	0,628	0,526	1,02	0,813	0,292	0,337	0,292	0,442
4 × 150	0,516	0,436	0,832	0,678	0,292	0,315	0,292	0,389
4 × 185	0,42	0,358	0,668	0,554	0,292	0,299	0,292	0,348
4 × 240	0,332	0,284	0,524	–	0,29	0,286	–	–
4 × 300	0,276	0,237	0,428	–	0,289	0,278	–	–

a Rückleitung über 4. Leiter; c Rückleitung über 4. Leiter und Erde

Da die Temperaturkoeffizienten von Kupfer und Aluminium nahezu gleich sind, kann die Formel (3.107) vereinfacht werden:

$$R_\vartheta = R_{20\,°C} \cdot \left[1 + 0,004 \frac{1}{K} (\vartheta - 20\,°C)\right]. \tag{3.108}$$

Für ein Niederspannungskabel mit der angenommenen Temperatur $\vartheta = 80\,°C$ im Kurzschlussfall ergibt sich eine Wirkwiderstandserhöhung von 24%:

$$R_{80\,°C} = R_{20\,°C} \cdot \left[1 + 0,004 \frac{1}{K} (80 - 20)\,K\right] = 1,24 \cdot R_{20\,°C}.$$

Bei $\vartheta = 145°C$ gilt: $R_{145\,°C} = 1,5 \cdot R_{20\,°C}$.

Besonderheiten bei Freileitungen. Der wirksame Resistanzbelag R' in Ω/km von Freileitungen bei einer Leitertemperatur von 20 °C kann für den Nennquerschnitt q_n in mm² mit den folgenden zugeschnittenen Formeln berechnet werden:

Kupfer:
$$R'_{L/Cu} = \frac{18,52}{q_{n/mm^2}}, \tag{3.109}$$

Aluminium:
$$R'_{L/Al} = \frac{29,41}{q_{n/mm^2}}, \tag{3.110}$$

Aluminiumlegierung:
$$R'_{L/AlLe} = \frac{32,26}{q_{n/mm^2}}. \tag{3.111}$$

Für Mittel- und Niederspannungsfreileitungen mit einer Netzfrequenz von 50 Hz, einem mittleren Leiterabstand d und dem Leiterradius r wird der Reaktanzbelag X'_L berechnet:

$$X'_L = 0{,}0628 \left(\ln \frac{d}{r} + 0{,}25 \right). \quad (3.112)$$

Leiterabstand und -radius müssen mit der gleichen Längeneinheit in Formel (3.112) eingesetzt werden.

Sind die Leiter nicht in einem gleichseitigen Dreieck angeordnet, muss der mittlere geometrische Abstand der drei Leiter ermittelt werden:

$$d = \sqrt[3]{d_{L1L2} \cdot d_{L2L3} \cdot d_{L3L1}}. \quad (3.113)$$

Für Freileitungsseile sind in den **Tafeln 3.33/CD-ROM** bis **3.35/CD-ROM** die Wirkwiderstandsbeläge R'_L, die induktiven Blindwiderstandsbeläge X'_L im Mitsystem sowie die Quotienten der Wirk- und induktiven Blindwiderstände im Null- und Mitsystem angegeben.

Asynchronmotoren
Zur Berechnung des Kurzschlussanteiles von Asynchronmotoren muss die im Kurzschlussfall wirksame Motorimpedanz $\underline{Z}_M = R_M + jX_M$ ermittelt werden.

Mit dem auf den Bemessungsstrom bezogenen

Anzugsstrom $\dfrac{I_{an}}{I_{rM}}$

und den Bemessungsgrößen des Asynchronmotors

U_{rM} Bemessungsspannung,
I_{rM} Bemessungsstrom,
S_{rM} Bemessungsscheinleistung,

wird der Betrag der Motorimpedanz Z_M berechnet:

$$Z_M = \frac{1}{\dfrac{I_{an}}{I_{rM}}} \cdot \frac{U_{rM}}{\sqrt{3} \cdot I_{rM}} = \frac{1}{\dfrac{I_{an}}{I_{rM}}} \cdot \frac{U_{rM}^2}{S_{rM}}. \quad (3.114)$$

Wenn statt der Bemessungsscheinleistung S_{rM} die Bemessungswirkleistung P_{rM} vorliegt, sind weiterhin der Leistungsfaktor $\cos \varphi_{rM}$ und der Wirkungsgrad η_{rM} als Motorkenndaten nötig:

$$S_{rM} = \sqrt{3} \cdot U_{rM} \cdot I_{rM} = \frac{P_{rM}}{\eta_{rM} \cdot \cos \varphi_{rM}}. \quad (3.115)$$

Zur Ermittlung der Resistanz R_M und Reaktanz X_M des Motors ist vom Leistungsfaktor im Kurzschlussfall $\cos \varphi_k$ auszugehen. Er liegt entsprechend der Motorleistung im Bereich von $\cos \varphi_k = 0{,}15 - 0{,}4$; der Leistungsfaktor $\cos \varphi_k$ wird also bei größeren Motorleistungen tendenziell kleiner.

Näherungsweise kann der Leistungsfaktor $\cos \varphi_k$ mit dem aus dem Datenblatt bzw. der Momentenkennlinie angegebenen Anlaufmoment M_A und Nennmoment M_n bestimmt werden:

$$\cos \varphi_k \approx \frac{\dfrac{M_A}{M_n}}{\dfrac{I_{an}}{I_{rM}}}. \quad (3.116)$$

Damit wird berechnet:

$$R_M = Z_M \cdot \cos \varphi_k \tag{3.117}$$

$$X_M = Z_M \cdot \sin \varphi_k \tag{3.118}$$

Die komplexe Größe der Motorimpedanz $\underline{Z}_k$ ist:

$$\underline{Z}_M = Z_M \cdot e^{j\varphi_k} = Z_M \cdot e^{j \arctan \frac{X_M}{R_M}} \tag{3.119}$$

Wenn das Widerstandsverhältnis $\frac{R_M}{X_M}$ bekannt ist, können X_M und R_M wie folgt berechnet werden:

$$X_M = \frac{Z_M}{\sqrt{\left(\frac{R_M}{X_M}\right)^2 + 1}} \quad \text{und} \tag{3.120}$$

$$R_M = \frac{Z_M}{\sqrt{\left(\frac{X_M}{R_M}\right)^2 + 1}} \quad \text{bzw.} \quad R_M = \left(\frac{R_M}{X_M}\right) \cdot X_M. \tag{3.121) (3.122}$$

Nach DIN VDE 0102 [3.1] kann vereinfacht von folgenden Impedanzverhältnissen als Richtwerte mit genügender Genauigkeit ausgegangen werden.

a) Hochspannungsmotoren mit Wirkleistungen P_{rM} je Polpaar < 1 MW:

$$\frac{R_M}{X_M} = 0{,}15 \quad \text{mit} \quad X_M = 0{,}989 \cdot Z_M. \tag{3.123}$$

b) Hochspannungsmotoren mit Wirkleistungen P_{rM} je Polpaar ≥ 1 MW:

$$\frac{R_M}{X_M} = 0{,}10 \quad \text{mit} \quad X_M = 0{,}995 \cdot Z_M. \tag{3.124}$$

c) Niederspannungsmotorengruppen einschließlich Anschlusskabel:

$$\frac{R_M}{X_M} = 0{,}42 \quad \text{mit} \quad X_M = 0{,}922 \cdot Z_M. \tag{3.125}$$

Es wird eine Motorengruppe zu einem Ersatzmotor zusammengefasst. Zur Bestimmung der Motorimpedanz werden die Größen

$P_{rM} = \sum P_{rM}$ (Summe aller Bemessungswirkleistungen der Motoren),

$\frac{I_{an}}{I_{rM}} = 5$,

$\eta_{rM} \cdot \cos \varphi_{rM} = 0{,}8$,

in die Formeln (3.114) und (3.115) eingesetzt.

Wenn keine Leistungsangaben der einzelnen Motoren vorliegen, kann die Bemessungswirkleistung P_{rM} je Polpaar mit 50 kW in die Rechnung eingehen.

In **Tafel 3.36/CD-ROM** sind mit den unter c) genannten Annahmen berechnete Impedanzen von Niederspannungsmotoren angegeben.

Beispiel 3.10:
Bestimmung der Kurzschlussimpedanz eines Asynchronmotors

Der Motor hat folgende Bemessungsdaten:

$P_{rM} = 75$ kW
$U_{rM} = 400$ V
$I_{rM} = 140$ A
$I_{an}/I_{rM} = 6{,}5$
$R_M/X_M = 0{,}38$

Vorgehensweise:
Mit der Formel (3.114) wird die Motorimpedanz Z_M für den Kurzschlussfall berechnet:

$$Z_M = \frac{1}{\dfrac{I_{an}}{I_{rM}}} \cdot \frac{U_{rM}}{\sqrt{3} \cdot I_{rM}} = \frac{1}{6{,}5} \cdot \frac{400 \text{ V}}{\sqrt{3} \cdot 140 \text{ A}} = 0{,}254 \,\Omega.$$

Mit dem vom Hersteller angegebenen R_M/X_M-Quotienten sowie den Formeln (3.120) und (3.122) wird die Reaktanz und die Resistanz bestimmt:

$$X_M = \frac{Z_M}{\sqrt{\left(\dfrac{R_M}{X_M}\right)^2 + 1}} = \frac{0{,}254 \,\Omega}{\sqrt{(0{,}38)^2 + 1}} = 0{,}237 \,\Omega,$$

$$R_M = \left(\frac{R_M}{X_M}\right) \cdot X_M = 0{,}38 \,\Omega \cdot 0{,}237 \,\Omega = 0{,}09 \,\Omega.$$

Synchrongeneratoren

Die korrigierte Impedanz $\underline{Z}_{GK}$ von Synchrongeneratoren mit direktem Netzanschluss in Industrie- und Niederspannungsnetzen wird unter Einbeziehung des Korrekturfaktors K_G (3.127) mit nachstehender Formel (3.126) berechnet:

$$\underline{Z}_{GK} = K_G \cdot \underline{Z}_G = K_G(R_G + jX_d''), \tag{3.126}$$

$$K_G = \frac{U_n}{U_{rG}} \cdot \frac{c_{max}}{1 + x_d'' \sin \varphi_{rG}}. \tag{3.127}$$

c_{max} Spannungsfaktor (Tafel 3.1)
U_n Netznennspannung
U_{rG} Bemessungsspannung des Generators
$\underline{Z}_{GK}$ Korrigierte subtransiente Impedanz des Generators

$\underline{Z}_G$ Subtransiente Impedanz des Generators im Mitsystem $\underline{Z}_G = R_G + jX_d''$
x_d'' Bezogene subtransiente Reaktanz des Generators, bezogen auf die Bemessungsimpedanz mit $x_d'' = X_d''/Z_{rG}$ mit $Z_{rG} = U_{rG}^2/S_{rG}$ (3.128)
φ_{rG} Phasenwinkel zwischen $\underline{I}_{rG}$ und $\underline{U}_{rG}/\sqrt{3}$.

Wenn keine Angaben zum Generator bekannt sind, darf mit genügender Genauigkeit gesetzt werden:

$R_G = 0{,}05\, X''_d$ für Generatoren mit $U_{rG} > 1$ kV und $S_{rG} \geq 100$ MVA, (3.129)

$R_G = 0{,}07\, X''_d$ für Generatoren mit $U_{rG} > 1$ kV und $S_{rG} < 100$ MVA, (3.130)

$R_G = 0{,}15\, X''_d$ für Generatoren mit $U_{rG} \leq 1000$ V. (3.131)

Beispiel 3.11:
Bestimmung der Kurzschlussimpedanz eines Turbogenerators
Für einen Turbogenerator mit der Bemessungsspannung $U_{rG} = 400$ V, die gleich der Klemmenspannung $U_n = 400$ V ist, und einer Bemessungsscheinleistung von $S_{rG} = 200$ kVA mit einem angegebenen Leistungsfaktor $\cos \varphi = 0{,}9$ ist der korrigierte Wert der Impedanz des Generators $\underline{Z}_{GK}$ zu berechnen.
Weiterhin ist die bezogene subtransiente Reaktanz $x''_d = 0{,}14$ bzw. 14% bekannt.

Vorgehensweise:
Mit den Angaben von (3.128) wird die subtransiente Reaktanz X''_d berechnet:

$$X''_d = \frac{x''_d \cdot U^2_{rG}}{100\,\% \cdot S_{rG}} = \frac{14\,\% \cdot (0{,}4\,\mathrm{kV})^2}{100\,\% \cdot 200\,\mathrm{kVA}} = 0{,}112\,\Omega.$$

Die Resistanz wird mit dem Richtwert (3.131) ermittelt:

$$R_G = 0{,}15 \cdot 0{,}112\,\Omega = 0{,}0168\,\Omega$$

Unter Anwendung der Formeln (3.126) und (3.127) wird der Korrekturfaktor K_G und die korrigierte Impedanz des Generators Z_{GK} bestimmt:

$$K_G = \frac{400\,\mathrm{V}}{400\,\mathrm{V}} \cdot \frac{1}{(1 + 0{,}14 \cdot 0{,}436)} = 0{,}942$$

$$\sin \varphi = \sin(\arccos 0{,}9) = 0{,}436$$

$$\underline{Z}_{GK} = 0{,}942 \cdot (0{,}0168 + j0{,}112)\,\Omega$$

$$\underline{Z}_{GK} = 0{,}942 \cdot \sqrt{0{,}0168^2 + 0{,}112^2}\,\Omega\, e^{\arctan(0{,}112/0{,}0168)}$$

$$\underline{Z}_{GK} = 0{,}107\,\Omega\, e^{j81{,}5°}$$

Zusatzimpedanzen
Der Kurzschluss-Strom wird von allen Impedanzen begrenzt, über die er bis zur Fehlerstelle fließt.
Neben den bisher behandelten Impedanzen vom speisenden Netz, Generator, Transformator und den Leitungen sind es zusätzlich die Impedanzen Z_z von:

– Schaltern aller Art
– Sicherungen
– Stromschienen
– Verbindungsstellen und
– Stromwandlern.

Sinn macht die Berücksichtigung der so genannten Zusatzimpedanzen nur bei der Berechnung kleinster Kurzschluss-Ströme. Bei den meisten Anwendungsfällen sind jedoch die

Zusatzwiderstände im Vergleich zu den Kurzschlussimpedanzen der Betriebsmittel so klein, dass sie praktisch gar keinen Einfluss auf das Berechnungsergebnis haben. Das ist insbesondere der Fall, wenn Kabel- und Leitungswiderstände in die Kurzschlussimpedanz an der Fehlerstelle eingehen.

Durch das Weglassen der Zusatzimpedanzen bei der Berechnung größter Kurzschluss-Ströme liegen die Berechnungsergebnisse auf der sicheren Seite.

Ob die Zusatzimpedanzen berücksichtigt werden, hängt von der jeweiligen Netzkonstellation sowie dem Ort der Fehlerstelle ab und muss vom Planer oder Prüfer eingeschätzt werden.

Eventuell reicht auch die Erhöhung der Kurzschlussimpedanz bei der Berechnung kleinster Kurzschluss-Ströme in der Nähe des Transformators mit einem Sicherheitsfaktor von 1,03 oder 1,05 aus.

Die Hersteller von Schaltgeräten und Sicherungen geben Verlustleistungen P_v bezogen auf den Bemessungsstrom I_r an. Mit diesem Wert kann der ohmsche Widerstand R_z berechnet werden:

$$R_z = \frac{P_v}{I_r^2}. \tag{3.132}$$

Wenn beispielsweise für einen NS-Leistungsschalter mit einem Bemessungsstrom $I_r = 630$ A eine Verlustleistung $P_v = 50$ W angegeben wird, ist der Übergangswiderstand bei Belastung mit dem Bemessungsstrom ca. $R_z = 0,13$ mΩ.

Wird ein maximaler Spannungsfall U_{zul}, z. B. über eine Verbindungsstelle angegeben, kann der Übergangswiderstand R_z bei Bemessungsstrom I_r mit dem ohmschen Gesetz bestimmt werden:

$$R_z = \frac{U_{\text{zul}}}{I_r}. \tag{3.133}$$

Als Richtwerte sind in den Tafeln 3.37/CD-ROM bis 3.44/CD-ROM die von bestimmten Herstellern angegebenen Zusatzwiderstände oder aus der Verlustleistung bzw. dem maximal zulässigen Spannungsfall berechneten Werte angegeben.

Die Werte sind teilweise sehr klein und für praktische Berechnungen belanglos. Die Kenntnis der Größenordnung der Zusatzimpedanzen soll aber auch Sicherheit beim Weglassen geben.

Das **Arbeitsblatt A3/CD-ROM** berücksichtigt die Erfassung von Zusatzimpedanzen.

Schalter. Die Impedanz von Leistungs-, Last- und Trennschaltern wird von den Herstellern angegeben. Bei Schaltern gilt allgemein: Je größer der Bemessungsstrom umso kleiner ist die Impedanz. Der Wertebereich reicht von wenigen Mikroohm bei einem Bemessungsstrom von mehreren tausend Ampere bis ca. 50 Milliohm bei einem Bemessungsstrom von 16 A.

Beispielsweise sind in den **Tafeln 3.37/CD-ROM** und **3.38/CD-ROM** die Impedanzen von Leistungsschaltern und Leistungstrennern in Abhängigkeit vom Bemessungsstrom des Schalters aufgeführt.

Sicherungen. Für Niederspannungssicherungen kann die maximal mögliche Impedanz aus den in DIN VDE 0636 angegebenen höchstzulässigen Nenn-Verlustleistungen P_v bestimmt werden.

In den **Tafeln 3.39/CD-ROM** und **3.40/CD-ROM** sind die ohmschen Widerstände für Sicherungen des D- bzw. D0-Systems und des NH-Systems angegeben und in **Tafel 3.41/CD-ROM** für Leitungsschutzschalter.

Stromschienen. Als Zusatzimpedanzen können auch Stromschienen berücksichtigt werden. Der ohmsche Gleichstrom-Widerstandsbelag R'_- kann mit der folgenden zugeschnittenen Dimensionierungsgleichung berechnet werden:

$$R'_- / \frac{m\Omega}{m} = \frac{10^3}{\kappa / \frac{m}{\Omega \cdot mm^2} \cdot q/mm^2}. \qquad (3.134)$$

Für Kupfer ist ein Leitwert $\kappa_{Cu} = 56 \frac{m}{\Omega \cdot mm^2}$ und für Aluminium $\kappa_{Al} = 35{,}1 \frac{m}{\Omega \cdot mm^2}$ zugrunde gelegt.

Im **Bild 3.30** sind die Ergebnisse für Kupfer- und Aluminiumschienen dargestellt. Da der Leitwert von der angenommenen Größe abweichen kann und der geringe Einfluss der Frequenz nicht berücksichtigt wurde, sind die Widerstandsbeläge als Richtwerte zu betrachten.

Der induktive Widerstandsbelag X' hängt vom Querschnitt und dem Profil der Schienen sowie von der geometrischen Anordnung einschließlich des Leiterabstandes ab. Berechnungen sind sehr aufwendig, und deshalb ist X' für Einfachschienenanordnungen im **Bild 3.31** als Richtwert dargestellt.

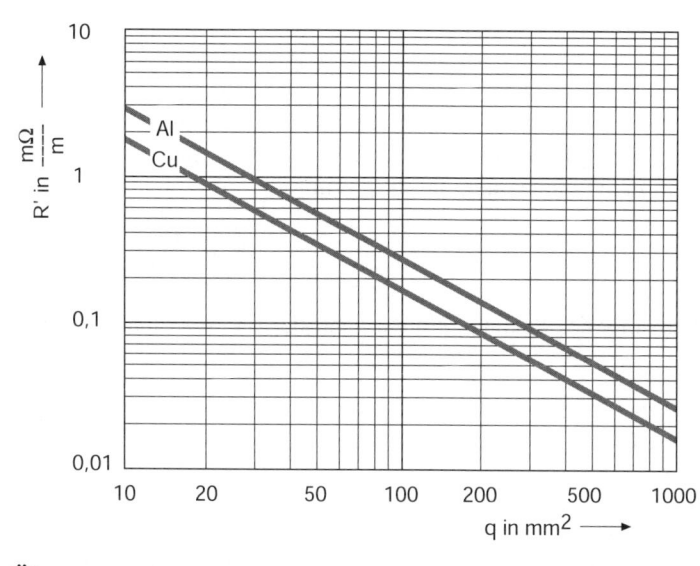

Bild 3.30
Bezogene Resistanzen R' in $m\Omega/m$ von Kupfer- und Aluminiumstromschienen (Richtwerte)

Übergangswiderstände von Schienenverbindungen. Für Schienenverbindungen wird ein maximal zulässiger Spannungsfall von 10 mV je Kontaktstelle angegeben. Mit dem Bemessungsstrom für die Stromschiene wird der höchstzulässige ohmsche Übergangswiderstand berechnet (3.133). In **Tafel 3.42/CD-ROM** sind entsprechende Werte angegeben.

Stromwandler. Die Impedanz eines Stromwandlers $\underline{Z}_W$ setzt sich aus der Impedanz bei einer Bürde von Null VA $\underline{Z}_{W/0VA}$ und der Impedanz der Wandlerbürde $\underline{Z}_{W/Bürde}$ zusammen:

$$\underline{Z}_W = \underline{Z}_{W/0VA} + \underline{Z}_{W/Bürde}. \qquad (3.135)$$

Der Betrag der Wandlerimpedanz $|\underline{Z}_W|$ ist:

$$Z_W = \sqrt{R_W^2 + X_W^2} \qquad (3.136)$$

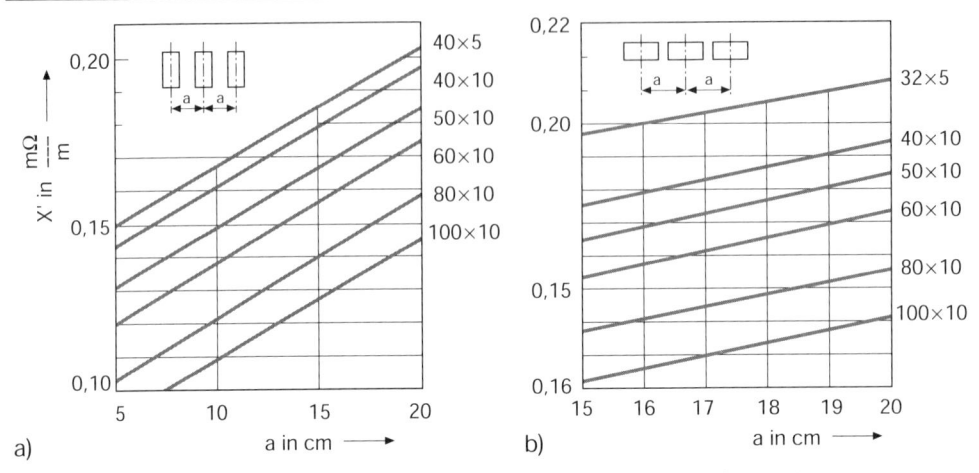

Bild 3.31 Bezogene Reaktanzen X' in mΩ/m von Einfachstromschienen (Richtwerte)
a) Hochkantanordnung; b) Flachkantanordnung

mit

$$R_W = R_{W/0VA} + R_{W/Bürde},$$ (3.137)

$$X_W = X_{W/0VA} + X_{W/Bürde}.$$ (3.138)

Die Impedanzwerte für eine Bürde $S = 0$ VA werden von den Herstellern angegeben.

Die auf die Primärseite berechnete Impedanz der Wandlerbürde wird mit der Nennleistung des Wandlers und dem primären Bemessungsstrom I_{rp} ermittelt:

$$Z_{W/Bürde} = \frac{S_n}{I_{rp}^2}.$$ (3.139)

Mit dem X/R bzw. R/X-Verhältnis des Sekundärkreises kann der ohmsche und induktive Widerstand berechnet werden:

$$R_{W/Bürde} = \frac{Z_{W/Bürde}}{\sqrt{(X/R)^2 + 1}}$$ (3.140)

und

$$X_{W/Bürde} = \frac{Z_{W/Bürde}}{\sqrt{(R/X)^2 + 1}}.$$ (3.141)

Beispiel 3.12:
Bestimmung der Impedanzen einer Wandlerbürde
Ist die Bürde $S_n = 10$ VA und der primäre Bemessungsstrom des Wandlers $I_{rp} = 100$ A, wird mit Formel (3.139):

$$Z_{W/Bürde} = \frac{10 \text{ VA}}{(100 \text{ A})^2} = 0,001 \, \Omega = 1 \text{ m}\Omega$$

sowie mit (3.140) und (3.141) bei einem angenommenen $X/R = 0,75$

$$R_{W/Bürde} = \frac{1 \text{ m}\Omega}{\sqrt{0,75^2 + 1}} = 0,8 \text{ m}\Omega$$

bzw. $R/X = 1{,}333$

$$X_{W/\text{Bürde}} = \frac{1\,\text{m}\Omega}{\sqrt{1{,}33^2 + 1}} = 0{,}6\,\text{m}\Omega.$$

In **Tafel 3.43/CD-ROM** sind berechnete Bürden-Impedanzen Z_W, R_W und X_W mit einem angenommenen $R/X = 4/3$ angegeben.

3.2.9.3 Messung der Kurzschlussimpedanz

Nach DIN VDE 100 Teil 610 [3.11] kann die Schleifenimpedanz durch Rechnung oder Messung ermittelt bzw. nachgewiesen werden.

Wenn die Impedanz gemessen wird, müssen in Niederspannungsnetzen die ohmschen und induktiven Widerstände erfasst werden. Oft werden Messgeräte verwendet, die nur den ohmschen Widerstand erfassen; begrenzt wird der Kurzschluss-Strom aber durch alle Impedanzanteile. Sind lange Leitungsabschnitte mit niedrigem Querschnitt $q < 16\,\text{mm}^2$ Cu oder $q < 25\,\text{mm}^2$ Al vorhanden, kann der induktive Widerstand vernachlässigt werden.

Die Kurzschlussimpedanz Z_k wird mit einem Schleifenwiderstands-Messgerät [3.12] ermittelt.

Vor dem Einsatz sollte Klarheit darüber herrschen, ob nur der ohmsche Widerstand oder – bei teureren Geräten – die tatsächliche Impedanz gemessen wird.

Wenn die Schleifenimpedanz Z_s mittels eines Prüfwiderstandes R_p (ca. 5 bis 25 Ω) bestimmt wird, wird entsprechend **Bild 3.32** die Spannung ohne (U_{m0}) und dann mit (U_m) eingeschaltetem Prüfwiderstand R_p gemessen.

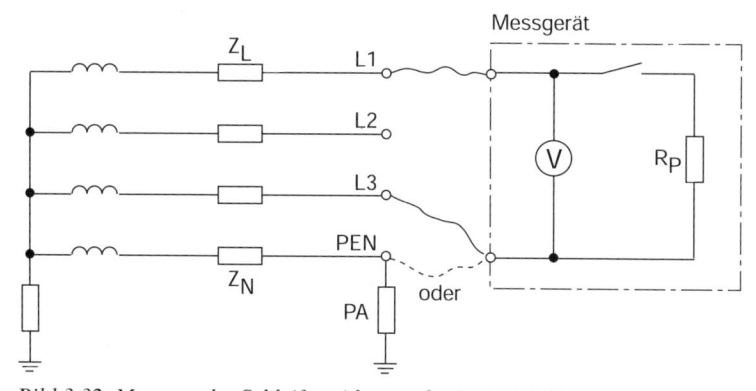

Bild 3.32 Messung des Schleifenwiderstandes (prinzipiell)

Diese Werte in folgende Formel eingesetzt

$$Z_s \approx \frac{U_{m0} - U_m}{U_{m0}} \cdot R_p \qquad (3.142)$$

ergibt die Schleifenimpedanz Z_s, in der Hin- und Rückleitung enthalten sind.

Die Kurzschlussimpedanz entspricht der halben Schleifenimpedanz:

$$Z_k = \frac{Z_s}{2}. \qquad (3.143)$$

Dem Zubehör des Messgerätes sind oft Tabellen beigefügt, die die Ermittlung des Schleifenwiderstandes vereinfachen.

Bei der Anzeige der Schleifenimpedanz wird auch oft der Kurzschluss-Strom mit angegeben.

Die Nullimpedanz eines Betriebsmittels wird ermittelt, indem die drei Außenleiter am Anfang und am Ende zusammengefasst werden und der dreifache Nullstrom entsprechend **Bild 3.33** geschaltet wird.

Mit der angelegten Spannung U_0 wird die Nullimpedanz errechnet:

$$Z_0 = \frac{U_0}{3 \cdot I_0}. \qquad (3.144)$$

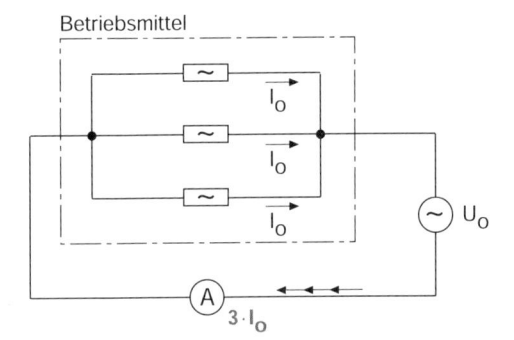

Bild 3.33
Messung der Nullimpedanz

3.2.10 Berechnungsübersichten

Als Zusammenfassung der Abschnitte 3.2.6 und 3.2.7 und zur besseren Übersicht für die nachfolgenden Berechnungsbeispiele im Abschnitt 3.2.11 sowie als Hilfe für eigene Berechnungen des Lesers sind die **Tafeln 3.44/CD-ROM** und **3.45/CD-ROM** erstellt worden.

3.2.11 Ausführliche Berechnungsbeispiele

Nachfolgend werden fünf Berechnungsbeispiele demonstriert, deren Inhalte für den Planer und Prüfer typische Aufgabenstellungen sein können.

Anstatt einer komplexen Aufgabe, bei der schnell die Übersicht verloren gehen kann, wird an mehreren Beispielen jeweils ein bestimmtes Problem behandelt. So kann der Praktiker schnelle Hilfe und Unterstützung für seine Aufgabenstellung finden. Behandelt werden dabei folgende Aufgaben:

1. Die Bestimmung von Netzersatzgrößen (Beispiel 3.13)
   Umrechnung der vom EVU vorgegebenen Anfangskurzschlussleistung S_k und des Verhältnisses R_Q/X_Q bzw. des Stoßfaktors κ auf einen nachgelagerten Anschlusspunkt (z. B. MS-Schaltanlage).

2. Die genaue Berechnung der Kurzschluss-Ströme im Niederspannungsstrahlennetz (Beispiel 3.14)
   Es wird die grundsätzliche Vorgehensweise bei der Berechnung von Kurzschluss-Strömen in Niederspannungsnetzen gezeigt. Die für die Überprüfung des Kurzschluss-Schutzes notwendigen Kurzschlussgrößen einschließlich der zu erwartenden größten und kleinsten Kurzschluss-Ströme werden berechnet.

Weiterhin werden die Besonderheiten hinsichtlich der Ersatzspannung an der Fehlerstelle und die Ermittlung der Kurzschlussimpedanzen einschließlich ihrer Temperaturabhängigkeit des Leitermaterials eingehend behandelt.

3. Die Berechnung kleinster und größter Kurzschluss-Ströme (Beispiel 3.15)
In diesem Beispiel werden bezüglich der Berechnung von kleinsten und größten Kurzschluss-Strömen folgende Besonderheiten behandelt:
   – Parallelzweige von Transformatoren und Leitungen,
   – Schaltzustand des Netzes und
   – Temperaturabhängigkeit der ohmschen Leiterwiderstände.

4. Die Berechnung von Kurzschluss-Strömen in Netzen mit Parallelzweigen
In einem einfachen Netz mit parallel geschalteten Transformatoren und Leitungen sowie unterschiedlichen R/X-Verhältnissen der Zweige werden die Kurzschluss-Ströme an verschiedenen Fehlerstellen berechnet.

5. Die Berechnung der Stromverteilung mit Kurzschlussanteilen von Netz und Asynchronmotor
Ermittlung des gesamten Kurzschluss-Stromes bei Vorhandensein eines zu berücksichtigenden Motorkurzschluss-Stromes einschließlich der Aufteilung des Kurzschluss-Stromes in den einzelnen Zweigen.

Hinweis:
In Klammern wird ohne weiteren Kommentar die verwendete Formel genannt.

Beispiel 3.13:
Bestimmung von Netzersatzgrößen

Die Netzwerte – Anfangskurzschlussleistung S_k und das Verhältnis R_Q/X_Q bzw. der Stoßfaktor κ – werden von den Energieversorgungsunternehmen nicht immer für die Mittelspannungsseite des Transformators angegeben. Sie beziehen sich z. B. auf das vorgelagerte Umspannwerk oder einen anderen Punkt im Mittelspannungsnetz. Dann muss die Impedanz des Mittelspannungsleitungsnetzes vom Anschlusspunkt Q_{EVU} bis zur Transformatorenstation Q_T in die Kurzschlussimpedanz an der Fehlerstelle einbezogen werden. Wenn diese Impedanz zu den anderen Kurzschlussimpedanzen der Betriebsmittel addiert wird, muss sie genau wie die Netzimpedanz mittels des Übersetzungsverhältnisses des Transformators auf die Spannung an der Fehlerstelle umgerechnet werden.

Es kann aber auch mit den angegebenen Werten vom EVU die Kurzschlussleistung und das R_Q/X_Q-Verhältnis für den unmittelbaren, mittelspannungsseitigen Einspeisungspunkt Q des Gebäudes ermittelt werden. Die weitere Berechnung der Kurzschlussimpedanz bzw. Kurzschluss-Ströme für Fehlerstellen im Gebäude, ist den folgenden Berechnungsbeispielen zu entnehmen.

Aufgabenstellung:
Für das in **Bild 3.34** dargestellte Netz sind die angegebenen Netzwerte für den Netzpunkt Q_{EVU}:
– die Kurzschlussleistung S_k und
– das R_Q/X_Q - Verhältnis

auf die 10 kV-Sammelschiene der Transformatorenstation Q_T umzurechnen.

Bild 3.34
Netzschaltbild zum Beispiel 3.13

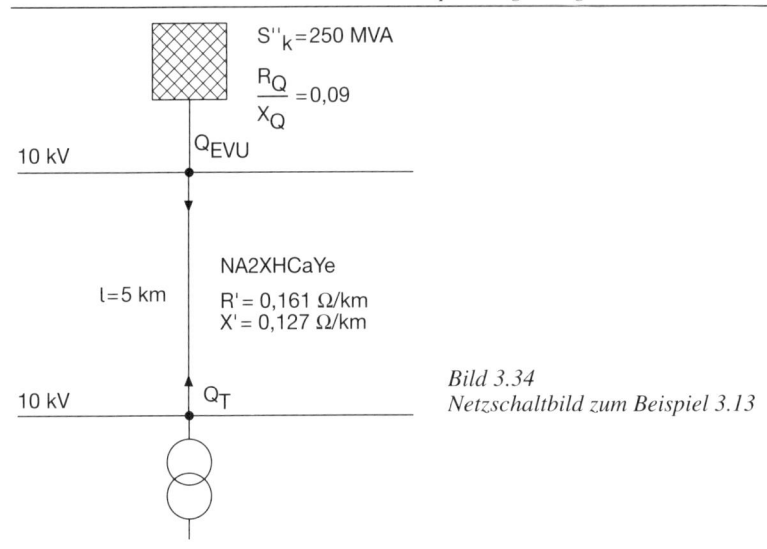

Lösung:

1. Kurzschlussimpedanz des speisenden Netzes (3.89; 3.91):

$$X_{Q10\,kV} = \frac{c_{max} \cdot U_n}{S_k \sqrt{\left(\frac{R_Q}{X_Q}\right)^2 + 1}} = \frac{1{,}1 \cdot 10\text{ kV}}{250\text{ MVA}\sqrt{(0{,}09)^2 + 1}} = 0{,}438\,\Omega,$$

$$R_{Q10\,kV} = \left(\frac{R_Q}{X_Q}\right) \cdot X_{Q10\,kV} = 0{,}09 \cdot 0{,}438\,\Omega = 0{,}0394\,\Omega.$$

2. Kurzschlussimpedanz der Leitung (3.101; 3.102):

$$R_L = R'_L \cdot l = 0{,}161\,\Omega/\text{km} \cdot 5\text{ km} = 0{,}805\,\Omega,$$

$$X_L = X'_L \cdot l = 0{,}127\,\Omega/\text{km} \cdot 5\text{ km} = 0{,}635\,\Omega.$$

3. Kurzschlussimpedanz an der 10 kV-Sammelschiene Q_T (3.82):

$$R_k = R_{Q_{EVU}} + R_L = 0{,}0394\,\Omega + 0{,}805\,\Omega = 0{,}8444\,\Omega,$$

$$X_k = X_{Q_{EVU}} + X_L = 0{,}438\,\Omega + 0{,}635\,\Omega = 1{,}073\,\Omega,$$

$$Z_k = \sqrt{R_k^2 + X_k^2} = \sqrt{0{,}8444^2 + 1{,}073^2}\,\Omega = 1{,}365\,\Omega.$$

4. Für den Netzpunkt Q_T wird die Kurzschlusswechselstromleistung S_k berechnet (3.11):

$$S_k = \frac{c \cdot U_{nQ}^2}{Z_k} = \frac{1{,}1 \cdot (10\text{ kV})^2}{1{,}365\,\Omega} = 80{,}59\text{ MVA}.$$

Der Quotient $\dfrac{R_k}{X_k} = \dfrac{0{,}8444}{1{,}073} = 0{,}787$ entspricht dem R_Q/X_Q-Verhältnis, wie es in den folgenden Berechnungsbeispielen vorgegeben ist, und wird wie auch die Anfangs-Kurzschlusswechselstromleistung S_k'' bzw. Kurzschlusswechselstromleistung S_k am Punkt Q_T als Ausgangsgröße zur Berechnung der Impedanz des vorgeschalteten Netzes verwendet.

Beispiel 3.14:
Genaue Berechnung der Kurzschluss-Ströme im Niederspannungsstrahlennetz

Das Beispiel zeigt die grundsätzliche Vorgehensweise bei der Berechnung von Kurzschluss-Strömen in Niederspannungsnetzen. Dafür ist das nach **Bild 3.35** einfache Netz vorgegeben. Es werden die für die Überprüfung des Kurzschluss-Schutzes notwendigen Kurzschlussgrößen berechnet. Dazu werden die zu erwartenden größten und kleinsten Kurzschluss-Ströme ermittelt, wobei für die kleinsten Kurzschluss-Ströme nicht alle möglichen Kurzschlussgrößen benötigt werden.

Weiterhin werden die Besonderheiten hinsichtlich der Ersatzspannung an der Fehlerstelle und die Ermittlung der Kurzschlussimpedanzen einschließlich ihrer Temperaturabhängigkeit des Leitermaterials eingehend behandelt.

Aufgabenstellung:
Für das im Bild 3.35 dargestellte Netz sind für die auf der Niederspannungsseite (TN-C-System) markierten Fehlerstellen F1, F2 und F3:

– der Anfangskurzschlusswechselstrom I_k'' bzw. Kurzschluss-Strom I_k,
– der Stoßkurzschluss-Strom i_p,
– der thermisch gleichwertige Kurzschluss-Strom I_{th} (für $T_k \geq 0{,}1$ s) und
– der Ausschaltwechselstrom I_a

beim dreipoligen, zweipoligen und einpoligen Kurzschluss zu berechnen.

Dieses Beispiel entspricht dem Beispiel 3.3 (praxisgerechte Berechnung, Abschnitt 3.2.6). Am Ende des Beispiels 3.14 sind in Tafel 3.49 die Ergebnisse der vereinfachten mit der folgenden genauen Berechnung gegenübergestellt.

Die Berechnungen werden zur besseren Übersichtlichkeit in die Berechnung größter und kleinster Kurzschluss-Ströme unterteilt.

Lösung:
1. Berechnung größter Kurzschluss-Ströme

Bei der Berechnung größter Kurzschluss-Ströme wird die jeweils kleinste zu erwartende Kurzschlussimpedanz Z_K berücksichtigt. Die Leitertemperatur der Kabel wird mit $\vartheta = 20\,°\mathrm{C}$ angenommen.

a) Berechnung der einzelnen Kurzschlussimpedanzen
Speisendes Netz. Unter der Voraussetzung, dass es sich bei der Kurzschlussleistung um die maximale Größe handelt, wird mit dem dazugehörigen Spannungsfaktor $c = 1{,}1$ die auf 20 kV bezogene Netzreaktanz berechnet (3.89):

$$X_{Q\,20\,\mathrm{kV}} = \dfrac{c \cdot U_{nQ}^2}{S_k'' \sqrt{\left(\dfrac{R_Q}{X_Q}\right)^2 + 1}} = \dfrac{1{,}1 \cdot (20\,\mathrm{kV})^2}{500\,\mathrm{MVA}\,\sqrt{(0{,}07)^2 + 1}} = 0{,}878\,\Omega\,.$$

3 Der Kurzschluss in Niederspannungsanlagen

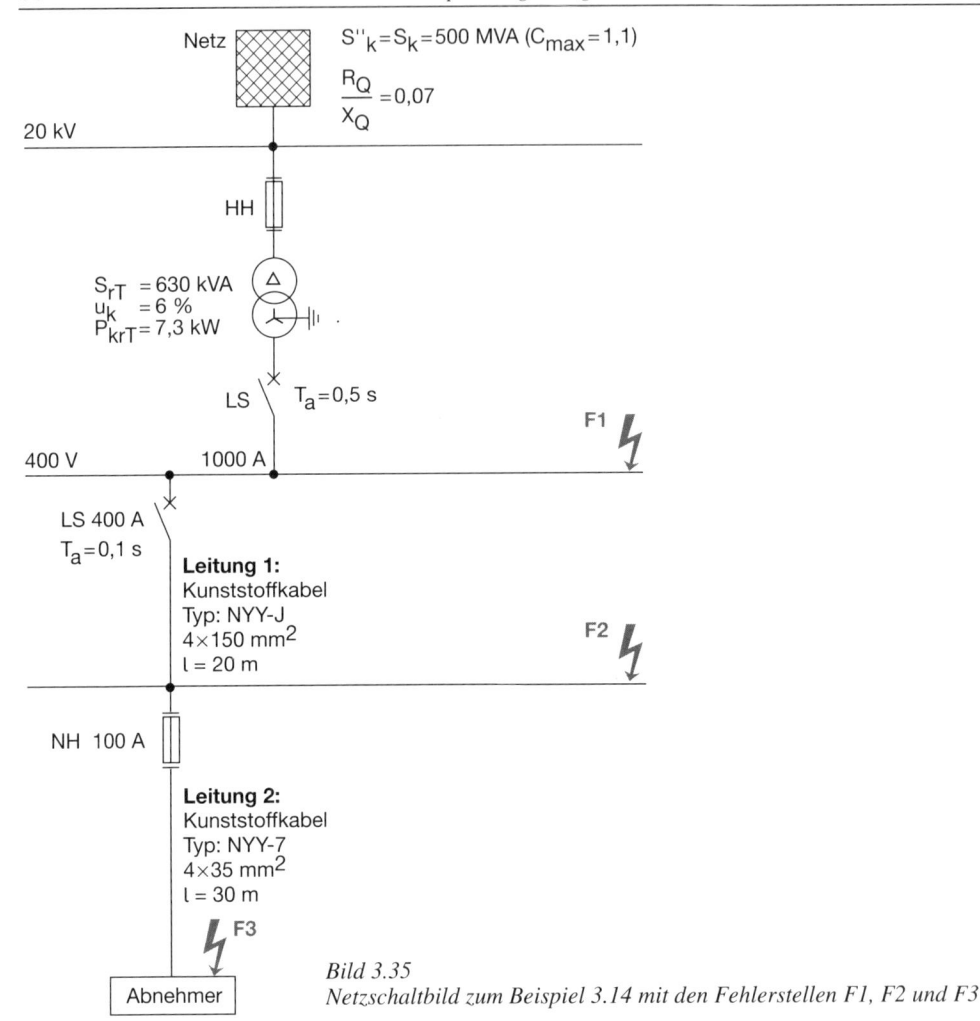

Bild 3.35 Netzschaltbild zum Beispiel 3.14 mit den Fehlerstellen F1, F2 und F3

Netz: $S''_k = S_k = 500$ MVA ($C_{max} = 1{,}1$)
$\dfrac{R_Q}{X_Q} = 0{,}07$

20 kV

HH

$S_{rT} = 630$ kVA
$u_k = 6\,\%$
$P_{krT} = 7{,}3$ kW

LS $T_a = 0{,}5$ s

400 V   1000 A   F1

LS 400 A
$T_a = 0{,}1$ s

Leitung 1:
Kunststoffkabel
Typ: NYY-J
4×150 mm²
$l = 20$ m

F2

NH 100 A

Leitung 2:
Kunststoffkabel
Typ: NYY-7
4×35 mm²
$l = 30$ m

F3

Abnehmer

Die Netzreaktanz X_Q wird mit dem Quadrat des Bemessungsübersetzungsverhältnisses des Transformators $ü_r$ auf die Nennspannung $U_n = 400$ V an der Fehlerstelle F1 umgerechnet (3.79):

$$X_{Q\,400\,\text{V}} = X_{Q\,20\,\text{kV}} \cdot \frac{1}{ü_r^2} = 0{,}878\,\Omega \cdot \frac{1}{\left(\dfrac{20\,\text{kV}}{0{,}4\,\text{kV}}\right)^2} = 0{,}351\,\text{m}\Omega\,.$$

Die Netzresistanz R_Q wird dann mit dem gegebenen Verhältnis R_Q/X_Q ermittelt (3.91):

$$R_{Q\,400\,\text{V}} = \left(\frac{R_Q}{X_Q}\right) \cdot X_{Q\,400\,\text{V}} = 0{,}07 \cdot 0{,}351\,\text{m}\Omega = 0{,}02457\,\text{m}\Omega\,.$$

Transformator. Die Impedanz des Transformators Z_T wird mit den Bemessungsgrößen der Kurzschluss-Spannung u_{kr}, der sekundären Spannung des Transformators U_{rT} und der Scheinleistung S_{rT} berechnet (3.93):

$$Z_T = \frac{u_{kr}}{100\,\%} \cdot \frac{U_{rT}^2}{S_{rT}} = \frac{6\,\%}{100\,\%} \cdot \frac{(400\,\text{V})^2}{630\,\text{kVA}} = 15{,}238\,\text{m}\Omega\,.$$

3.2 Kurzschluss-Ströme im Niederspannungsnetz 81

Die Transformatorresistanz R_T wird mit den Transformatorwicklungsverlusten beim Bemessungsstrom P_{krT} bestimmt (3.94):

$$R_T = \frac{P_{krT} \cdot U_{rT}^2}{S_{rT}^2} = \frac{7{,}3 \text{ kW} \cdot (400 \text{ V})^2}{(630 \text{ kVA})^2} = 2{,}94 \text{ m}\Omega\,.$$

Nach Umstellung der Formel (3.96) wird die Reaktanz des Transformators:

$$X_T = \sqrt{Z_T^2 - R_T^2} = \sqrt{15{,}238^2 - 2{,}94^2} \text{ m}\Omega = 14{,}952 \text{ m}\Omega\,.$$

Mit den für Transformatoren der Schaltgruppe Dy5 in Tafel 3.19 angegebenen Quotienten von Null- und Mitresistanz bzw. Null- und Mitreaktanz wird die Nullresistanz R_{0T} und Nullreaktanz X_{0T} (3.98; 3.99):

$$R_{0T} = R_{1T} = 2{,}94 \text{ m}\Omega$$

$$X_{0T} = 0{,}95 \cdot X_{1T} = 0{,}95 \cdot 14{,}952 \text{ m}\Omega = 14{,}2 \text{ m}\Omega$$

Leitungen
Leitung 1 (NYY-J 4 × 150 mm²):
Mit den in den Tafeln 3.24 und 3.25 angegebenen auf einen Kilometer bezogenen ohmschen und induktiven Widerständen R'_L (Resistanzbelag) und X'_L (Reaktanzbelag) werden die Leitungswiderstände R_L und X_L ermittelt (3.101; 3.102). Für die Berechnung der größten Kurzschluss-Ströme wird die Leitertemperatur von $\vartheta = 20$ °C vorausgesetzt.

$$R_{L1} = R'_{L1} \cdot l_1 = 125 \text{ m}\Omega/\text{km} \cdot 0{,}02 \text{ km} = 2{,}5 \text{ m}\Omega\,,$$

$$X_{L1} = X'_{L1} \cdot l_1 = 80 \text{ m}\Omega/\text{km} \cdot 0{,}02 \text{ km} = 1{,}6 \text{ m}\Omega\,.$$

Die bezogene Nullresistanz und -reaktanz von Kunststoffkabeln ist der Tafel 3.26 zu entnehmen. Beim einpoligen Kurzschluss erfolgt der Rückfluss von der Fehlerstelle F1 zum Sternpunkt des Transformators über den Neutralleiter und das Erdreich. Mit (3.105; 3.106) folgt:

$$R_{0L1} = R'_{0L1} \cdot l_1 = 436 \text{ m}\Omega/\text{km} \cdot 0{,}02 \text{ km} = 8{,}72 \text{ m}\Omega\,,$$

$$X_{0L1} = X'_{0L1} \cdot l_1 = 315 \text{ m}\Omega/\text{km} \cdot 0{,}02 \text{ km} = 6{,}3 \text{ m}\Omega\,.$$

Leitung 2 (NAYY-J 4 × 35 mm²):
Für das Aluminium-Kunststoffkabel mit den Daten aus den Tafeln 3.24 bis 3.26 wird die Resistanz und Reaktanz:

$$R_{L2} = R'_{L2} \cdot l_2 = 876 \text{ m}\Omega/\text{km} \cdot 0{,}03 \text{ km} = 26{,}28 \text{ m}\Omega\,,$$

$$X_{L2} = X'_{L2} \cdot l_2 = 83 \text{ m}\Omega/\text{km} \cdot 0{,}03 \text{ km} = 2{,}49 \text{ m}\Omega\,.$$

Da am Verbraucher der Schutzleiter PE nicht geerdet ist, ist der Rückfluss nur über den 4. Leiter möglich.

$$R_{0L2} = R'_{0L2} \cdot l_2 = 3504 \text{ }\Omega/\text{km} \cdot 0{,}03 \text{ km} = 105{,}12 \text{ m}\Omega\,,$$

$$X_{0L2} = X'_{0L2} \cdot l_2 = 343 \text{ m}\Omega/\text{km} \cdot 0{,}03 \text{ km} = 10{,}29 \text{ m}\Omega\,.$$

b) Berechnung der Kurzschlussimpedanzen bis zur Fehlerstelle
Unter Anwendung der Formeln (3.77; 3.82; 3.83) werden die Kurzschlussimpedanzen für die Fehlerstellen F1, F2 und F3 ermittelt.

Dreipoliger Fehler:

Fehlerstelle F1

$$\underline{Z}_k = \underline{Z}_Q + \underline{Z}_T,$$

$$Z_k = \sqrt{(R_Q + R_T)^2 + (X_Q + X_T)^2}.$$

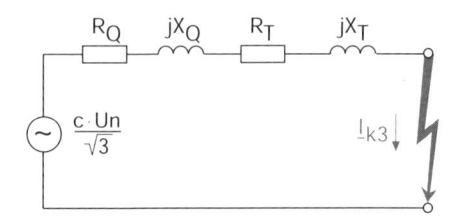

Bild 3.36
Impedanz-Ersatzschaltbild für einen
dreipoligen Kurzschluss an der Fehlerstelle F1

Fehlerstelle F2

$$\underline{Z}_k = \underline{Z}_Q + \underline{Z}_T + \underline{Z}_{L1},$$

$$Z_k = \sqrt{(R_Q + R_T + R_{L1})^2 + (X_Q + X_T + X_{L1})^2}.$$

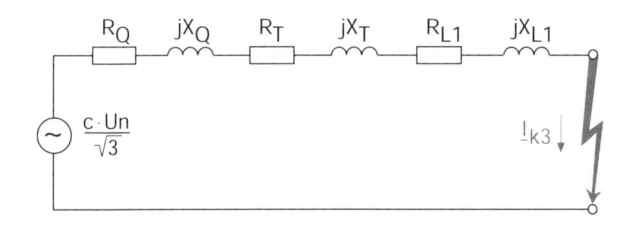

Bild 3.37
Impedanz-Ersatzschaltbild
für einen dreipoligen Kurzschluss
an der Fehlerstelle F2

Fehlerstelle F3

$$\underline{Z}_k = \underline{Z}_Q + \underline{Z}_T + \underline{Z}_{L1} + \underline{Z}_{L2},$$

$$Z_k = \sqrt{(R_Q + R_T + R_{L1} + R_{L2})^2 + (X_Q + X_T + X_{L1} + X_{L2})^2}.$$

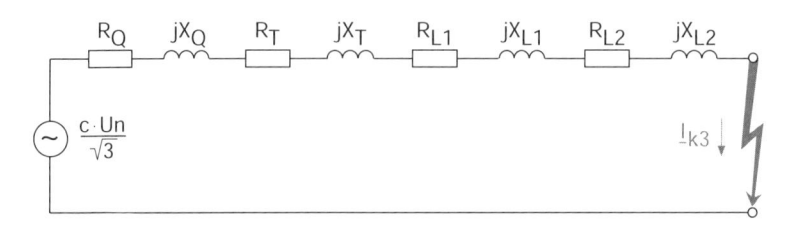

Bild 3.38 Impedanz-Ersatzschaltbild für einen dreipoligen Kurzschluss an der Fehlerstelle F3

Zweipoliger Fehler:
Da der zweipolige Kurzschluss-Strom mit dem dreipoligen Kurzschluss-Strom berechnet werden kann, wird hierfür die Kurzschlussimpedanz nicht ausgewiesen.

Einpoliger Fehler:

Fehlerstelle F1

$$\underline{Z}_k = 2 \cdot (\underline{Z}_Q + \underline{Z}_T) + \underline{Z}_{0T},$$

$$Z_k = \sqrt{[2 \cdot (R_Q + R_T) + R_{0T}]^2 + [2 \cdot (X_Q + X_T) + X_{0T}]^2}.$$

Fehlerstelle F2

$$\underline{Z}_k = 2 \cdot (\underline{Z}_Q + \underline{Z}_T + \underline{Z}_{L1}) + \underline{Z}_{0T} + \underline{Z}_{0L1},$$

$$Z_k = \sqrt{\begin{matrix}[2 \cdot (R_Q + R_T + R_{L1}) + R_{0T} + R_{0L1}]^2 \\ + [2 \cdot (X_Q + X_T + X_{0L1}) + X_{0T} + X_{0L1}]^2\end{matrix}}.$$

Fehlerstelle F3

$$\underline{Z}_k = 2 \cdot (\underline{Z}_Q + \underline{Z}_T + \underline{Z}_{L1} + \underline{Z}_{L2}) + \underline{Z}_{0T} + \underline{Z}_{0L1} + \underline{Z}_{0L2},$$

$$Z_k = \sqrt{\begin{matrix}[2 \cdot (R_Q + R_T + R_{L1} + R_{L2}) + R_{0T} + R_{0L1} + R_{0L2}]^2 \\ + [2 \cdot (X_Q + X_T + X_{0L1} + X_{0L2}) + X_{0T} + X_{0L1} + X_{0L2}]^2\end{matrix}}.$$

In **Tafel 3.46** sind die Kurzschlussimpedanzen für die Fehlerstellen F1, F2 und F3 zur Berechnung größter Kurzschluss-Ströme zusammengefasst. Beispielhaft ist **Tafel 3.47** als Arbeitsblatt ausgefüllt. Das entsprechende **Arbeitsblatt A3/CD-ROM** kann als Vorlage ausgedruckt werden.

Tafel 3.46 Zusammenfassung der Kurzschlussimpedanzen für die Fehlerstellen F1, F2 und F3 zur Berechnung größter Kurzschluss-Ströme (Beispiel 3.14)

Betriebsmittel	R_1 in mΩ	X_1 in mΩ	R_0 in mΩ	X_0 in mΩ
Netz $\left(S_k = 500 \text{ MVA}; \dfrac{R_Q}{X_Q} = 0{,}07\right)$	0,02	0,35	–	–
Transformator (S_{rT} = 630 kVA)	2,94	14,95	2,94	14,2
Summe der Widerstände bei Kurzschluss an Fehlerstelle F1	2,96	15,30	2,94	14,20
Leitung 1 NYY-J 4 × 150 mm²	2,50	1,60	8,72	6,30
Summe der Widerstände bei Kurzschluss an Fehlerstelle F2	5,46	16,90	11,66	20,50
Leitung 2 NAYY-J 4 × 35 mm²	26,28	2,49	105,12	10,29
Summe der Widerstände bei Kurzschluss an Fehlerstelle F3	31,74	19,39	116,78	30,79

3 Der Kurzschluss in Niederspannungsanlagen

Tafel 3.47 Datenerfassung und Ermittlung der Kurzschlussimpedanzen für die Fehlerstelle F3 (Beispiel 3.14)

Betriebsmittel	Typ	An-zahl	Leistung in MVA	Bemessungs-strom in A	Länge in m	Querschnitt in mm²	R'_1 in Ω/km	X'_1 in Ω/km	R'_0 in Ω/km	X'_0 in Ω/km	R_1 in mΩ	X_1 in mΩ	R_0 in mΩ	X_0 in mΩ
Speisendes Netz	$U_n = 20$ kV			$\kappa =$ oder $R_Q/X_Q = 0{,}07$							0,0246	0,351	–	–
Freileitung														
Kabel														
Transformator	$U_{rT} = 400$ V	1	0,63	$\ddot{u}_r = 20/0{,}4$ hV $u_k = 6\%$ $P_{rT} = 7{,}3$ kW							2,94	14,952	2,94	14,2
Leitungen/Kabel														
1. Abschnitt	NYY	1			20	150	0,125	0,08	0,436	0,315	2,5	1,6	8,72	6,3
2. Abschnitt	NAYY	1			30	35	0,876	0,083	4,804	0,343	26,28	2,49	105,12	10,29
3. Abschnitt														
4. Abschnitt														
Stromschienen														
Stromwandler														
Leistungsschalter														
Lastschalter														
Sicherungen														
Verbindungsstellen														
										Summenbildung	31,74	19,39	116,78	30,79
											$Z_k = \sqrt{R_1^2 + X_1^2}$ $= 37{,}194$ mΩ			
											$\sqrt{(2R_1 + R_0)^2 + (2X_1 + X_0)^2}$ $= 193{,}22$ mΩ			

c) Berechnung der Kurzschlussgrößen

Verwendet werden die Formeln (3.40) bis (3.48). Die größten Kurzschlussgrößen sind mit der Netznennspannung $U_n = 400$ V am Fehlerort, dem Spannungsfaktor $c_{max} = 1$ (Tafel 3.1) und der Kurzschlussimpedanz Z_k bis zur jeweiligen Fehlerstelle zu berechnen.

Fehlerstelle F1

Dreipoliger Kurzschluss
Kurzschlusswechselstrom:

$$I_{k3} = \frac{c \cdot U_n}{\sqrt{3} \cdot Z_k} = \frac{c \cdot U_n}{\sqrt{3} \cdot \sqrt{R_k^2 + X_k^2}}$$

$$I_{k3} = \frac{1 \cdot 400 \text{ V}}{\sqrt{3} \cdot \sqrt{2{,}96^2 + 15{,}3^2} \text{ m}\Omega} = \frac{1 \cdot 400 \text{ V}}{\sqrt{3} \cdot 15{,}583 \text{ m}\Omega} = 14{,}82 \text{ kA}$$

Stoßkurzschluss-Strom: $i_{p3} = \sqrt{2} \cdot \kappa \cdot I_{k3}$.

Aus Bild 3.18 wird $\kappa = 1{,}57$ mit dem Verhältnis $\dfrac{R}{X} = \dfrac{2{,}96 \text{ m}\Omega}{15{,}3 \text{ m}\Omega} = 0{,}19$ abgelesen.

Formel (3.44) wird einmal zur Probe angewendet:

$$\kappa = 1{,}02 + 0{,}98 \cdot e^{-3 \cdot \frac{2{,}96 \text{ m}\Omega}{15{,}3 \text{ m}\Omega}} = 1{,}57.$$

Mit dem Faktor κ und dem Kurzschlusswechselstrom I_k ist der dreipolige Stoßkurzschluss-Strom:

$$i_{p3} = \sqrt{2} \cdot 1{,}57 \cdot 14{,}82 \text{ kA} = 32{,}9 \text{ kA}.$$

Ausschaltwechselstrom:
Bei generatorfernem Kurzschluss kann gleichgesetzt werden:

$$I_{a3} = I_{k3} = 14{,}82 \text{ kA}.$$

Thermisch gleichwertiger Kurzschluss-Strom:

$$I_{th3} = I_{k3} \cdot \sqrt{m + n}.$$

Für eine Kurzschlussdauer von $T_k = 0{,}5$ s und einem Faktor $\kappa = 1{,}57$ ist im Bild 3.19 ein Wert von $m \to 0$ zu erkennen. Mit Formel (3.47):

$$m = \frac{(e^{200\,T_{k/s}\,\ln(\kappa-1)} - 1)}{100\,T_{k/s}\,\ln(\kappa-1)} \quad \text{ist} \quad m = \frac{e^{200 \cdot 0{,}5 \cdot \ln(1{,}57-1)} - 1}{100 \cdot 0{,}5 \cdot \ln(1{,}57-1)} = 0{,}0356$$

und mit $n = 1$ für einen generatorfernen Kurzschluss:

$$I_{th3} = 14{,}82 \text{ kA} \cdot \sqrt{0{,}0356 + 1} = 15{,}08 \text{ kA}.$$

Einpoliger Kurzschluss
Kurzschlusswechselstrom:

$$I_{k1} = \frac{c \cdot \sqrt{3} \cdot U_n}{\sqrt{(2 \cdot R_k + R_{0k})^2 + (2 \cdot X_k + X_{0k})^2}}$$

$$I_{k1} = \frac{1 \cdot \sqrt{3} \cdot 400 \text{ V}}{\sqrt{(2 \cdot 2,96 + 2,94)^2 + (2 \cdot 15,3 + 14,2)^2}} = 15,17 \text{ kA}$$

Stoßkurzschluss-Strom:
Für den Faktor κ kann der gleiche Wert wie beim dreipoligen Kurzschluss verwendet werden:

$$i_{p1} = \sqrt{2} \cdot \kappa \cdot I_{k1}$$

$$i_{p1} = \sqrt{2} \cdot 1,57 \cdot 15,17 \text{ kA} = 33,68 \text{ kA}$$

Ausschaltwechselstrom:

$$I_{a1} = I_{k1} = 15,17 \text{ kA}$$

Thermisch gleichwertiger Kurzschluss-Strom:

$$I_{th1} = I_{k1} \cdot \sqrt{m + n} \,,$$

$$I_{th1} = 15,17 \text{ kA} \cdot \sqrt{0,0356 + 1} = 15,44 \text{ kA} \,.$$

Fehlerstelle F2

Dreipoliger Kurzschluss
Kurzschlusswechselstrom:

$$I_{k3} = \frac{1 \cdot 400 \text{ V}}{\sqrt{3} \cdot \sqrt{5,46^2 + 16,9^2} \text{ m}\Omega} = \frac{1 \cdot 400 \text{ V}}{\sqrt{3} \cdot 17,76 \text{ m}\Omega} = 13,0 \text{ kA} \,.$$

Stoßkurzschluss-Strom:
Aus Bild 3.18 wird $\kappa = 1,39$ mit dem Verhältnis $\dfrac{R}{X} = \dfrac{5,46 \text{ m}\Omega}{16,9 \text{ m}\Omega} = 0,32$ abgelesen.

$$i_{p3} = \sqrt{2} \cdot 1,39 \cdot 13,0 \text{ kA} = 25,55 \text{ kA} \,.$$

Ausschaltwechselstrom:

$$I_{a3} = I_{k3} = 13,0 \text{ kA} \,.$$

Thermisch gleichwertiger Kurzschluss-Strom:
  Mit $n = 1$ für generatorfernen Kurzschluss und

$$m = \frac{e^{200 \cdot 0,1 \cdot \ln(1,39 - 1)} - 1}{100 \cdot 0,1 \cdot \ln(1,39 - 1)} = 0,106$$

wird:
$$I_{th3} = 13{,}0 \text{ kA} \cdot \sqrt{0{,}106 + 1} = 13{,}38 \text{ kA}.$$

Zweipoliger Kurzschluss
Kurzschluss-Strom (Anfangs-Kurzschlusswechselstrom):
$$I_{k2} = \frac{\sqrt{3}}{2} \cdot 13{,}0 \text{ kA} = 11{,}26 \text{ kA}.$$

Stoßkurzschluss-Strom:
$$i_{p2} = \sqrt{2} \cdot 1{,}39 \cdot 11{,}26 \text{ kA} = 22{,}13 \text{ kA}.$$

Ausschaltwechselstrom:
$$I_{a2} = I_{k2} = 11{,}26 \text{ kA}.$$

Thermisch gleichwertiger Kurzschluss-Strom:
$$I_{th2} = 11{,}26 \text{ kA} \cdot \sqrt{0{,}106 + 1} = 11{,}84 \text{ kA}.$$

Einpoliger Kurzschluss
Kurzschlusswechselstrom:
$$I_{k1} = \frac{1 \cdot \sqrt{3} \cdot 400 \text{ V}}{\sqrt{(2 \cdot 5{,}46 + 11{,}66)^2 + (2 \cdot 16{,}9 + 20{,}5)^2}} = 11{,}78 \text{ kA}.$$

Stoßkurzschluss-Strom:
$$i_{p1} = \sqrt{2} \cdot 1{,}39 \cdot 11{,}78 \text{ kA} = 23{,}16 \text{ kA}.$$

Ausschaltwechselstrom:
$$I_{a1} = I_{k1} = 11{,}78 \text{ kA}.$$

Thermisch gleichwertiger Kurzschluss-Strom:
$$I_{th1} = 11{,}78 \text{ kA} \cdot \sqrt{0{,}106 + 1} = 12{,}39 \text{ kA}.$$

Fehlerstelle F3

Dreipoliger Kurzschluss
Kurzschlusswechselstrom:
$$I_{k3} = \frac{1 \cdot 400 \text{ V}}{\sqrt{3} \cdot \sqrt{31{,}74^2 + 19{,}39^2} \text{ m}\Omega} = \frac{1 \cdot 400 \text{ V}}{\sqrt{3} \cdot 37{,}194 \text{ m}\Omega} = 6{,}21 \text{ kA}.$$

Stoßkurzschluss-Strom:
Aus Bild 3.18 wird $\kappa = 1{,}03$ mit dem Verhältnis $\dfrac{R}{X} = \dfrac{31{,}74 \text{ m}\Omega}{19{,}39 \text{ m}\Omega} = 1{,}64$ abgelesen.
$$i_{p3} = \sqrt{2} \cdot 1{,}03 \cdot 6{,}21 \text{ kA} = 9{,}05 \text{ kA}.$$

Ausschaltwechselstrom:

$$I_{a3} = I_{k3} = 6{,}21 \text{ kA}.$$

Thermisch gleichwertiger Kurzschluss-Strom:

$$I_{th3} = I_{k3} = 6{,}21 \text{ kA}.$$

Zweipoliger Kurzschluss
Kurzschlusswechselstrom:

$$I_{k2} = \frac{\sqrt{3}}{2} \cdot 6{,}21 \text{ kA} = 5{,}38 \text{ kA}.$$

Stoßkurzschluss-Strom:

$$i_{p2} = \sqrt{2} \cdot 1{,}03 \cdot 5{,}38 \text{ kA} = 7{,}84 \text{ kA}.$$

Ausschaltwechselstrom:

$$I_{a2} = I_{k2} = 5{,}38 \text{ kA}.$$

Thermisch gleichwertiger Kurzschluss-Strom:

$$I_{th2} = I_{k2} = 5{,}38 \text{ kA}.$$

Einpoliger Kurzschluss
Kurzschlusswechselstrom:

$$I_{k1} = \frac{1 \cdot \sqrt{3} \cdot 400 \text{ V}}{\sqrt{(2 \cdot 31{,}74 + 116{,}78)^2 + (2 \cdot 19{,}39 + 30{,}79)^2}} = 3{,}59 \text{ kA}.$$

Stoßkurzschluss-Strom:

$$i_{p1} = \sqrt{2} \cdot 1{,}03 \cdot 3{,}59 \text{ kA} = 5{,}23 \text{ kA}.$$

Ausschaltwechselstrom:

$$I_{a1} = I_{k1} = 3{,}59 \text{ kA}.$$

2. Berechnung kleinster Kurzschluss-Ströme
Bei der Berechnung kleinster Kurzschluss-Ströme wird die jeweils größte zu erwartende Kurzschlussimpedanz berücksichtigt. Die Leitertemperatur der Kabel wird mit einer erhöhten Temperatur $\vartheta = 80 \text{ °C}$ angenommen. Diese Temperatur kann auch höher vorausgesetzt werden z. B. 120 °C. Dann würden die Ergebnisse auf der „sicheren Seite" liegen.

a) Berechnung der einzelnen Kurzschlussimpedanzen
Speisendes Netz. Die zur Ermittlung der größten Netzimpedanz erforderliche minimale Kurzschlussleistung ist vom EVU nicht bekannt. Deshalb wird die unter Berechnung größter Kurzschluss-Ströme ermittelte Netzimpedanz verwendet.
   Da die Netzimpedanz bei Kurzschlüssen im Verteilungsnetz von Gebäuden die Höhe des Kurzschluss-Stromes praktisch nicht beeinflusst, ist dies auch sinnvoll.
(Im Beispiel 3.15 wird mit einer minimalen und maximalen Kurzschlussleistung gerechnet.)

Transformator. Es gelten die gleichen Berechnungen und Ergebnisse wie unter Berechnung größter Kurzschluss-Ströme.

Leitungen. Es werden die Widerstandsbeläge R'_L, X'_L, R'_{0L} und X'_{0L} wie bei der Berechnung größter Kurzschluss-Ströme verwendet. Mit Formel (3.108) wird die Erhöhung des ohmschen Widerstandes des Kabels durch die Leitertemperaur $\vartheta = 80\ °C$ ermittelt:

$$R_\vartheta = R_{20\,°C} \cdot \left[1 + 0{,}004\,\frac{1}{K}\,(80\,°C - 20\,°C)\right] = R_{20\,°C} \cdot 1{,}24\ .$$

Damit folgt für die Berechnung der ohmschen Impedanzanteile:

$$R_L = 1{,}24 \cdot R'_L \cdot l \quad \text{und} \quad R_{0L} = 1{,}24 \cdot R'_{0L} \cdot l\ .$$

Die induktiven Impedanzanteile verändern sich nicht.

Leitung 1 (NYY-J $4 \times 150\ mm^2$):

$$R_L = R'_L \cdot l = 1{,}24 \cdot 125\ m\Omega/km \cdot 0{,}02\ km = 3{,}10\ m\Omega\ ,$$

$$X_L = X'_L \cdot l = 80\ m\Omega/km \cdot 0{,}02\ km = 1{,}6\ m\Omega\ ,$$

$$R_{0L} = R'_{0L} \cdot l = 1{,}24 \cdot 436{,}3\ m\Omega/km \cdot 0{,}02\ km = 10{,}81\ m\Omega\ ,$$

$$X_{0L} = X'_{0L} \cdot l = 315\ m\Omega/km \cdot 0{,}02\ km = 6{,}3\ m\Omega\ .$$

Leitung 2:

$$R_L = R'_L \cdot l = 1086{,}24\ m\Omega/km \cdot 0{,}03\ km = 32{,}59\ m\Omega\ ,$$

$$X_L = X'_L \cdot l = 83\ m\Omega/km \cdot 0{,}03\ km = 2{,}49\ m\Omega\ ,$$

$$R_{0L} = R'_{0L} \cdot l = 4345\ m\Omega/km \cdot 0{,}03\ km = 130{,}35\ m\Omega\ ,$$

$$X_{0L} = X'_{0L} \cdot l = 343\ m\Omega/km \cdot 0{,}03\ km = 10{,}29\ m\Omega\ .$$

In **Tafel 3.48** sind die Kurzschlussimpedanzen für die Fehlerstellen F1, F2 und F3 zur Berechnung kleinster Kurzschluss-Ströme zusammengefasst.

b) Berechnung der Kurzschlussgrößen
Die kleinsten Kurzschlussgrößen werden mit der Netznennspannung $U_n = 400\ V$ am Fehlerort, dem Spannungsfaktor $c_{max} = 0{,}95$ (Tafel 3.1) und der Kurzschlussimpedanz Z_k bis zur jeweiligen Fehlerstelle berechnet.

Fehlerstelle F1

Dreipoliger Kurzschluss
Kurzschlusswechselstrom:

$$I_{k3} = \frac{0{,}95 \cdot 400\ V}{\sqrt{3} \cdot 15{,}583\ m\Omega} = 14{,}08\ kA\ .$$

Zweipoliger Kurzschluss
Kurzschlusswechselstrom:

$$I_{k2} = \frac{\sqrt{3}}{2} \cdot 14{,}08\ kA = 12{,}19\ kA\ .$$

Tafel 3.48 Zusammenfassung der Kurzschlussimpedanzen für die Fehlerstellen F1, F2 und F3 zur Berechnung kleinster Kurzschluss-Ströme

Betriebsmittel	R_1 in mΩ	X_1 in mΩ	R_0 in mΩ	X_0 in mΩ
Netz ($S_k = 500$ MVA; $\left(S_k = 500\,\text{MVA}; \dfrac{R_Q}{X_Q} = 0{,}07\right)$)	0,02	0,35	–	–
Transformator ($S_{rT} = 630$ kVA)	2,94	14,95	2,94	14,2
Summe der Widerstände bei Kurzschluss an Fehlerstelle F1	2,96	15,30	2,94	14,20
Leitung 1 NYY-J 4 × 150 mm²	3,10	1,6	10,81	6,30
Summe der Widerstände bei Kurzschluss an Fehlerstelle F2	8,90	16,90	13,75	20,50
Leitung 2 NAYY-J 4 × 35mm²	32,59	2,49	130,35	10,29
Summe der Widerstände bei Kurzschluss an Fehlerstelle F3	47,55	19,39	144,10	30,79

Einpoliger Kurzschluss
Kurzschlusswechselstrom:

$$I_{k1} = \frac{0{,}95 \cdot \sqrt{3} \cdot 400\,\text{V}}{\sqrt{(2 \cdot 2{,}96 + 2{,}94)^2 + (2 \cdot 15{,}3 + 14{,}2)^2}} = 14{,}41\,\text{kA}.$$

Fehlerstelle F2

Dreipoliger Kurzschluss
Kurzschlusswechselstrom:

$$I_{k3} = \frac{0{,}95 \cdot 400\,\text{V}}{\sqrt{3} \cdot \sqrt{8{,}9^2 + 16{,}9^2}\;\text{m}\Omega} = \frac{0{,}95 \cdot 400\,\text{V}}{\sqrt{3} \cdot 19{,}1\,\text{m}\Omega} = 11{,}49\,\text{kA}.$$

Zweipoliger Kurzschluss
Kurzschlusswechselstrom:

$$I_{k2} = \frac{\sqrt{3}}{2} \cdot 11{,}49\,\text{kA} = 9{,}95\,\text{kA}.$$

Einpoliger Kurzschluss
Kurzschlusswechselstrom:

$$I_{k1} = \frac{0{,}95 \cdot \sqrt{3} \cdot 400\,\text{V}}{\sqrt{(2 \cdot 8{,}9 + 13{,}75)^2 + (2 \cdot 16{,}9 + 20{,}5)^2}} = 10{,}48\,\text{kA}.$$

Fehlerstelle F3

Dreipoliger Kurzschluss
Anfangskurzschlusswechselstrom:

$$I_{k3} = \frac{0{,}95 \text{ V}}{\sqrt{3} \cdot \sqrt{47{,}55^2 + 19{,}39^2} \text{ m}\Omega} = \frac{0{,}95 \cdot 400 \text{ V}}{\sqrt{3} \cdot 51{,}35 \text{ m}\Omega} = 4{,}27 \text{ kA}.$$

Zweipoliger Kurzschluss
Kurzschlusswechselstrom:

$$I_{k2} = \frac{\sqrt{3}}{2} \cdot 4{,}27 \text{ kA} = 3{,}7 \text{ kA}.$$

Einpoliger Kurzschluss
Kurzschlusswechselstrom:

$$I_{k1} = \frac{0{,}95 \cdot \sqrt{3} \cdot 400 \text{ V}}{\sqrt{(2 \cdot 47{,}55 + 144{,}1)^2 + (2 \cdot 19{,}39 + 30{,}79)^2}} = 2{,}64 \text{ kA}.$$

Die Ergebnisse für das Beispiel 3.14 sind in **Tafel 3.49** zusammengefasst. Auch die Ergebnisse aus Beispiel 3.3 sind zum Vergleich eingefügt.

Tafel 3.49 Zusammenfassung der Ergebnisse für das Beispiel 3.14 und das Beispiel 3.3 (einfach)

		Fehlerstelle 1		Fehlerstelle 2		Fehlerstelle 3	
Ergebnisse		einfach	genau	einfach	genau	einfach	genau
dreipolig	$I_{k3\,max}$	14,81	14,82	12,45	13,00	5,14	6,21
	$I_{k3\,min}$	14,07	14,08	11,43	11,49	4,22	4,27
	i_{p3}	33,51	32,90	24,65	25,55	7,41	9,05
	I_{a3}	14,81	14,82	12,45	13,00	5,14	6,21
	$I_{th\,3}$	14,81	15,08	12,45	13,38	5,14	
2polig	$I_{k2\,min}$	12,18	12,19	9,9	9,95	3,65	3,70
einpolig	$I_{k1\,max}$	15,17	15,17	11,1	11,78	3,14	3,59
	$I_{k1\,min}$	14,41	14,41	10,05	10,48	2,51	2,64
	i_{p1}	34,33	33,68	21,98	23,16	4,53	5,23
	I_{a1}	15,17	15,17	11,1	11,78	3,14	3,59
	$I_{th\,1}$	15,17	15,44	11,1	12,39	3,14	

Beispiel 3.15:
Berechnung kleinster und größter Kurzschluss-Ströme
Das Beispiel 3.15 zeigt weitere Besonderheiten, die bei der Berechnung von *kleinsten* und *größten Kurzschluss-Strömen* in Niederspannungsnetzen zu beachten sind. Als Grundlage dient das im **Bild 3.39** dargestellte Netz, dass im Vergleich zum Beispiel 3.14 Parallelzweige von Transformatoren und Leitungen aufweist. Deshalb ist neben der Temperaturabhängigkeit der ohmschen Leiterwiderstände auch der Schaltzustand des Netzes zu berücksichtigen.

Aufgabenstellung:
Für das in Bild 3.39 dargestellte Netz sind für die auf der Niederspannungsseite markierten Fehlerstellen F1, F2 und F3:

92 3 Der Kurzschluss in Niederspannungsanlagen

− der Anfangskurzschlusswechselstrom I_k'' bzw. Kurzschluss-Strom I_k und
− der größte Stoßkurzschluss-Strom i_p

beim dreipoligen, zweipoligen sowie einpoligen Erdkurzschluss zu ermitteln.

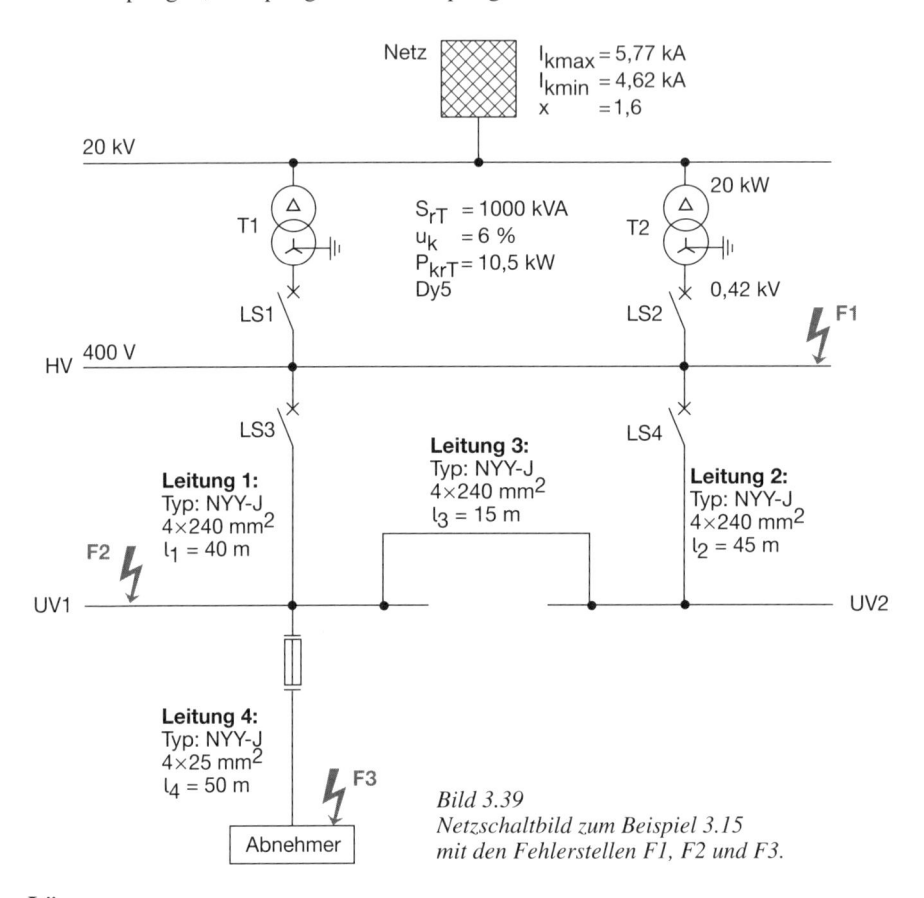

Bild 3.39
Netzschaltbild zum Beispiel 3.15
mit den Fehlerstellen F1, F2 und F3.

Lösung:
Die Berechnungen werden zur besseren Übersichtlichkeit in die Berechnung größter und kleinster Kurzschluss-Ströme unterteilt.

1. Berechnung größter Kurzschluss-Ströme
Bei der Berechnung größter Kurzschluss-Ströme wird die jeweils kleinste zu erwartende Kurzschlussimpedanz berücksichtigt.

a) Berechnung der einzelnen Kurzschlussimpedanzen
Speisendes Netz. Mit dem vom Energieversorgungsunternehmen (EVU) angegebenen Stoßfaktor κ wird das Verhältnis von R_Q/X_Q ermittelt (3.92):

$$\frac{R_Q}{X_Q} = -\frac{\ln\dfrac{\kappa - 1{,}02}{0{,}98}}{3} = -\frac{\ln\dfrac{1{,}6 - 1{,}02}{0{,}98}}{3} = 0{,}175$$

oder aus Bild 3.18 abgelesen.
Die Angabe des Kurzschluss-Stromes I_k am Anschlusspunkt Q wird vom EVU als maximaler und minimaler Wert unter Einbeziehung des jeweiligen Spannungsfaktors angegeben.

3.2 Kurzschluss-Ströme im Niederspannungsnetz

Die für die Berechnung des größten Kurzschluss-Stromes notwendige kleinste Netzimpedanz wird wie folgt berechnet:
In Formel (3.89) wird die Kurzschlusswechselstromleistung S_k mit Formel (3.5) eingesetzt und unter Beachtung von Formel (3.87) die minimale Reaktanz $X_{Q\,min}$ des speisenden Netzes berechnet:

$$X_{Q\,20\,kV\,min} = \frac{c_{max} \cdot U_n}{\sqrt{3} \cdot I_{k\,max} \sqrt{\left(\frac{R_Q}{X_Q}\right)^2 + 1}} = \frac{1{,}1 \cdot 20\,kV}{\sqrt{3} \cdot 5{,}77\,kA \cdot \sqrt{(0{,}175)^2 + 1}} = 2{,}168\,\Omega\,.$$

Umrechnung auf die 400 V-Spannungsebene (3.79):

$$X_{Q\,400\,V\,min} = X_{Q\,20\,kV} \cdot \frac{1}{\ddot{u}_r^2} = 2{,}168\,\Omega \cdot \frac{1}{\left(\frac{20\,kV}{0{,}42\,kV}\right)^2} = 0{,}956\,m\Omega\,,$$

$$R_{Q\,400\,V\,min} = \left(\frac{R_Q}{X_Q}\right) \cdot X_{Q\,400\,V\,min} = 0{,}175 \cdot 0{,}956\,m\Omega = 0{,}167\,m\Omega\,.$$

Transformator. Bei der Berechnung des größten Kurzschluss-Stromes muss man davon ausgehen, dass die Transformatoren parallel in Betrieb sind. Bei baugleichen Transformatoren wird dann die halbe Impedanz eines Transformators wirksam, oder es wird, wie folgt, die Summe der Transformatorleistungen in Formel (3.93) eingesetzt:

$$Z_{T\,ers} = \frac{u_{kr}}{100\,\%} \cdot \frac{U_{rT}^2}{\sum S_{rT}} = \frac{6\,\%}{100\,\%} \cdot \frac{(420\,V)^2}{2000\,kVA} = 5{,}292\,m\Omega\,.$$

Die Bemessungs-Kurzschlussverlustleistung P_{krT} muss dann aber auch als Summe berücksichtigt werden (3.94):

$$R_{T\,ers} = \frac{\sum P_{krt} \cdot U_{rT}^2}{\left(\sum S_{rT}\right)^2} = \frac{2 \cdot 10{,}5\,kW \cdot (420\,V)^2}{(2 \cdot 1000\,kVA)^2} = 0{,}925\,m\Omega\,.$$

Mit Formel (3.96) wird:

$$X_{T\,ers} = \sqrt{Z_T^2 - R_T^2} = \sqrt{5{,}292^2 - 0{,}926^2}\,m\Omega = 5{,}21\,m\Omega\,.$$

Die Nullimpedanzen werden mit den Formeln (3.98) und (3.99) ermittelt:

$$R_{0T} = R_{1T} = 0{,}925\,m\Omega$$

$$X_{0T} = 0{,}95 \cdot X_{1T} = 0{,}95 \cdot 5{,}21\,m\Omega = 4{,}95\,m\Omega$$

Parallelschaltung Leitung 1 sowie Leitungen 2 und 3. Wie bei den Transformatoren müssen auch hier mögliche Parallelschaltungen bei der Berechnung größter Kurzschluss-Ströme vorausgesetzt werden. Die Leitung 1 ist mit den hintereinander geschalteten Leitungen 2 und 3 parallel angeordnet (3.97):

$$\underline{Z}_{l\,ers} = \frac{\underline{Z}_{L1} \cdot (\underline{Z}_{L2} + \underline{Z}_{L3})}{\underline{Z}_{L1} + \underline{Z}_{L2} + \underline{Z}_{L3}}\,.$$

Da es sich bei der Parallelschaltung um das gleiche Kabel handelt, kann die Ersatzlänge l_{ers} folgendermaßen bestimmt werden:

$$l_{ers} = \frac{l_1 \cdot (l_2 + l_3)}{l_1 + l_2 + l_3} = \frac{40 \text{ m} \cdot (45 \text{ m} + 15 \text{ m})}{40 \text{ m} + 45 \text{ m} + 15 \text{ m}} = 24 \text{ m} .$$

Die Impedanzen für das Ersatzkabel sind mit (3.101; 3.102; 3.105; 3.106) und bezogenen Impedanzen der Kabel aus den Tafeln 3.24 und 3.25:

$$R_{L\,ers} = R'_L \cdot l_{ers} = 0{,}08 \; \Omega/\text{km} \cdot 0{,}024 \text{ km} = 1{,}92 \text{ m}\Omega ,$$

$$X_{L\,ers} = X'_L \cdot l_{ers} = 0{,}079 \; \Omega/\text{km} \cdot 0{,}024 \text{ km} = 1{,}9 \text{ m}\Omega ,$$

$$R_{0L\,ers} = R'_{0L} \cdot l_{ers} = 0{,}284 \; \Omega/\text{km} \cdot 0{,}024 \text{ km} = 6{,}82 \text{ m}\Omega ,$$

$$X_{0L\,ers} = X'_{0L} \cdot l_{ers} = 0{,}286 \; \Omega/\text{km} \cdot 0{,}024 \text{ km} = 6{,}86 \text{ m}\Omega .$$

Leitung 4:

$$R_{L4} = R'_L \cdot l_4 = 0{,}724 \; \Omega/\text{km} \cdot 0{,}05 \text{ km} = 36{,}2 \text{ m}\Omega ,$$

$$X_{L4} = X'_L \cdot l_4 = 0{,}086 \; \Omega/\text{km} \cdot 0{,}05 \text{ km} = 4{,}3 \text{ m}\Omega ,$$

$$R_{0L4} = R'_{0L} \cdot l_4 = 1{,}701 \; \Omega/\text{km} \cdot 0{,}05 \text{ km} = 85{,}05 \; \Omega ,$$

$$X_{0L4} = X'_{0L} \cdot l_4 = 1{,}115 \; \Omega/\text{km} \cdot 0{,}05 \text{ km} = 55{,}75 \text{ m}\Omega .$$

b) Berechnung der Kurzschlussimpedanzen bis zur Fehlerstelle

Unter der Berücksichtigung der Besonderheiten bei der Ermittlung der Kurzschlussimpedanz zur Berechnung des größten Kurzschluss-Stromes werden nach **Bild 3.40** die Impedanzen ermittelt und in **Tafel 3.50** zusammengefasst.

Dreipoliger Fehler
Fehlerstelle F1:

$$\underline{Z}_{k3} = \underline{Z}_Q + \frac{\underline{Z}_T}{2} ,$$

$$Z_{k3} = \sqrt{\left(R_Q + \frac{R_T}{2}\right)^2 + \left(X_Q + \frac{X_T}{2}\right)^2} .$$

Fehlerstelle F2:

$$\underline{Z}_{k3} = \underline{Z}_Q + \frac{\underline{Z}_T}{2} + \underline{Z}_{L\,ers} ,$$

$$Z_{k3} = \sqrt{\left(R_Q + \frac{R_T}{2} + R_{L\,ers}\right)^2 + \left(X_Q + \frac{X_T}{2} + X_{L\,ers}\right)^2} .$$

Fehlerstelle F3:

$$\underline{Z}_{k3} = \underline{Z}_Q + \frac{\underline{Z}_T}{2} + \underline{Z}_{L\,ers} + \underline{Z}_{L4} ,$$

$$Z_{k3} = \sqrt{\left(R_Q + \frac{R_T}{2} + R_{L\,ers} + R_{L4}\right)^2 + \left(X_Q + \frac{X_T}{2} + X_{L\,ers} + X_{L4}\right)^2} .$$

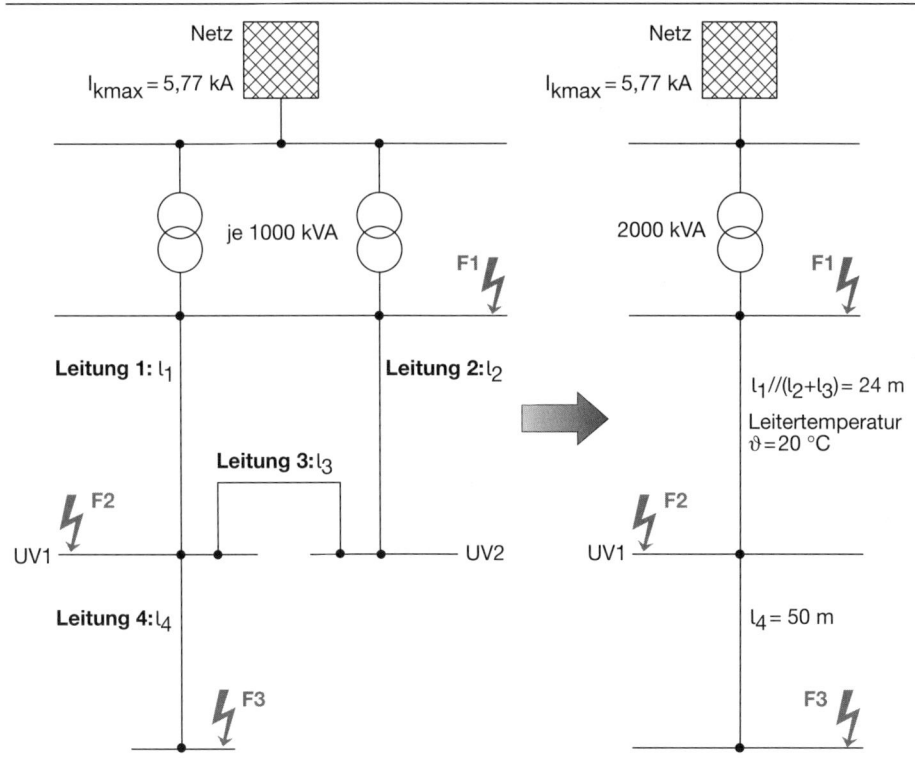

3.2 Kurzschluss-Ströme im Niederspannungsnetz

Bild 3.40 Netzschaltbild zur Berechnung größter Kurzschluss-Ströme (alle Leistungsschalter geschlossen)

Tafel 3.50 Zusammenfassung der Kurzschlussimpedanzen für die Fehlerstellen F1, F2 und F3 zur Berechnung kleinster Kurzschluss-Ströme

Betriebsmittel	R_1 in mΩ	X_1 in mΩ	R_0 in mΩ	X_0 in mΩ
Netz ($I_{k\,max} = 5{,}77$ kA; $\kappa = 1{,}6$)	0,167	0,956	–	–
Transformator ($\sum S_{rT} = 2000$ kVA)	0,925	5,21	0,925	4,95
Summe der Widerstände bei Kurzschluss an Fehlerstelle F1	1,092	6,166	0,925	4,95
Leitung 1//Leitung 2, 3 NYY-J 4×240 mm^2	1,92	1,90	6,82	6,86
Summe der Widerstände bei Kurzschluss an Fehlerstelle F2	3,012	8,066	7,745	11,81
Leitung 4 NYY-J 4×25 mm^2	36,2	4,3	85,05	55,75
Summe der Widerstände bei Kurzschluss an Fehlerstelle F3	39,212	12,366	92,795	67,56

Zweipoliger Fehler
Da die zweipoligen Kurzschluss-Ströme mit dem dreipoligen Kurzschluss-Strömen berechnet werden, müssen hierfür die Kurzschlussimpedanzen nicht berechnet werden.

Einpoliger Fehler
Fehlerstelle F1:

$$\underline{Z}_{k1} = 2 \cdot \left(\underline{Z}_Q + \frac{\underline{Z}_T}{2}\right) + \frac{\underline{Z}_{0T}}{2},$$

$$Z_{k1} = \sqrt{\left[2 \cdot \left(R_Q + \frac{R_T}{2}\right) + \frac{R_{0T}}{2}\right]^2 + \left[2 \cdot \left(X_Q + \frac{X_T}{2}\right) + \frac{X_{0T}}{2}\right]^2}.$$

Fehlerstelle F2:

$$\underline{Z}_{k1} = 2 \cdot \left(\underline{Z}_Q + \frac{\underline{Z}_T}{2} + \underline{Z}_{Lers}\right) + \frac{\underline{Z}_{0T}}{2} + \underline{Z}_{0Lers},$$

$$Z_{k1} = \sqrt{\left(\left[2 \cdot \left(R_Q + \frac{R_T}{2} + R_{Lers}\right) + \frac{R_{0T}}{2} + R_{0Lers}\right]^2 + \left[2 \cdot \left(X_Q + \frac{X_T}{2} X_T + X_{0Lers}\right) + \frac{X_{0T}}{2} + X_{0Lers}\right]^2\right)}.$$

Fehlerstelle F3:

$$\underline{Z}_{k1} = 2 \cdot \left(\underline{Z}_Q + \frac{\underline{Z}_T}{2} + \underline{Z}_{Lers} + \underline{Z}_{L4}\right) + \frac{\underline{Z}_{0T}}{2} + \underline{Z}_{0Lers} + \underline{Z}_{0L4},$$

$$Z_{k1} = \sqrt{\left(\left[2 \cdot \left(R_Q + \frac{R_T}{2} + R_{Lers} + R_{L4}\right) + \frac{R_{0T}}{2} + R_{0Lers} + R_{0L4}\right]^2 + \left[2 \cdot \left(X_Q + \frac{X_T}{2} + X_{0Lers} + X_{0L4}\right) + \frac{X_{0T}}{2} + X_{0Lers} + X_{0L4}\right]^2\right)}.$$

c) Berechnung der Kurzschlussgrößen
Die größten Kurzschlussgrößen werden mit der Netznennspannung $U_n = 400$ V am Fehlerort, dem Spannungsfaktor $c_{max} = 1$ nach Tafel 3.1 und der Kurzschlussimpedanz Z_k bis zur jeweiligen Fehlerstelle berechnet.

Der zweipolige Kurzschluss-Strom ist immer kleiner als der dreipolige Kurzschluss-Strom und wird deshalb nicht ermittelt.

Fehlerstelle F1

Dreipoliger Kurzschluss
Kurzschlusswechselstrom (3.40):

$$I_{k3} = \frac{c \cdot U_n}{\sqrt{3} \cdot Z_{k3}} = \frac{c \cdot U_n}{\sqrt{3} \cdot \sqrt{R_k^2 + X_k^2}} = \frac{1 \cdot 400 \text{ V}}{\sqrt{3} \cdot \sqrt{1{,}092^2 + 6{,}166^2} \text{ m}\Omega} = 36{,}88 \text{ kA}.$$

Stoßkurzschluss-Strom (3.43):

$$i_{p3} = \sqrt{2} \cdot \kappa \cdot I_{k3} = \sqrt{2} \cdot 1,6 \cdot 36,88 \text{ kA} = 83,5 \text{ kA} .$$

$\kappa = 1,57$ wird aus Bild 3.18 mit dem Verhältnis $\dfrac{R_k}{X_k} = \dfrac{1,092 \text{ m}\Omega}{6,166 \text{ m}\Omega} = 0,18$ abgelesen.

Einpoliger Kurzschluss
Kurzschlusswechselstrom (3.42):

$$I_{k1} = \frac{c \cdot \sqrt{3} \cdot U_n}{Z_{k1}} = \frac{c \cdot \sqrt{3} \cdot U_n}{\sqrt{(2 \cdot R + R_0)^2 + (2 \cdot X + X_0)^2}}$$

$$I_{k1} = \frac{1 \cdot \sqrt{3} \cdot 400 \text{ V}}{\sqrt{(2 \cdot 1,092 + 0,925)^2 + (2 \cdot 6,166 + 4,95)^2}} = 39,46 \text{ kA}$$

Stoßkurzschluss-Strom:
Für den Faktor κ darf der gleiche Wert wie beim dreipoligen Kurzschluss verwendet werden.

$$i_{p1} = \sqrt{2} \cdot 1,6 \cdot 39,46 \text{ kA} = 89,29 \text{ kA} .$$

Fehlerstelle F2

$$I_{k3} = \frac{1 \cdot 400 \text{ V}}{\sqrt{3} \cdot \sqrt{3,012^2 + 8,066^2} \text{ m}\Omega} = 26,82 \text{ kA} ,$$

$$\frac{R_k}{X_k} = \frac{3,012 \text{ m}\Omega}{8,066 \text{ m}\Omega} = 0,18 , \quad \rightarrow \quad \kappa = 1,34$$

$$i_{p3} = \sqrt{2} \cdot 1,34 \cdot 26,82 \text{ kA} = 50,83 \text{ kA} .$$

$$I_{k1} = \frac{1 \cdot \sqrt{3} \cdot 400 \text{ V}}{\sqrt{(2 \cdot 3,012 + 7,745)^2 + (2 \cdot 8,066 + 11,81)^2}} = 22,24 \text{ kA} ,$$

$$i_{p1} = \sqrt{2} \cdot 1,34 \cdot 22,24 \text{ kA} = 42,15 \text{ kA} .$$

Fehlerstelle F3

$$I_{k3} = \frac{1 \cdot 400 \text{ V}}{\sqrt{3} \cdot \sqrt{39,212^2 + 13,8^2} \text{ m}\Omega} = \frac{1 \cdot 400 \text{ V}}{\sqrt{3} \cdot 41,57 \text{ m}\Omega} = 5,56 \text{ kA} ,$$

$$\frac{R_k}{X_k} = \frac{39,212}{13,8} = 2,84 , \quad \rightarrow \quad \kappa = 1,02$$

$$i_{p3} = \sqrt{2} \cdot 1,02 \cdot 5,56 \text{ kA} = 8,02 \text{ kA} ,$$

$$I_{k1} = \frac{1 \cdot \sqrt{3} \cdot 400 \text{ V}}{\sqrt{(2 \cdot 39,212 + 92,795)^2 + (2 \cdot 12,366 + 67,56)^2}} = 3,56 \text{ kA} ,$$

$$i_{p1} = \sqrt{2} \cdot 1,02 \cdot 3,56 \text{ kA} = 5,14 \text{ kA} .$$

2. Berechnung kleinster Kurzschluss-Ströme

Bei der Berechnung kleinster Kurzschluss-Ströme wird die jeweils größte zu erwartende Kurzschlussimpedanz berücksichtigt. Diese ist bei dem Schaltzustand wirksam, wenn nur ein Transformator und die längere Leitungsstrecke ($l_2 + l_3$) in Betrieb sind.

Auf die Berechnung der dreipoligen Kurzschluss-Ströme wird verzichtet, weil sie kleinste Kurzschluss-Ströme nicht sein können.

a) Berechnung der einzelnen Kurzschlussimpedanzen

Speisendes Netz. Die zur Berechnung des kleinsten Kurzschluss-Stromes erforderliche größte Netzimpedanz $X_{Q\,max}$ wird mit folgender Formel berechnet:

$$X_{Q\,20kV\,max} = \frac{c_{min} \cdot U_n}{\sqrt{3} \cdot I_{k\,min} \sqrt{\left(\frac{R_Q}{X_Q}\right)^2 + 1}} = \frac{1{,}0 \cdot 20\,\text{kV}}{\sqrt{3} \cdot 4{,}62\,\text{kA} \cdot \sqrt{(0{,}175)^2 + 1}} = 2{,}462\,\Omega\,.$$

Umrechnung auf die 400 V-Spannungsebene:

$$X_{Q\,400V\,max} = X_{Q\,20kV} \cdot \frac{1}{\ddot{u}_r^2} = 2{,}462\,\Omega \cdot \frac{1}{\left(\frac{20\,\text{kV}}{0{,}42\,\text{kV}}\right)^2} = 1{,}09\,\text{m}\Omega\,,$$

$$R_{Q\,400V\,max} = \left(\frac{R_Q}{X_Q}\right) \cdot X_{Q\,400V\,min} = 0{,}175 \cdot 1{,}09\,\text{m}\Omega = 0{,}19\,\text{m}\Omega\,.$$

Transformator. Es gelten die gleichen Berechnungen und Ergebnisse wie unter Berechnung größter Kurzschluss-Ströme.

Leitung 2 und Leitung 3. Die Leitertemperatur der Kabel wird mit einer erhöhten Temperatur $\vartheta = 80\,°C$ angenommen.

$$R_{L2/3} = R'_L \cdot (l_2 + l_3) = 1{,}24 \cdot 0{,}08\,\Omega/\text{km} \cdot 0{,}06\,\text{km} = 5{,}95\,\text{m}\Omega\,,$$

$$X_{L2/3} = X'_L \cdot (l_2 + l_3) = 0{,}079\,\Omega/\text{km} \cdot 0{,}06\,\text{km} = 4{,}74\,\text{m}\Omega\,,$$

$$R_{0L2/3} = R'_{0L} \cdot (l_2 + l_3) = 1{,}24 \cdot 0{,}284\,\Omega/\text{km} \cdot 0{,}06\,\text{km} = 21{,}13\,\text{m}\Omega\,,$$

$$X_{0L2/3} = X'_{0L} \cdot (l_2 + l_3) = 0{,}286\,\Omega/\text{km} \cdot 0{,}06\,\text{km} = 17{,}16\,\text{m}\Omega\,.$$

Leitung 4:

$$R_{L4} = R'_L \cdot l_4 = 1{,}24 \cdot 0{,}724\,\Omega/\text{km} \cdot 0{,}05\,\text{km} = 44{,}9\,\text{m}\Omega\,,$$

$$X_{L4} = X'_L \cdot l_4 = 0{,}086\,\Omega/\text{km} \cdot 0{,}05\,\text{km} = 4{,}3\,\text{m}\Omega\,,$$

$$R_{0L4} = R'_{0L} \cdot l_4 = 1{,}24 \cdot 1{,}701\,\Omega/\text{km} \cdot 0{,}05\,\text{km} = 105{,}46\,\text{m}\Omega\,,$$

$$X_{0L4} = X'_{0L} \cdot l_4 = 1{,}115\,\Omega/\text{km} \cdot 0{,}05\,\text{km} = 55{,}75\,\text{m}\Omega\,.$$

b) Berechnung der Kurzschlussimpedanzen bis zur Fehlerstelle

Unter der Berücksichtigung der Besonderheiten bei der Ermittlung der Kurzschlussimpedanz zur Berechnung des kleinsten Kurzschluss-Stromes werden nach **Bild 3.41** die Impedanzen ermittelt und in **Tafel 3.51** zusammengefasst.

Zweipoliger Fehler:
Fehlerstelle F1

$$\underline{Z}_{k2} = 2 \cdot (\underline{Z}_Q + \underline{Z}_T),$$

$$Z_{k2} = 2 \cdot \sqrt{(R_Q + R_T)^2 + (X_Q + X_T)^2}\ .$$

Fehlerstelle F2

$$\underline{Z}_{k2} = 2 \cdot (\underline{Z}_Q + \underline{Z}_T + \underline{Z}_{L2/3}),$$

$$Z_{k2} = 2 \cdot \sqrt{(R_Q + R_T + R_{L2/3})^2 + (X_Q + X_T + X_{L2/3})^2}\ .$$

Fehlerstelle F3

$$\underline{Z}_{k2} = 2 \cdot (\underline{Z}_Q + \underline{Z}_T + \underline{Z}_{L2/3} + \underline{Z}_{L4}),$$

$$Z_{k2} = 2 \cdot \sqrt{(R_Q + R_T + R_{L2/3} + R_{L4})^2 + (X_Q + X_T + X_{L2/3} + X_{L4})^2}\ .$$

Einpoliger Fehler:
Fehlerstelle F1

$$\underline{Z}_{k1} = 2 \cdot (\underline{Z}_Q + \underline{Z}_T) + \underline{Z}_{0T},$$

$$Z_{k1} = \sqrt{[2 \cdot (R_Q + R_T) + R_{0T}]^2 + [2 \cdot (X_Q + X_T) + X_{0T}]^2}\ .$$

Fehlerstelle F2

$$\underline{Z}_{k1} = 2 \cdot (\underline{Z}_Q + \underline{Z}_T + \underline{Z}_{L2/3}) + \underline{Z}_{0T} + \underline{Z}_{0L2/3},$$

$$Z_{k1} = \sqrt{\begin{pmatrix}[2 \cdot (R_Q + R_T + R_{L2/3}) + R_{0T} + R_{0L2/3}]^2 \\ + [2 \cdot (X_Q + X_T + X_{0L2/3}) + X_{0T} + X_{0L2/3}]^2\end{pmatrix}}\ .$$

Fehlerstelle F3

$$\underline{Z}_{k1} = 2 \cdot (\underline{Z}_Q + \underline{Z}_T + \underline{Z}_{L2/3} + \underline{Z}_{L4}) + \underline{Z}_{0T} + \underline{Z}_{0L2/3} + \underline{Z}_{0L4},$$

$$Z_{k1} = \sqrt{\begin{pmatrix}[2 \cdot (R_Q + R_T + R_{L2/3} + R_{L4}) + R_{0T} + R_{0L2/3} + R_{0L4}]^2 \\ + [2 \cdot (X_Q + X_T + X_{0L2/3} + X_{0L4}) + X_{0T} + X_{0L2/3} + X_{0L4}]^2\end{pmatrix}}\ .$$

3. Berechnung des Kurzschlusswechselstromes

Fehlerstelle F1
Zweipoliger Kurzschluss (3.41):

$$I_{k2} = \frac{c \cdot U_n}{Z_{k2}} = \frac{0{,}95 \cdot 400\ \text{V}}{2 \cdot \sqrt{2{,}04^2 + 11{,}51^2}\ \text{m}\Omega} = 16{,}25\ \text{kA}\ .$$

3 Der Kurzschluss in Niederspannungsanlagen

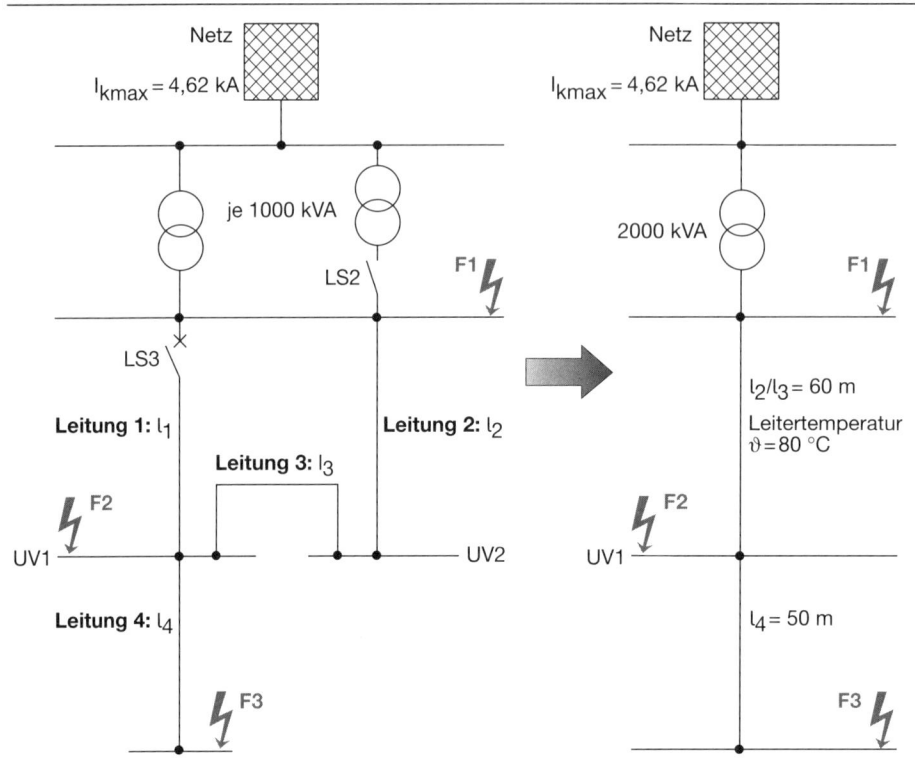

Bild 3.41 Netzschaltbild zur Berechnung kleinster Kurzschluss-Ströme (Leistungsschalter LS2 und LS3 geöffnet)

Tafel 3.51 Zusammenfassung der Kurzschlussimpedanzen für die Fehlerstellen F1, F2 und F3 zur Berechnung größter Kurzschluss-Ströme

Betriebsmittel	R_1 in mΩ	X_1 in mΩ	R_0 in mΩ	X_0 in mΩ
Netz ($I_{k\,max} = 4{,}62$ kA; $\kappa = 1{,}6$)	0,19	1,09	–	–
Transformator ($S_{rT} = 1000$ kVA)	1,85 [1]	10,42 [1]	1,85	9,9
Summe der Widerstände bei Kurzschluss an Fehlerstelle F1	2,04	11,51	1,85	9,9
Leitung 2 und Leitung 3 NYY-J 4×240 mm^2	5,95	4,74	21,13	17,16
Summe der Widerstände bei Kurzschluss an Fehlerstelle F2	7,99	16,25	22,98	28,06
Leitung 4 NYY-J 4×25 mm^2	44,9	4,3	105,46	55,75
Summe der Widerstände bei Kurzschluss an Fehlerstelle F3	52,89	20,55	128,44	83,81

[1] für einen Transformator

Einpoliger Kurzschluss:

$$I_{k1} = \frac{0{,}95 \cdot \sqrt{3} \cdot 400 \text{ V}}{\sqrt{(2 \cdot 2{,}04 + 1{,}85)^2 + (2 \cdot 11{,}51 + 9{,}9)^2}} = 19{,}68 \text{ kA}.$$

Fehlerstelle F2

$$I_{k2} = \frac{0{,}95 \cdot 400 \text{ V}}{2 \cdot \sqrt{7{,}99^2 + 16{,}25^2} \text{ m}\Omega} = 10{,}49 \text{ kA},$$

$$I_{k1} = \frac{0{,}95 \cdot \sqrt{3} \cdot 400 \text{ V}}{\sqrt{(2 \cdot 7{,}99 + 22{,}98)^2 + (2 \cdot 16{,}25 + 28{,}06)^2}} = 9{,}14 \text{ kA}.$$

Fehlerstelle F3

$$I_{k2} = \frac{0{,}95 \cdot 400 \text{ V}}{2 \cdot \sqrt{52{,}89^2 + 20{,}55^2} \text{ m}\Omega} = 3{,}35 \text{ kA},$$

$$I_{k1} = \frac{0{,}95 \cdot \sqrt{3} \cdot 400 \text{ V}}{\sqrt{(2 \cdot 52{,}89 + 128{,}44)^2 + (2 \cdot 20{,}55 + 83{,}81)^2}} = 2{,}48 \text{ kA}.$$

In **Tafel 3.52** sind die Ergebnisse zusammengefasst.

	Fehlerstelle 1	Fehlerstelle 2	Fehlerstelle 3
$I_{k3\,max}$	36,88	26,82	5,56
$i_{p3\,max}$	83,50	50,83	8,02
$I_{k1\,max}$	39,46	22,24	3,56
$i_{p1\,max}$	89,29	42,15	5,14
$I_{k2\,min}$	16,25	10,49	3,35
$I_{k1\,min}$	19,68	9,14	2,48

Tafel 3.52
Zusammenfassung der berechneten größten und kleinsten Kurzschluss-Ströme in kA für die Fehlerstellen F1, F2 und F3

Beispiel 3.16:
Berechnung von Kurzschluss-Strömen in Netzen mit Parallelzweigen
In einem einfachen Netz mit parallel geschalteten Transformatoren und Leitungen werden die Kurzschluss-Ströme an verschiedenen Fehlerstellen berechnet.

Die Besonderheit im Vergleich zum Beispiel 3.15:
Die R/X-Verhältnisse der Zweige sind unterschiedlich. Deshalb wird bei der Berechnung des Stoßkurzschluss-Stromes die Ermittlung des Faktors κ nach dem Verfahren C für vermaschte Netze demonstriert.

Was nicht berechnet wird:
Um die Kurzschlussfestigkeit der Transformatoren und Kabel sowie die Selektivität überprüfen zu können, ist die Kenntnis der Höhe der Kurzschluss-Ströme in den einzelnen Zweigen erforderlich.
   Dazu ist die Anwendung der Stromteilerregel erforderlich. Die prinzipielle Vorgehensweise wird im Beispiel 3.17 (Abschnitt 3.2.11) behandelt.

Aufgabenstellung:

Für das in **Bild 3.42** dargestellte Netz, sind für die auf der Niederspannungsseite (TN-C-System) markierten Fehlerstellen F1, F2 und F3:

– der Anfangs-Kurzschlusswechselstrom I_k'' bzw. der Kurzschluss-Strom I_k und
– der Stoßkurzschluss-Strom i_p

bei dreipoligem Kurzschluss zu berechnen.

Für die Betriebsmittel und Kabel sind in **Tafel 3.53** die Resistanzen und Reaktanzen vorgegeben.

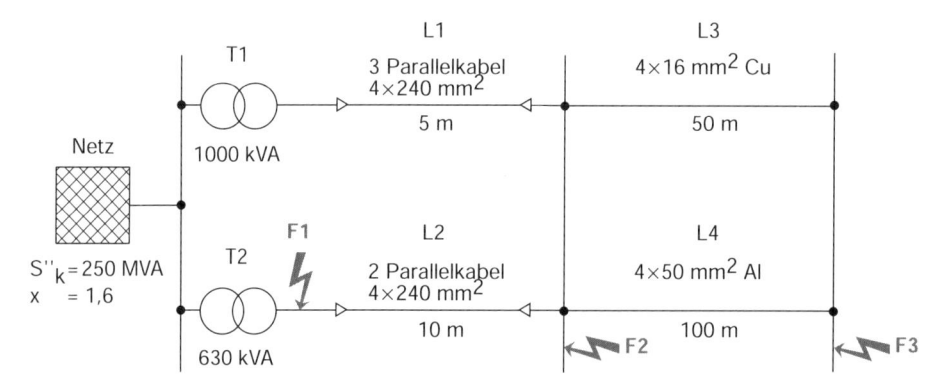

Bild 3.42 Netzschaltbild zum Beispiel 3.16 mit den Fehlerstellen F1, F2 und F3

Tafel 3.53 Impedanzen der Netzelemente zum Beispiel 3.16

Betriebsmittel	R in mΩ	X in mΩ
Netzeinspeisung $U_n = 20$ kV, $S_k = 250$ MVA, $\kappa = 1{,}6$	$R_Q = 0{,}134$	$X_Q = 0{,}765$
Transformator 1 (T1) $S_{rT} = 1000$ kVA; $ü_r = 20$ kV/0,42 kV; $u_k = 6\%$; $P_{krT} = 10$ kW	$R_{T1} = 1{,}764$	$X_{T1} = 10{,}436$
Transformator 2 (T2) $S_{rT} = 630$ kVA; $ü_r = 20$ kV/0,42 kV; $u_k = 6\%$; $P_{krT} = 6$ kW	$R_{T2} = 2{,}667$	$X_{T2} = 16{,}58$
Kabel 1 (L1) 5 m; 3 Kunststoffkabel 4×240 mm², Cu	$R_{L1} = 0{,}128$	$X_{L1} = 0{,}132$
Kabel 2 (L2) 10 m; 2 Kunststoffkabel 4×240 mm², Cu	$R_{L2} = 0{,}385$	$X_{L2} = 0{,}395$
Kabel 3 (L3) 50 m; 1 Kunststoffkabel 4×16 mm², Cu	$R_{L3} = 57{,}05$	$X_{L3} = 4{,}5$
Kabel 4 (L4) 100 m; 1 Kunststoffkabel 4×50 mm², Al	$R_{L4} = 64{,}2$	$X_{L4} = 8{,}3$

Lösung:
Fehlerstelle F1:
Der Kurzschluss tritt an den Sekundärklemmen vom Transformator T2 auf. Über die Kabel L3 und L4 fließt kein Kurzschluss-Strom.

3.2 Kurzschluss-Ströme im Niederspannungsnetz

Vorgehensweise: Die Impedanzen werden entsprechend **Bild 3.43** zusammengefasst und der gesamte Kurzschluss-Strom an der Fehlerstelle F1 berechnet.

a) Ermittlung der *Kurzschlussimpedanz* $\underline{Z}_k$ an der Fehlerstelle:

$$\underline{Z}_k = \underline{Z}_Q + \frac{(\underline{Z}_{T1} + \underline{Z}_{L1} + \underline{Z}_{L2}) \cdot \underline{Z}_{T2}}{(\underline{Z}_{T1} + \underline{Z}_{L1} + \underline{Z}_{L2}) + \underline{Z}_{T2}}$$

mit

$$(\underline{Z}_{T1} + \underline{Z}_{L1} + \underline{Z}_{L2}) = (1{,}764 + j10{,}436 + 0{,}128 + j0{,}132$$
$$+ 0{,}385 + j0{,}395)\,\text{m}\Omega = (2{,}277 + j10{,}436)$$

$$\underline{Z}_k = (0{,}134 + j0{,}765)\,\text{m}\Omega + \frac{(2{,}277 + j10{,}436) \cdot (2{,}667 + j16{,}58)}{(2{,}277 + j10{,}436) + (2{,}667 + j16{,}58)}\,\text{m}\Omega$$

$$\underline{Z}_k = (1{,}247 + j6{,}603)\,\text{m}\Omega$$

$$Z_k = \sqrt{1{,}247^2 + 6{,}603^2}\,\text{m}\Omega = 7{,}496\,\text{m}\Omega$$

b) Berechnung des *Kurzschluss-Stromes* $\underline{I}_k$ an der Fehlerstelle:

$$I_k = \frac{c \cdot U_n}{\sqrt{3} \cdot Z_k} = \frac{1 \cdot 400\,\text{V}}{\sqrt{3} \cdot 7{,}496\,\text{m}\Omega} = 30{,}81\,\text{kA}\,.$$

c) Berechnung des *Stoßkurzschluss-Stromes* i_p an der Fehlerstelle:

$$i_p = \sqrt{2} \cdot \kappa_c \cdot I_k\,.$$

Die Ermittlung des Faktors κ_c erfolgt nach dem Verfahren C (Abschnitt 3.2.8).

Ausgehend von der unter a) aufgestellten Gleichung wird die Kurzschlussimpedanz $\underline{Z}_{kc}$ für eine angenommene Netzfrequenz $f_c = 20$ Hz berechnet:

$$\underline{Z}_{kc} = \underline{Z}_{Qc} + \frac{(\underline{Z}_{T1c} + \underline{Z}_{L1c} + \underline{Z}_{L2c}) \cdot \underline{Z}_{T2c}}{(\underline{Z}_{T1c} + \underline{Z}_{L1c} + \underline{Z}_{L2c}) + \underline{Z}_{T2c}}$$

In die Gleichung werden die gleichen Resistanzwerte und für die Reaktanzwerte $X_{c/20\,\text{Hz}} = 0{,}4 \cdot X_{N/50\,\text{Hz}}$ eingesetzt.

Mit
$$(\underline{Z}_{T1c} + \underline{Z}_{L1c} + \underline{Z}_{L2c})$$
$$= [(1{,}764 + 0{,}128 + 0{,}385) + j(10{,}436 + 0{,}132 + j0{,}395) \cdot 0{,}4]\,\text{m}\Omega$$
$$= (2{,}277 + j10{,}436)\,\text{m}\Omega$$

wird

$$\underline{Z}_{kc} = (0{,}134 + j0{,}765 \cdot 0{,}4)\,\text{m}\Omega + \frac{(2{,}277 + j4{,}17) \cdot (2{,}667 + j16{,}58 \cdot 0{,}4)}{(2{,}277 + j4{,}17) + (2{,}667 + j16{,}58 \cdot 0{,}4)}\,\text{m}\Omega$$

$$\underline{Z}_{kc} = (0{,}134 + j0{,}3056)\,\text{m}\Omega + \frac{(2{,}277 + j4{,}17) \cdot (2{,}667 + j6{,}632)}{(2{,}277 + j4{,}17) + (2{,}667 + j6{,}632)}\,\text{m}\Omega$$

$$\underline{Z}_{kc} = (1{,}383 + j2{,}825)\,\text{m}\Omega$$

Gebildet wird der Quotient (3.75):

$$\frac{R}{X} = \frac{R_{kc}}{X_{kc}} \frac{f_c}{f_N} = \frac{1{,}383\,\text{m}\Omega}{2{,}825\,\text{m}\Omega} \frac{20\,\text{Hz}}{50\,\text{Hz}} = 0{,}196.$$

Dieses R/X-Verhältnis bestimmt die Größe des Faktors κ_c nach Bild 3.18:

$$\kappa_c = 1{,}56$$

Der Stoßkurzschluss-Strom i_p wird mit diesem Faktor κ_c:

$$i_p = \sqrt{2} \cdot 1{,}56 \cdot 30{,}81\,\text{kA} = 68{,}0\,\text{kA}.$$

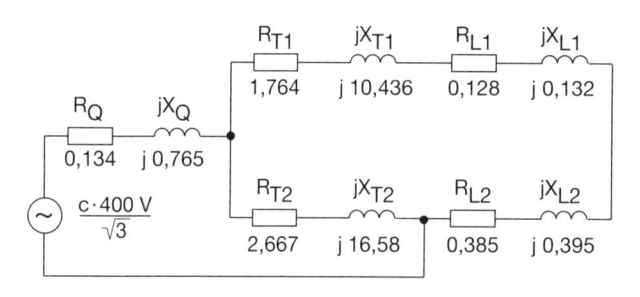

Bild 3.43
Ersatzschaltbild für einen dreipoligen Kurzschluss an der Fehlerstelle F1
(Impedanzen in mΩ)

Fehlerstelle F2:
Der Kurzschluss tritt an der Sammelschiene der Schaltanlage auf. Die Sammelschiene wird durch den gesamten Kurzschluss-Strom belastet und damit mechanisch und thermisch beansprucht. Die Kurzschluss-Ströme teilen sich entsprechend den Impedanzen der Transformatorzweige auf. Über die Kabel L3 und L4 fließt kein Kurzschluss-Strom.

Vorgehensweise: Die Impedanzen werden entsprechend zusammengefasst und der gesamte Kurzschluss-Strom der Sammelschiene berechnet.

a) Zusammenfassung aller Impedanzen $\underline{Z}_Q, \underline{Z}_{T1}, \underline{Z}_{L1}, \underline{Z}_{T2}$ und $\underline{Z}_{L2}$ entsprechend **Bild 3.44** zu einer *Kurzschlussimpedanz* $\underline{Z}_k$:

$$\underline{Z}_k = \underline{Z}_Q + \frac{(\underline{Z}_{T1} + \underline{Z}_{L1}) \cdot (\underline{Z}_{T2} + \underline{Z}_{L2})}{\underline{Z}_{T1} + \underline{Z}_{L1} + \underline{Z}_{T2} + \underline{Z}_{L2}}$$

$$\underline{Z}_k = (0{,}134 + j\,0{,}764)\,\text{m}\Omega$$
$$+ \frac{(1{,}764 + j10{,}436 + 0{,}128 + j0{,}132) \cdot (2{,}667 + j16{,}58 + 0{,}385 + j0{,}395)}{(1{,}764 + j10{,}436 + 0{,}128 + j0{,}132 + 2{,}667 + j16{,}58 + 0{,}385 + j0{,}395)}\,\text{m}\Omega$$

$$\underline{Z}_k = (1{,}3 + j\,7{,}28)\,\text{m}\Omega$$

$$Z_k = \sqrt{1{,}3^2 + 7{,}28^2} = 7{,}395\,\text{m}\Omega$$

b) Berechnung des *Kurzschluss-Stromes* I_k an der Fehlerstelle

$$I_k = \frac{c \cdot U_n}{\sqrt{3} \cdot Z_k} = \frac{1 \cdot 400\,\text{V}}{\sqrt{3} \cdot 7{,}395\,\text{m}\Omega} = 31{,}23\,\text{kA}.$$

c) Berechnung des *Stoßkurzschluss-Stromes* i_p an der Fehlerstelle

$$i_p = \sqrt{2} \cdot \kappa_c \cdot I_k.$$

Ermittlung des Faktors κ_c nach dem Verfahren C (Abschnitt 3.2.8):

$$\underline{Z}_{kc} = \underline{Z}_{Qc} + \frac{(\underline{Z}_{T1c} + \underline{Z}_{L1c}) \cdot (\underline{Z}_{T2c} + \underline{Z}_{L2c})}{\underline{Z}_{T1c} + \underline{Z}_{L1c} + \underline{Z}_{T2c} + \underline{Z}_{L2c}}$$

$$\underline{Z}_{kc} = (0,134 + j0,764 \cdot 0,4) \text{ m}\Omega$$
$$+ \frac{[(1,764 + 0,128) + j(10,436 + 0,132) \cdot 0,4] \cdot [(2,667 + 0,385) + j(16,58 + 0,395) \cdot 0,4]}{[(1,764 + 0,128 + 2,667 + 0,385) + j(10,436 + 0,132 + 16,58 + 0,395) \cdot 0,4]} \text{ m}\Omega$$

$$\underline{Z}_{kc} = (0,134 + j0,3056) \text{ m}\Omega + \frac{(1,892 + j4,227) \cdot (3,052 + j6,79)}{4,944 + j11,017} \text{ m}\Omega$$

$$\underline{Z}_{kc} = (1,3 + j2,91) \text{ m}\Omega$$

Analog zur Fehlerstelle F1 lautet das Ergebnis für das *R/X*-Verhältnis

$$\frac{R}{X} = \frac{R_{kc}}{X_{kc}} \frac{f_c}{f_N} = \frac{1,3 \text{ m}\Omega}{2,91 \text{ m}\Omega} \frac{20 \text{ Hz}}{50 \text{ Hz}} = 0,179,$$

den Faktor $\kappa_c = 1,59$ und

den Stoßkurzschluss-Strom $i_p = \sqrt{2} \cdot 1,59 \cdot 31,23 \text{ kA} = 70,2 \text{ kA}$.

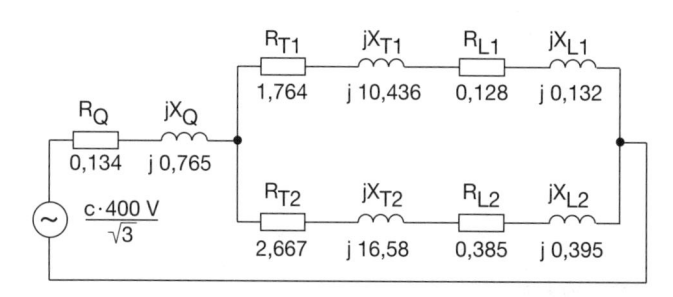

Bild 3.44
Ersatzschaltbild für einen dreipoligen Kurzschluss an der Fehlerstelle F2 (Impedanzen in mΩ)

Fehlerstelle F3:
Der Kurzschluss tritt an der Sammelschiene der Verteilung auf. Die Sammelschiene wird durch den gesamten Kurzschluss-Strom belastet und damit mechanisch und thermisch beansprucht.

Die Kurzschluss-Ströme teilen sich entsprechend den jeweiligen Impedanzen der Transformatorzweige sowie der Kabel L3 und L4 auf.

Vorgehensweise: Die Impedanzen werden entsprechend **Bild 3.45** zusammengefasst und der gesamte Kurzsschluss-Strom der Sammelschiene berechnet.

a) Zusammenfassung aller Impedanzen $\underline{Z}_Q, \underline{Z}_{T1}, \underline{Z}_{Ka1}, \underline{Z}_{T2}$ und $\underline{Z}_{Ka2}$ zu einer Kurzschlussimpedanz $\underline{Z}_k$

$$\underline{Z}_k = \underline{Z}_Q + \frac{(\underline{Z}_{T1} + \underline{Z}_{L1}) \cdot (\underline{Z}_{T2} + \underline{Z}_{L2})}{\underline{Z}_{T1} + \underline{Z}_{L1} + \underline{Z}_{T2} + \underline{Z}_{L2}} + \frac{\underline{Z}_{L3} \cdot \underline{Z}_{L4}}{\underline{Z}_{L3} + \underline{Z}_{L4}}$$

$$\underline{Z}_k = (1,3 + j7,28) \text{ m}\Omega + \frac{(57,05 + j4,5) \cdot (64,2 + j8,3)}{(57,05 + j4,5) + (64,2 + j8,3)} \text{ m}\Omega$$

$$\underline{Z}_k = (31,526 + j10,377) \text{ m}\Omega$$

$$Z_k = \sqrt{31,526^2 + 10,377^2} \text{ m}\Omega = 33,19 \text{ m}\Omega$$

b) Berechnung des *Kurzschluss-Stromes* I_k an der Fehlerstelle

$$I_k = \frac{c \cdot U_n}{\sqrt{3} \cdot Z_k} = \frac{1 \cdot 400 \text{ V}}{\sqrt{3} \cdot 33{,}19 \text{ m}\Omega} = 6{,}96 \text{ kA}.$$

c) Berechnung des *Stoßkurzschluss-Stromes* i_p an der Fehlerstelle

$$i_p = \sqrt{2} \cdot \kappa_c \cdot I_k.$$

Ermittlung des Faktors κ_c nach dem Verfahren C (Abschnitt 3.2.8):

$$\underline{Z}_{kc} = \underline{Z}_{Qc} + \frac{(\underline{Z}_{T1c} + \underline{Z}_{L1c}) \cdot (\underline{Z}_{T2c} + \underline{Z}_{L2c})}{\underline{Z}_{T1c} + \underline{Z}_{L1c} + \underline{Z}_{T2c} + \underline{Z}_{L2c}} + \frac{\underline{Z}_{L3c} \cdot \underline{Z}_{L4c}}{\underline{Z}_{L3c} + \underline{Z}_{L4c}}$$

$$\underline{Z}_{kc} = (1{,}3 + j\,7{,}28 \cdot 0{,}4) \text{ m}\Omega + \frac{(57{,}05 + j\,4{,}5 \cdot 0{,}4) \cdot (64{,}2 + j\,8{,}3 \cdot 0{,}4)}{(57{,}05 + j\,4{,}5 \cdot 0{,}4) + (64{,}2 + j\,8{,}3 \cdot 0{,}4)} \text{ m}\Omega$$

$$\underline{Z}_{kc} = (1{,}3 + j\,2{,}912) \text{ m}\Omega + \frac{(57{,}05 + j\,1{,}8) \cdot (64{,}2 + j\,3{,}32)}{(57{,}05 + j\,1{,}8) + (64{,}2 + j\,3{,}32)} \text{ m}\Omega$$

$$\underline{Z}_{kc} = (31{,}51 + j\,4{,}15) \text{ m}\Omega$$

Analog zu den Fehlerstellen 1 und 2 lautet das Ergebnis für das *R/X*-Verhältnis

$$\frac{R}{X} = \frac{R_{kc}}{X_{kc}} \frac{f_c}{f_N} = \frac{31{,}51 \text{ m}\Omega}{4{,}15 \text{ m}\Omega} \frac{20 \text{ Hz}}{50 \text{ Hz}} = 3{,}03,$$

für Faktor $\kappa_c = 1{,}02$ und

für den Stoßkurzschluss-Strom $i_p = \sqrt{2} \cdot 1{,}02 \cdot 6{,}96 \text{ kA} = 10{,}04 \text{ kA}.$

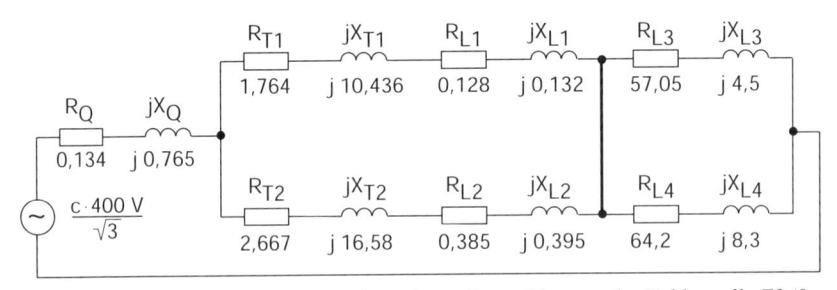

		R_{T1}	jX_{T1}	R_{L1}	jX_{L1}	R_{L3}	jX_{L3}
		1,764	j 10,436	0,128	j 0,132	57,05	j 4,5
R_Q	jX_Q						
0,134	j 0,765						
$c \cdot 400$ V / $\sqrt{3}$		R_{T2}	jX_{T2}	R_{L2}	jX_{L2}	R_{L4}	jX_{L4}
		2,667	j 16,58	0,385	j 0,395	64,2	j 8,3

Bild 3.45 Ersatzschaltbild für einen dreipoligen Kurzschluss an der Fehlerstelle F3 (Impedanzen in mΩ)

Beispiel 3.17:
Berechnung der Stromverteilung mit Kurzschlussanteilen von Netz und Asynchronmotor

Ermittlung des gesamten Kurzschluss-Stromes bei Vorhandensein eines zu berücksichtigenden Motorkurzschluss-Stromes. Weiterhin wird die Aufteilung des Kurzschluss-Stromes in den einzelnen Zweigen berechnet, damit die Kurzschlussanteile in der Gebäudeinstallation für Untersuchungen zum Kurzschluss-Schutz bekannt sind.

Aufgabenstellung:
Für das in **Bild 3.46** dargestellte Netz sind für die markierten Fehlerstellen F1 und F2:

– der Anfangs-Kurzschlusswechselstrom I_k'',
– der Stoßkurzschluss-Strom i_p,

3.2 Kurzschluss-Ströme im Niederspannungsnetz

– der Ausschaltwechselstrom I_a sowie
– die jeweilige Stromverteilung in den Zweigen
bei dreipoligem Kurzschluss zu berechnen.

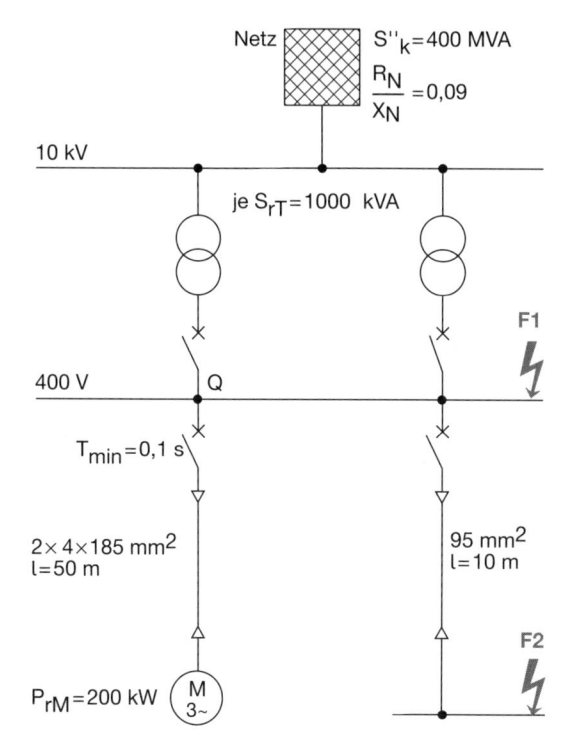

Bild 3.46
Netzschaltbild zum Beispiel 3.17 mit den Fehlerstellen F1 und F2

Lösung:
1. Ermittlung der Impedanzen
Für die Betriebsmittel und das Kabel sind in **Tafel 3.54** die Resistanzen und Reaktanzen vorgegeben bzw. mit den Bemessungsdaten entsprechend den ersten Berechnungsbeispielen ermittelt worden. Die Impedanz des Motorabzweiges setzt sich aus den Impedanzen des Asynchronmotors und des Anschlusskabels zusammen.

a) Impedanz des Asynchronmotors
Der Motor hat folgende Bemessungsdaten:

$P_{rM} = 200$ kW
$U_{rM} = 400$ V
$\cos \varphi_M = 0{,}88$
$\cos \varphi_{kM} = 0{,}25$
$\eta = 0{,}93$
$I_{an}/I_{rM} = 6$

Der Bemessungsstrom des Motors wird unter Anwendung der Formel (3.115) berechnet:

$$S_{rM} = \sqrt{3} \cdot U_{rM} \cdot I_{rM} = \frac{P_{rM}}{\eta_{rM} \cdot \cos \varphi_{rM}},$$

$$I_{rM} = \frac{P_{rM}}{\sqrt{3} \cdot U_{rM} \cdot \cos \varphi_M \cdot \eta} = \frac{200 \text{ kW}}{\sqrt{3} \cdot 400 \text{ V} \cdot 0{,}88 \cdot 0{,}93} = 352{,}7 \text{ A}.$$

108   3 Der Kurzschluss in Niederspannungsanlagen

Der Betrag der Motorimpedanz Z_M für den Kurzschlussfall wird mit Formel (3.114) berechnet:

$$Z_M = \frac{1}{\frac{I_{an}}{I_{rM}}} \cdot \frac{U_{rM}}{\sqrt{3} \cdot I_{rM}} = \frac{1}{6} \cdot \frac{400 \text{ V}}{\sqrt{3} \cdot 352{,}7 \text{ A}} = 109{,}13 \text{ m}\Omega \,.$$

Der Impedanzwinkel φ_{kM} im Kurzschlussfall mit dem angegebenen Leistungsfaktor $\cos \varphi_{kM}$ ist:

$$\varphi_{kM} = \arccos \varphi_{kM} = \arccos 0{,}25 = 75{,}5° \,.$$

Damit ist die *komplexe Motorimpedanz*:

$$\underline{Z}_M = 109{,}13 \text{ m}\Omega \cdot e^{j75{,}5°}$$

sowie die *Resistanz* und die *Reaktanz* des Motors:

$$R_M = Z_M \cdot \cos \varphi_{kM} = 109{,}13 \text{ m}\Omega \cdot \cos 75{,}5° = 27{,}3 \text{ m}\Omega$$

$$X_M = Z_M \cdot \sin \varphi_{kM} = 109{,}13 \text{ m}\Omega \cdot \sin 75{,}5° = 105{,}6 \text{ m}\Omega$$

b) Impedanz des Motoranschlusskabels

Angeschlossen ist der Asynchronmotor mit vieradrigem Kunststoff-Parallelkabel, Leiterquerschnitt 185 mm² Al und einer Anschlusslänge l_{MK} = 50 m.

Die Resistanz R_{MK} und die Reaktanz X_{MK} des Anschlusskabels wird mit den Belägen R' und X' aus den Tafeln 3.24 und 3.25 mit der Kabellänge l_{MK} bestimmt:

$$R_{MK} = R'_{MK} \cdot l_{MK} = \frac{0{,}167}{2} \frac{\Omega}{\text{km}} \cdot 0{,}05 \text{ km} = 4{,}175 \text{ m}\Omega$$

$$X_{MK} = X'_{MK} \cdot l_{MK} = \frac{0{,}08}{2} \frac{\Omega}{\text{km}} \cdot 0{,}05 \text{ km} = 2{,}0 \text{ m}\Omega$$

Die gesamte *Impedanz des Motorabzweiges* $\underline{Z}_{MA}$ ist die Summe der Motorimpedanz und der Impedanz des Anschlusskabels:

$$\underline{Z}_{MA} = \underline{Z}_M + \underline{Z}_{MK} = (27{,}3 + j105{,}6) \text{ m}\Omega + (4{,}175 + j2{,}0) \text{ m}\Omega$$

$$\underline{Z}_{MA} = (31{,}475 + j107{,}6) \text{ m}\Omega = \sqrt{31{,}475^2 + 107{,}6^2} \text{ m}\Omega \cdot e^{j\arctan(107{,}6/31{,}475)}$$

$$\underline{Z}_{MA} = 112{,}1 \text{ m}\Omega \cdot e^{j73{,}7°}$$

Tafel 3.54 Impedanzen der Netzelemente zum Beispiel 3.17

Betriebsmittel	R in mΩ	X in mΩ
Netzeinspeisung U_n = 10 kV, S_k = 200 MVA, R_N/X_N = 0,09	R_N = 0,0435	X_N = 0,483
Transformator S_{rT} = 2 × 1000 kVA; $ü_r$ = 10 kV/0,42 kV; u_k = 6%; P_{krT} = 8,5 kW	R_T = 0,75	X_T = 5,24
Kabelabzweig 10 m; Kunststoffkabel 4 × 95 mm², Cu	R_{Ka} = 1,97	X_{Ka} = 0,82
Asynchronmotor P_{rT} = 200 kW; $\cos \varphi$ = 0,88; η = 0,93; I_{an}/I_n = 6; $\cos \varphi_k$ = 0,2; n_0 = 1500 min^{-1}; t_{min} = 0,1 s	R_M = 27,3	X_M = 105,6
Motoranschlusskabel 2 × 185 mm² Al; l = 50 m	R_{MK} = 4,175	X_{MK} = 2,0

2. Berechnung der Kurzschluss-Ströme
Es werden die in der Tafel 3.15 zusammengefassten Formeln verwendet.

Fehlerstelle F1
Auf der Sammelschiene vor der Fehlerstelle F1 addieren sich die Teilkurzschluss-Ströme herrührend von der Netzseite und vom Motor. Da beide Kurzschluss-Stromanteile unterschiedliche Phasenwinkel haben, werden sie als komplexe Größen behandelt. Die Kurzschluss-Ströme auf der Netzseite teilen sich über die Transformatoren je zur Hälfte auf.

Vorgehensweise: Zuerst werden die Kurzschlussanteile vom Netz und vom Motor in den Zweigen separat berechnet, und dann anschließend addiert, um die Kurzschluss-Strombelastung der Sammelschiene zu ermitteln.

a) Kurzschlussanteil von der Netzseite

Die *Kurzschlussimpedanz* $\underline{Z}_k$ setzt sich aus den Impedanzen des Netzes und der Transformatoren zusammen:

$$\underline{Z}_{kQ} = \underline{Z}_N + \frac{\underline{Z}_T}{2}.$$

Mit den Impedanzen aus Tafel 3.53 wird die Kurzschlussimpedanz $\underline{Z}_{kQ}$ ermittelt:

$$\underline{Z}_{kQ} = (0{,}0435 + j\,0{,}483)\,\text{m}\Omega + (0{,}75 + j\,5{,}24)\,\text{m}\Omega$$

$$\underline{Z}_{kQ} = (0{,}793 + j\,5{,}723)\,\text{m}\Omega$$

$$\underline{Z}_{kQ} = \sqrt{0{,}793^2 + 5{,}723^2}\,\text{m}\Omega \cdot e^{j\arctan(5{,}723/0{,}793)}$$

$$\underline{Z}_{kQ} = 5{,}78\,\text{m}\Omega \cdot e^{j82°}$$

Der *Anfangs-Kurzschlusswechselstrom* ist:

$$\underline{I}''_{kQ} = \frac{c \cdot \underline{U}_n}{\sqrt{3} \cdot \underline{Z}_{kQ}} = \frac{1 \cdot 400\,\text{V} \cdot e^{j0°}}{\sqrt{3} \cdot 5{,}78\,\text{m}\Omega \cdot e^{j82°}}$$

$$\underline{I}''_{kQ} = 39{,}96\,\text{kA} \cdot e^{-j82°}$$

$$\underline{I}''_{kQ} = [39{,}96 \cdot \cos(-82°) + j\,39{,}96 \cdot \sin(-82°)]\,\text{kA} = (5{,}56 - j\,39{,}57)\,\text{kA}$$

Der *Stoßkurzschluss-Strom* i_{pQ} wird betragsmäßig mit dem Verhältnis $\dfrac{R}{X} = \dfrac{0{,}793\,\text{m}\Omega}{5{,}723\,\text{m}\Omega} = 0{,}14$
und dem daraus folgenden Faktor $\kappa = 1{,}66$ (Bild 3.18) berechnet:

$$i_{pQ} = \sqrt{2} \cdot \kappa \cdot I''_k = \sqrt{2} \cdot 1{,}66 \cdot 39{,}96\,\text{kA} = 93{,}8\,\text{kA}.$$

Der *Ausschaltwechselstrom* $\underline{I}_a$ ist für den hier vorliegenden generatorfernen Kurzschluss gleich dem Anfangskurzschlusswechselstrom bzw. Kurzschluss-Strom:

$$\underline{I}_{aQ} = \underline{I}''_{kQ} = 39{,}96\,\text{kA} \cdot e^{-j82°} = (5{,}56 - j\,39{,}57)\,\text{kA}.$$

b) Kurzschlussanteile vom Motor

Der *Anfangs-Kurzschlusswechselstrom* $\underline{I}''_{kM}$ ist mit der oben ermittelten Motorimpedanz:

$$\underline{I}''_{kM} = \frac{c \cdot U_n}{\sqrt{3} \cdot \underline{Z}_{MA}} = \frac{1 \cdot 400 \text{ V} \cdot e^{j0°}}{\sqrt{3} \cdot 112{,}1 \text{ m}\Omega \cdot e^{j73{,}7°}}$$

$$\underline{I}''_{kM} = 2{,}06 \text{ kA} \cdot e^{-j73{,}7°}$$

$$\underline{I}''_{kM} = [2{,}06 \cdot \cos(-73{,}7°) + j\,2{,}06 \cdot \sin(-73{,}7°)] \text{ kA}$$
$$= (0{,}58 - j\,1{,}98) \text{ kA}$$

Dieser Kurzschluss-Strom I''_{kM} wird bei den weiteren Berechnungen berücksichtigt, weil er im Vergleich zum Kurzschluss-Strom von der Netzseite I_{kQ} mehr als 5% beträgt:

$$\frac{I''_{kM}}{I_{kQ}} = \frac{2{,}06 \text{ kA}}{39{,}96 \text{ kA}} \cdot 100\% = 5{,}2\%.$$

Der *Stoßkurzschluss-Strom* i_{pM} wird mit

$$\frac{R_{MA}}{X_{MA}} = \frac{31{,}475 \text{ m}\Omega}{107{,}6 \text{ m}\Omega} = 0{,}292$$

und dem entsprechenden Faktor $\kappa = 1{,}43$ (Bild 3.18) berechnet:

$$i_{pM} = \sqrt{2} \cdot \kappa \cdot I''_{kM} = \sqrt{2} \cdot 1{,}43 \cdot 2{,}06 \text{ kA} = 4{,}17 \text{ kA}.$$

Der *Ausschaltwechselstrom im Motorabzweig* I_{aM}, den das Schaltgerät beim Ausschalten beherrschen muss, ist durch das Abklingen der Ausgleichsvorgänge bis zur Kontakttrennung kleiner als der Anfangs-Kurzschlusswechselstrom im Motorzweig I''_k:

$$I_{aM} = \mu \cdot q \cdot I''_{kM}.$$

Bestimmung der Faktoren μ und q: Sie werden aus den Bildern 3.21 und 3.23 oder wie nachfolgend mit den Formeln (3.57) und (3.66) berechnet.

Erfolgt die Kontakttrennung frühestens nach $t_{min} = 0{,}1$ s (Mindestschaltverzugszeit), dann gilt:

$$\mu = 0{,}62 + 0{,}72\, e^{-0{,}32 \frac{I''_{kM}}{I_{rG}}} = 0{,}62 + 0{,}72\, e^{-0{,}32 \frac{2{,}06 \text{ kA}}{0{,}353 \text{ kA}}}$$

$$\mu = 0{,}73$$

und

$$q = 0{,}57 + 0{,}12 \ln m.$$

Hierin ist m die Bemessungswirkleistung des Motors in MW je Polpaar p:

$$m = \frac{P_{rM}}{p} \tag{3.145}$$

Die Polpaarzahl p errechnet sich mit der Leerlaufdrehzahl n_0 in Umdrehungen pro Minute und einer der Netzfrequenz f in Hz mit folgender Formel:

$$p = \frac{60 \cdot f}{n_0} = \frac{60 \cdot 50}{1500} = 2 \tag{3.146}$$

Damit kann der Faktor q bestimmt werden:

$$q = 0{,}57 + 0{,}12 \ln \frac{0{,}2}{2} = 0{,}294$$

Die Faktoren m und q können auch den Bildern 3.19 und 3.23 entnommen werden.
Der Ausschaltwechselstrom wird berechnet:

$$I_{aM} = 0{,}73 \cdot 0{,}294 \cdot 2{,}06 \text{ kA} = 0{,}442 \text{ kA}$$

Beachte:
Die Mindestschaltverzugszeit $t_{min} = 0{,}1$ s für einen Niederspannungsmotor ist recht hoch vorausgesetzt worden. Eine Mindestschaltverzugszeit $t_{min} = 0{,}02$ s ergibt mit den damit ermittelten Faktoren m und q einen höheren Ausschaltwechselstrom von der Motorseite:

$$I_{aM} = 0{,}9 \cdot 0{,}75 \cdot 2{,}06 \text{ kA} = 1{,}39 \text{ kA}$$

c) Berechnung der Kurzschluss-Ströme an der Fehlerstelle F1
Anfangs-Kurzschlusswechselstrom:

$$\underline{I}''_k = \underline{I}''_{kQ} + \underline{I}''_{kM}$$

$$\underline{I}''_k = (5{,}56 - j\,39{,}57) \text{ kA} + (0{,}58 - j\,1{,}98) \text{ kA}$$

$$\underline{I}''_k = (6{,}14 - j\,41{,}55) \text{ kA} = 42{,}0 \text{ kA} \cdot e^{-j\,81{,}6°}$$

Dieser Kurzschluss-Strom ist die Grundlage für die Auslegung der Sammelschiene hinsichtlich der thermischen Kurzschlussfestigkeit.

Stoßkurzschluss-Strom:

$$i_p = i_{pQ} + i_{pM}$$

$$i_p = 93{,}9 \text{ kA} + 4{,}17 \text{ kA}$$

$$i_p = 98{,}07 \text{ kA}$$

Dieser gesamte Stoßkurzschluss-Strom ist maßgeblich für die Auslegung der Sammelschiene hinsichtlich der mechanischen Kurzschlussfestigkeit.
Obwohl die Stoßkurzschluss-Ströme nicht genau zum gleichen Zeitpunkt auftreten, dürfen nach [3.1] die Beträge der Stoßkurzschluss-Stromanteile addiert werden. Damit liegt der berechnete Wert, der zur Bemessung der Anlagen und Betriebsmittel herangezogen wird, auf der sicheren Seite.

Ausschaltwechselstrom:
Da die Summe der Ausschaltwechselströme über ein Schaltgerät nicht auftreten kann, wird diese auch nicht berechnet.

Fehlerstelle F2
Mit den kurzgeschlossenen Spannungsquellen (Netz und Motor) und der Einführung der Ersatzspannungsquelle an der Fehlerstelle liegt das Ersatzschaltbild nach **Bild 3.47** für die Berechnung des Kurzschluss-Stromes an der Fehlerstelle F2 sowie in den Zweigen vor.

Die Kurzschluss-Ströme auf der Netzseite teilen sich über die Transformatoren je zur Hälfte auf.

Es wird die *gesamte* Kurzschlussimpedanz $\underline{Z}_k$ an der Fehlerstelle F2 ermittelt. Damit sind die Kurzschluss-Ströme an der Fehlerstelle und dann mittels Stromteilerregel in den Zweigen zu berechnen.

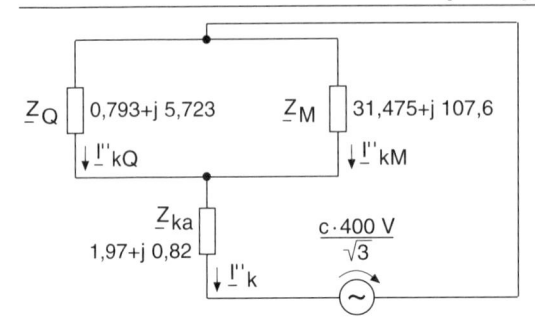

112   3 Der Kurzschluss in Niederspannungsanlagen

Bild 3.47
Ersatzschaltbild zur Berechnung dreipoliger
Kurzschluss-Ströme an der Fehlerstelle F2
(Impedanzen in mΩ)

Die *Kurzschlussimpedanz* $\underline{Z}_k$ an der Fehlerstelle berechnet sich aus der Reihenschaltung der Kabelstrecke (zur Fehlerstelle F2) und der parallel geschalteten Netz- und Motorimpedanz.

Nachfolgend ist beispielhaft die Ermittlung der komplexen Kurzschlussimpedanz demonstriert. Der Aufwand ist sehr hoch und sicherlich nur in Ausnahmefällen erforderlich, wenn sich die einzelnen Impedanzen wesentlich unterscheiden.

Beachte:
Bei der komplexen Rechnung ist $j^2 = -1$ und bei der Bestimmung des Winkels φ mittels (arctan) gilt die im **Abschnitt ‚Rechnen mit komplexen Zahlen'/CD-ROM** aufgeführte Regel.

$$\underline{Z}_k = \underline{Z}_{Ka} + \underline{Z}_Q // \underline{Z}_M = \underline{Z}_{Ka} + \frac{\underline{Z}_Q \cdot \underline{Z}_M}{\underline{Z}_Q + \underline{Z}_M}$$

$$\underline{Z}_k = (1,97 + j\,0,82)\,\text{m}\Omega + \frac{(0,793 + j\,5,723) \cdot (31,475 + j\,107,6)}{(0,793 + j\,5,723) + (31,475 + j\,107,6)}\,\text{m}\Omega$$

$$\frac{\underline{Z}_Q \cdot \underline{Z}_M}{\underline{Z}_Q + \underline{Z}_M} = \frac{(0,793 \cdot 31,475 + j^2\,5,723 \cdot 107,6 + j\,5,723 \cdot 31,475 + j\,0,793 \cdot 107,6)}{(0,793 + 31,475) + j(5,723 + 107,7)}\,\text{m}\Omega$$

$$\frac{\underline{Z}_Q \cdot \underline{Z}_M}{\underline{Z}_Q + \underline{Z}_M} = \frac{(0,793 \cdot 31,475 - 5,723 \cdot 107,6) + j(5,723 \cdot 31,475 + 0,793 \cdot 107,6)}{(0,793 + 31,475) + j(5,723 + 107,7)}\,\text{m}\Omega$$

$$\frac{\underline{Z}_Q \cdot \underline{Z}_M}{\underline{Z}_Q + \underline{Z}_M} = \frac{(24,96 - 615,8) + j(180,1 + 85,3)}{32,268 + j\,113,423} = \frac{-590,84 + j\,264,5}{32,268 + j\,113,423}$$

$$\frac{\underline{Z}_Q \cdot \underline{Z}_M}{\underline{Z}_Q + \underline{Z}_M} = \frac{\sqrt{(-590,84)^2 + 264,5^2}\,(\text{m}\Omega)^2 \cdot e^{j[180° - \arctan(264,5/590,84)]}}{\sqrt{32,268^2 + 113,423^2}\,\text{m}\Omega \cdot e^{j\arctan(113,423/32,268)}}$$

$$\frac{\underline{Z}_Q \cdot \underline{Z}_M}{\underline{Z}_Q + \underline{Z}_M} = \frac{647,34(\text{m}\Omega)^2\,e^{j155,9°}}{117,92\,\text{m}\Omega\,e^{j74,1°}} = 5,49\,\text{m}\Omega\,e^{j(155,9 - 74,1)°} = 5,49\,\text{m}\Omega\,e^{j81,8°}$$

$$\frac{\underline{Z}_Q \cdot \underline{Z}_M}{\underline{Z}_Q + \underline{Z}_M} = (5,49 \cdot \cos 81,8° + j\,5,49 \cdot \sin 81,8°)\,\text{m}\Omega = (0,783 + j\,5,434)\,\text{m}\Omega$$

$$\underline{Z}_k = (1,97 + j\,0,82)\,\text{m}\Omega + (0,783 + j\,5,434)\,\text{m}\Omega = (2,753 + j\,6,254)\,\text{m}\Omega$$

$$\underline{Z}_k = \sqrt{2,753^2 + 6,254^2}\,\text{m}\Omega \cdot e^{j(6,254/2,753)} = 6,84\,\text{m}\Omega \cdot e^{66,2°}$$

Der *Anfangs-Kurzschlusswechselstrom* $\underline{I}_k''$ auf der Kabelstrecke bis zur Fehlerstelle F2 ist:

$$\underline{I}_k'' = \frac{c \cdot \underline{U}_n}{\sqrt{3} \cdot \underline{Z}_k} = \frac{1 \cdot 400 \text{ V } e^{j0°}}{\sqrt{3} \cdot 6{,}84 \text{ m}\Omega \; e^{j66{,}2°}}$$

$$\underline{I}_k'' = 33{,}76 \text{ kA } e^{-j66{,}2°} = (13{,}62 - j\,30{,}89) \text{ kA}$$

Mittels der Stromteilerregel wird der Anfangs-Kurzschlusswechselstrom im Motorzweig $\underline{I}_{kM}''$ berechnet:

$$\underline{I}_{kM}'' = \underline{I}_k'' \frac{\underline{Z}_Q}{\underline{Z}_Q + \underline{Z}_M} = (13{,}62 - j\,30{,}89) \text{ kA } \frac{0{,}793 + j\,5{,}723}{32{,}268 + j\,113{,}323}$$

$$\underline{I}_{kM}'' = (0{,}872 - j\,1{,}41) \text{ kA} = 1{,}66 \text{kA } e^{-j58{,}2°}$$

Die Differenz des Anfangs-Kurzschlusswechselstromes an der Fehlerstelle $\underline{I}_k''$ und im Motorzweig $\underline{I}_{kM}''$ ist der Anfangs-Kurzschlusswechselstrom im Netzzweig $\underline{I}_{kQ}''$:

$$\underline{I}_{kQ}'' = \underline{I}_k'' - \underline{I}_{kM}'' = (13{,}62 - j\,30{,}89) \text{ kA} - (0{,}872 - j\,1{,}41) \text{ kA}$$

$$\underline{I}_{kQ}'' = (12{,}748 - j\,29{,}48) \text{ kA} = 32{,}12 \text{kA } e^{-j66{,}6°}$$

Der *Stoßkurzschluss-Strom* i_p auf der Kabelstrecke bis zur Fehlerstelle F2 ist:

$$i_p = \sqrt{2} \cdot \kappa_B \cdot I_k''.$$

Der Faktor κ_b soll für dieses einfache vermaschte Netz nach dem Verfahren B (Abschnitt 3.2.8) ermittelt werden:

$$\kappa_b = 1{,}15 \cdot \kappa$$

mit $\quad \dfrac{R_k}{X_k} = \dfrac{2{,}76 \text{ m}\Omega}{6{,}26 \text{ m}\Omega} = 2{,}27 \quad$ wird $\quad \kappa = 1{,}02 \quad$ (Bild 3.18)

und $\quad \kappa_b = 1{,}15 \cdot 1{,}02 = 1{,}17$

Damit wird der *Stoßkurzschluss-Strom* i_p:

$$i_p = \sqrt{2} \cdot 1{,}17 \cdot 33{,}76 \text{ kA} = 55{,}86 \text{ kA}.$$

In den Zweigen ergibt sich nach der Stromteilerregel:

$$i_{pM} = 2{,}74 \text{ kA} \quad \text{und} \quad i_{pQ} = 53{,}12 \text{ kA}.$$

Vergleich des Ergebnisses bei Anwendung des Verfahrens C zur Ermittlung des Faktors κ:
Für dieses Beispiel wird nach dem genaueren Verfahren C der Faktor $\kappa_c = 1{,}08$ ermittelt. Damit wird sich ein etwas geringerer Stoßkurzschluss-Strom einstellen.
  Der *Ausschaltwechselstrom* $\underline{I}_a$ in den Zweigen ist eine Überlagerung eines Teiles

– des Anfangs-Kurzschlusswechselstromes vom Netz $\underline{I}_{kQ}'' = \underline{I}_{aQ}$ und
– des Ausschaltwechselstromes vom Motor $\underline{I}_{aM}$.

  Die Anwendung des Überlagerungsverfahrens ist sehr aufwendig und bei geringem Kurzschlussanteil vom Motor auch nicht nötig.

Ausgehend von den oben berechneten Anfangs-Kurzschlusswechselströmen I_k'', I_{kQ}'' und I_{kM}'' kann für die Ausschaltwechselströme in den Zweigen angenommen werden:

$$I_{aKa} = I_k'' = 33{,}76\,\text{kA},$$

$$I_{aQ} \approx I_{kQ}'' = 32{,}12\,\text{kA} \quad \text{und}$$

$$I_{aM} \approx \mu \cdot q \cdot I_{kM}'' = 0{,}73 \cdot 0{,}294 \cdot 1{,}66\,\text{kA} = 0{,}365\,\text{kA}.$$

Nur wenn das Schaltvermögen des Schaltgerätes geringfügig größer als der berechnete Wert ist, ist eine genauere Berechnung der Ausschaltwechselströme in den Zweigen erforderlich.

4 Kurzschluss-Schutzeinrichtungen

Für den Schutz bei Kurzschluss sind Schutzeinrichtungen vorzusehen, die den Kurzschluss-Strom sicher unterbrechen, bevor eine Schädigung der Betriebsmittel, Geräte und Anlagen sowie der Kabel und Leitungen auftritt.

Kurzschluss-Schutzeinrichtungen werden mit der Abkürzung SCPD (**S**hort-**c**ircuit **p**rotective **d**evice) bezeichnet.

Folgende Überstromschutzeinrichtungen werden für den Kurzschluss-Schutz in Niederspannungsanlagen eingesetzt:

– Leitungsschutzsicherungen,
– Leitungsschutzschalter,
– Leistungsschalter mit Kurzschlussauslöser sowie
– Motorschutzschalter.

4.1 Leitungsschutzsicherungen

Die Schmelzsicherung ist ein „Gerät, das durch das Abschmelzen eines oder mehrerer seiner besonders ausgelegten und bemessenen Bauteile den Stromkreis, in dem es eingesetzt ist, durch Unterbrechen des Stromes öffnet, wenn dieser einen bestimmten Wert während einer ausreichenden Zeit überschreitet. Die Sicherung umfasst alle Teile, die das vollständige Gerät bilden." [4.1]

Eine Sicherung soll einen Stromkreis unterbrechen, wenn der Strom eine bestimmte Größe hat und eine gewisse Zeit fließt. Die Zeit/Strom-Kennlinie im **Bild 4.1** zeigt: Je höher der Strom, umso kürzer die Ausschaltzeit. Weiterhin ist zu erkennen, dass die Sicherung bis zur Größe des Bemessungsstromes I_{rSi} nicht auslösen darf. Im Bild 4.1 ist die komplette Zeit/Strom-Kennlinie mit einer oberen und unteren Grenzkurve dargestellt. Die eingeschlossene Fläche ist der Auslösebereich, in dem die Ausschaltung zu erwarten ist. Für Betrach-

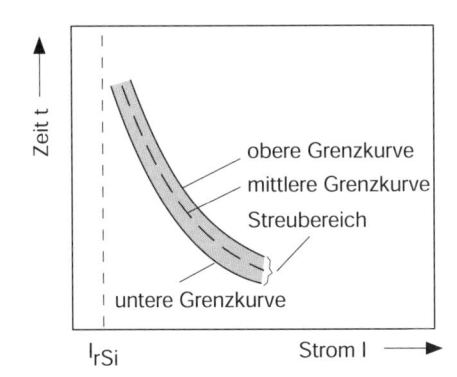

Bild 4.1
Zeit/Strom-Kennlinie von Schmelzsicherungen

tungen zum Kurzschluss-Schutz ist diese Kennlinie von Bedeutung, insbesondere wenn die selektive Abschaltung nachgewiesen werden soll.

Ist nur eine Kennlinie ohne Anmerkung angegeben, handelt es sich um die mittlere Kennlinie der Sicherung.

Von den Herstellern wird neben dem Bemessungsstrom I_{rSi} auch die Betriebsklasse angegeben.

Die Betriebsklasse charakterisiert das Abschaltverhalten der Sicherung. Sie ist eine Kombination von Funktionsklasse und Schutzobjekt.

Zwei Funktionsklassen (**Bild 4.2**) werden unterschieden:

– *Funktionsklasse g: Ganzbereichsschutz (Überlast- und Kurzschluss-Schutz)*

Der Schutz ist bei einem größeren Strom als dem Bemessungsstrom der Sicherung (Überstrom) vorgesehen.

– *Funktionsklasse a: Teilbereichsschutz (nur für den Kurzschluss-Schutz)*

Erst ab einem Vielfachen n des Bemessungsstromes der Sicherung ist der Schutz gegen Überstrom (Kurzschluss-Strom) gewährleistet.

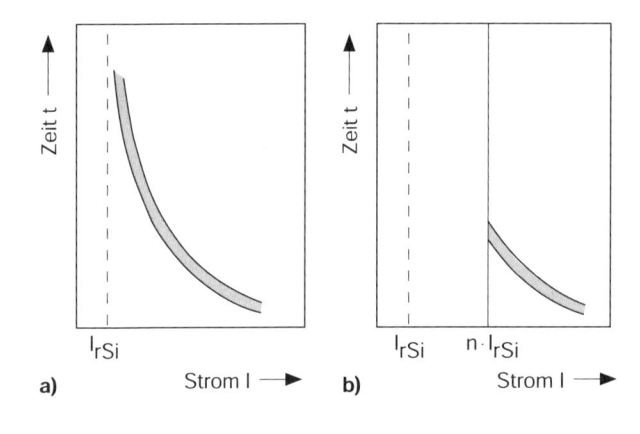

Bild 4.2 Funktionsklassen von Schmelzsicherungen
a) Ganzbereichsschutz
b) Teilbereichsschutz (nur Kurzschluss-Schutz)

Die Schutzobjekte werden wie folgt bezeichnet:

G   Schutz für allgemeine Zwecke
L   Kabel und Leitungen
M   Schaltgeräte
R   Halbleiter
B   Bergbauanlagen
Tr Transformatoren.

Folgende Betriebsklassen werden angeboten:

gG Ganzbereichsschutz für allgemeine Zwecke
gL Ganzbereichsschutz für Kabel und Leitungen
gM Ganzbereichsschutz für Schaltgeräte
gR Ganzbereichsschutz für Halbleiter
gB Ganzbereichsschutz für Bergbau-Anlagen
gTr Ganzbereichsschutz für Transformatoren
aM Teilbereichsschutz für Schaltgeräte
aR Teilbereichsschutz für Halbleiter.

4.1 Leitungsschutzsicherungen 117

Bei den Leitungsschutzsicherungen werden nach der Bauart unterschieden:

- Neozed-Sicherungen (D0-System)
- Diazed-Sicherungen (D-System)
- NH-Sicherungen (NH-System).

Für den Kurzschluss-Schutz in Gebäuden haben Schmelzsicherungen der Betriebsklasse gG besondere Bedeutung (**Bild 4.3**). Diese Betriebsklasse hat die bisherige Betriebsklasse gL ersetzt. Die Zeit/Strom-Kennlinien sind gleich, wobei der Schmelzstrom der gG-Sicherungen nur für Auslösezeiten $T \geq 0{,}1$ s angegeben ist.

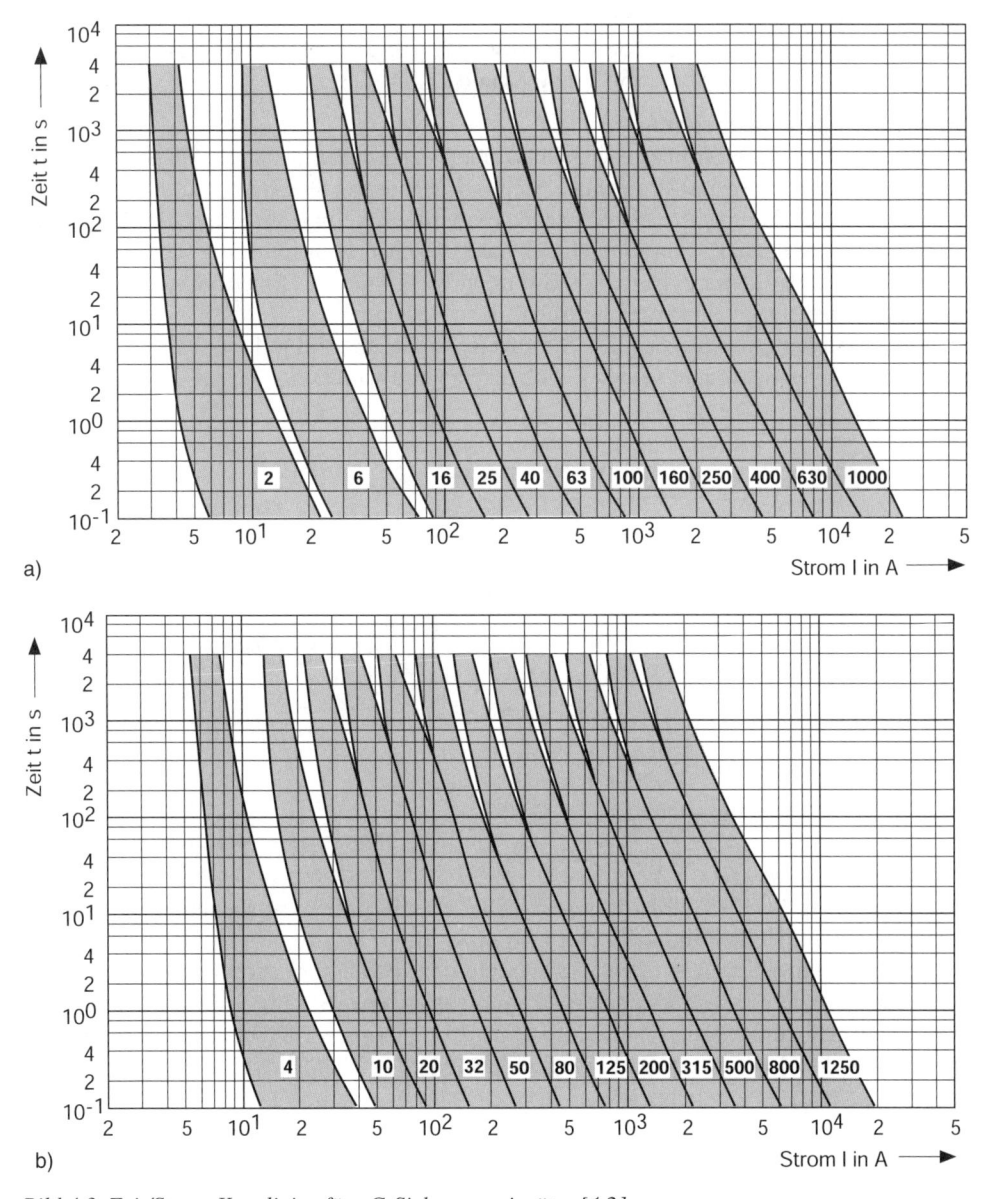

Bild 4.3 Zeit/Strom-Kennlinien für gG-Sicherungseinsätze [4.2]
a) 2, 6, 16, 25, 40, 63, 100, 160, 250, 400, 630, 1000 A; b) 4, 10, 20, 32, 50, 80, 125, 200, 315, 500, 800, 1250 A

4 Kurzschluss-Schutzeinrichtungen

Ausschalten von Kurzschluss-Strömen
Eine sichere Abschaltung ist nur bis zum Bemessungs-Ausschaltvermögen, vom Hersteller als Stromgröße in kA angegeben, garantiert.

Das Mindest-Nennausschaltvermögen (Nenn-Ausschaltstrom) für Sicherungen ist in den Teilen 21, 22 und 23 von DIN VDE 0636 [4.3. bis 4.5] angegeben:

D- und D0-Sicherungen:
– Betriebsklasse gG (gL), gR: 50 kA WS und 8 kA GS

NH-Sicherungen:
– Betriebsklasse gG (gL):   50 kA (500 V WS) und 25 kA (440 V GS)
– Betriebsklasse: aM und gTr: 50 kA (600 V WS) und 25 kA (1000 V WS)
– Betriebsklasse: aR und gR: 50 kA (WS) und 25 kA (GS).

Kurzschluss-Strombegrenzung
Bei hohen Kurzschluss-Strömen schalten Schmelzsicherungen sehr schnell ab. Wenn die Abschaltung vor der ersten Stromspitze, dem so genannten Stoßkurzschluss-Strom i_p, erfolgt, wirkt die Sicherung strombegrenzend. Es wird ein geringerer Strom, der Durchlass-Strom i_d, „durchgelassen". Hinsichtlich der mechanischen Beanspruchung der elektrischen Anlage wird nur der kleinere Durchlass-Strom wirksam. Für die Dimensionierung der elektrischen Anlage hat dies eine große wirtschaftliche Bedeutung.

In der Darstellung der Kurzschluss-Strombegrenzung im **Bild 4.4** ist auch zu erkennen, dass der Strom verzögert durch einen Lichtbogen zu null wird.

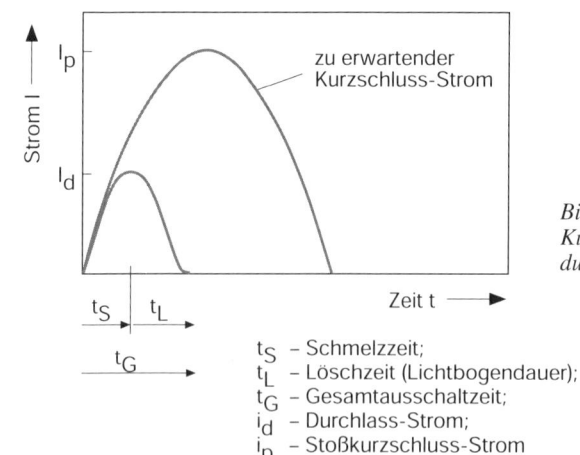

*Bild 4.4
Kurzschluss-Strombegrenzung durch Sicherungen*

t_S – Schmelzzeit;
t_L – Löschzeit (Lichtbogendauer);
t_G – Gesamtausschaltzeit;
i_d – Durchlass-Strom;
i_p – Stoßkurzschluss-Strom

Zum Nachweis der Kurzschlussfestigkeit geben die Hersteller von Sicherungen Strombegrenzungsdiagramme an (**Bild 4.5**). Der Durchlass-Strom i_d wird ausgehend vom unbeeinflussten Kurzschluss-Strom I_k (Effektivwert) und dem Bemessungsstrom der Sicherung I_{rSi} abgelesen: Bei einem zu erwartenden effektiven Kurzschluss-Strom I_k = 10 kA würde ohne Strombegrenzung der Stoßkurzschluss-Strom i_p = 25 kA (bei κ = 1,8) betragen. Die Sicherung begrenzt aber den Spitzenwert des Kurzschluss-Stromes auf den Durchlass-Strom i_d = 6 kA.

Stromwärmewert
Bei sehr kurzen Abschaltzeiten T_k < 0,1 ist der Effektivwert für den Kurzschlusswechselstrom nicht mehr charakteristisch. Deshalb wird für den Nachweis der Kurzschlussfestigkeit und für Selektivitätsbetrachtungen bei hohen Kurzschluss-Strömen das Abschaltverhalten von Sicherungen mit der erzeugten Wärmemenge $Q = I^2 \cdot R \cdot T$ beurteilt.

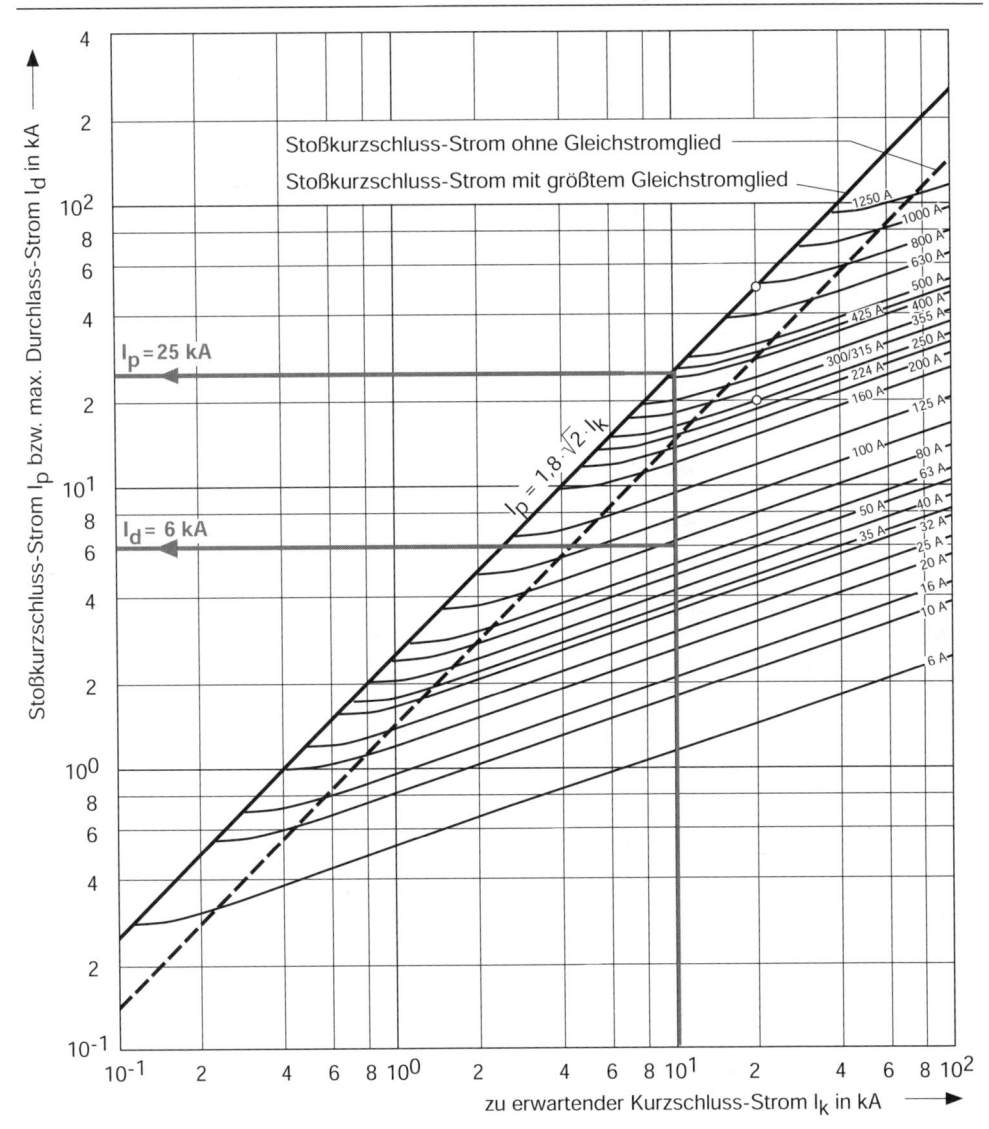

Bild 4.5 Strombegrenzungsdiagramm mit Ablesebeispiel

Da der ohmsche Widerstand R als konstante Größe betrachtet werden kann, wird I^2T als charakteristische Größe für Schmelzsicherungen für kurze Abschaltzeiten angegeben.

Den Kurzschluss-Strom-Wärmewert $I_k^2 T_k$ kann man sich als Rechteckfläche bei konstantem Strom vorstellen (**Bild 4.6**).

Der Stromverlauf beim schnellen Abschalten durch eine Sicherung ist im **Bild 4.7** dargestellt. Bei T_{min} ist der Stromwert erreicht, der den Schmelzleiter der Sicherung zum Schmelzen bringt. Anschließend fließt noch ein Lichtbogenstrom, der nach T_{max} verloschen ist; die Sicherung hat erst dann den Strom endgültig unterbrochen.

Dementsprechend werden zwei adäquate Werte für die Wärmemenge unterschieden:

– für die Schmelzwärme I^2T_{min} als Minimalwert und
– für die Ausschaltwärme I^2T_{max} als maximal möglicher Wert.

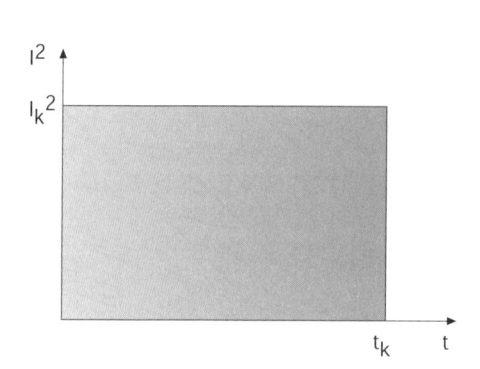

Bild 4.6
Stromwärmewert $I_k^2 T_k$ als Rechteckfläche

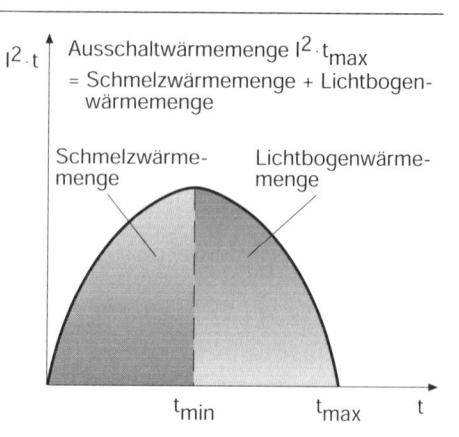

Bild 4.7
Wärmemenge beim Ausschalten eines Kurzschluss-Stromes durch eine Sicherung

In **Tafel 4.1** sind die Sollgrößen für die Schmelz- und Ausschaltwerte angegeben. Innerhalb dieser Grenzen müssen die tatsächlichen bzw. gemessenen Werte der Schmelzsicherungen liegen und werden von den Herstellern tabellarisch oder in Diagrammen zur Verfügung gestellt (**Bild 4.8**).

Tafel 4.1 Schmelz- und Ausschalt-I^2T-Werte für gG- und gM-Sicherungseinsätze [4.1, 4.2, 4.6]

I_{nSi} in A	$I^2 \cdot T_{min}$ in A²s Schmelzwert	$I^2 \cdot T_{max}$ in A²s Ausschaltwert
2	0,67	16,4
4	4,9	67,6
6	16,4	193,6
8	40,0	390,0
10	67,6	640,0
12	130,0	820,0
16	291	1210
20	640	2500
25	1210	4000
32	2500	5750
40	4000	9000
50	5750	13 700
63	9000	21 200
80	13 700	36 000
100	21 200	64 000
125	36 000	104 000
160	64 000	185 000
200	104 000	302 000
250	185 000	557 000
315	302 000	900 000
400	557 000	1 600 000
500	900 000	2 700 000
630	1 600 000	5 470 000
800	2 700 000	10 000 000
1000	5 470 000	17 400 000
1250	10 000 000	33 100 000

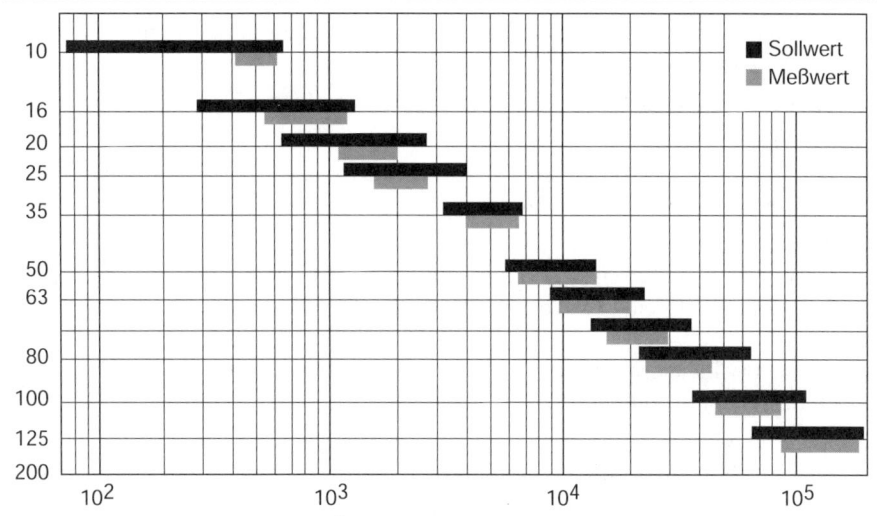

Bild 4.8 Schmelz- und Ausschalt-I^2T-Werte von NH-Schmelzeinsätzen [4.7]

4.2 Leitungsschutzschalter

Leitungsschutzschalter sind besonders zum Schutz in Haushalten und ähnlichen elektrotechnischen Anlagen geeignet und werden bis zu einem Bemessungsstrom I_r = 63 A angeboten. Im Vergleich zu Sicherungen haben sie einige Vorteile. Beim Abschalten wird z. B. die Schutzeinrichtung nicht zerstört und ist durch Laien wieder einschaltbar. Von einigen Herstellern werden die Leitungsschutzschalter als Sicherungs-Automaten bezeichnet.

Der Leitungsschutzschalter hat einen Überlast- und einen Kurzschlussauslöser mit im **Bild 4.9** dargestelltem Auslöseverhalten: Die Auslösezeit des Überlastauslösers wird durch die Höhe des Stromes bestimmt; je höher der Strom umso kürzer die Ausschaltzeit. Ab einem Grenzwert des Stromes ist die Abschaltzeit nicht mehr stromabhängig. Dann handelt es sich um einen Kurzschluss-Strom, der bei richtiger Auslegung durch den elektromagnetisch wirkenden Kurzschlussauslöser in einer Zeit T < 0,1 s sicher ausgeschaltet wird.

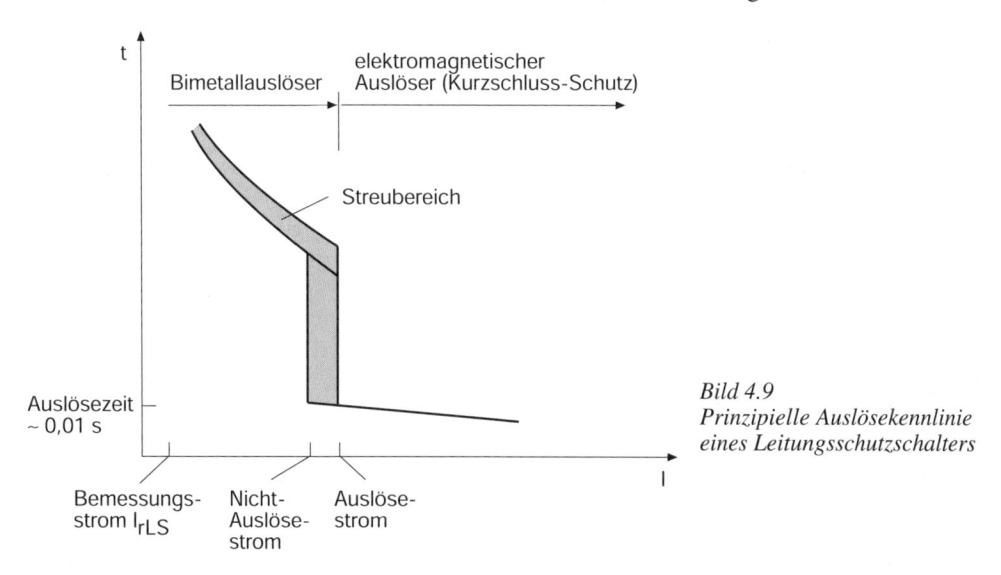

*Bild 4.9
Prinzipielle Auslösekennlinie eines Leitungsschutzschalters*

Leitungsschutzschalter werden hinsichtlich ihres Auslöseverhaltens eingeteilt in:

Auslösecharakteristik B
Kabel- und Leitungsschutz in Beleuchtungs-, Steckdosen- und Steuerstromkreisen

Auslösecharakteristik C
Kabel- und Leitungsschutz in Stromkreisen mit Einschaltströmen
(z. B. Leuchtengruppen, Motoren, Transformatoren)

Auslösecharakteristik K
Kabel- und Leitungsschutz in Stromkreisen mit hohen Anlaufströmen und Einschaltspitzen
(z. B. Motoren, Kondensatoren, Schweißtransformatoren, elektronisch gesteuerten Vorschaltgeräten).

Die Leitungsschutzschalter mit Kraft-Charakteristik werden eigentlich nach DIN VDE 0660 den Leistungsschaltern zugeordnet.

Auslösecharakteristik R
Kabel- und Leitungsschutz in Stromkreisen mit Halbleiterbauelementen

Auslösecharakteristik D
Einsatz bei Anlagen mit hohen Einschaltstromspitzen
(z. B. Transformatoren, Beleuchtungsanlagen mit Glühlampen).

Für jede Auslösecharakteristik ist der Nichtauslöse- (alte Bezeichnung: kleiner Prüfstrom) und Auslösestrom (großer Prüfstrom) nach **Tafel 4.2** festgelegt. Mit diesen Werten sind die Auslösekennlinien von Leitungsschutzschaltern mit dem Streubereich festgelegt (**Bild 4.10**).

Tafel 4.2 Auslöseverhalten von Leitungsschaltern [4.8]

Auslöse-charakteristik	Elektromagnetischer Auslöser		
	Nicht-Auslösen	Auslösen	Prüfzeit
B	$3 \cdot I_r$	$5 \cdot I_r$	≥ 1 s $< 0{,}1$ s
C	$5 \cdot I_r$	$10 \cdot I_r$	≥ 1 s $< 0{,}1$ s
D	$10 \cdot I_r$	$20 \cdot I_r$	≥ 1 s $< 0{,}1$ s

Die mit einem Fehlerstromschutzschalter kombinierten Fehlerstrom-Leitungsschutzschalter (FI-LS) werden mit der Auslösecharakteristik B und C angeboten.

Das Auslöseverhalten von Leitungsschutzschaltern, die für Gleichstromanlagen angewendet werden können, haben für die Auslösecharakteristiken B und C den identischen Nicht-Auslösestrom, aber einen höheren Auslösestrom, z. B. Auslösecharakteristik B – $7{,}5 \cdot I_r$ und Auslösecharakteristik C – $15 \cdot I_r$.

Um das Schaltverhalten im Kurzschlussbereich zu charakterisieren, wird der maximale Durchlass-I^2T-Wert angegeben. Ihn benötigt man für die Überprüfung der Kurzschlussfestigkeit von Kabeln und Leitungen sowie für Selektivitätsuntersuchungen.

Üblich ist auch eine Einteilung in die Energiebegrenzungsklassen 1 bis 3. Sie kennzeichnet, welche Stromwärmeenergie maximal durchgelassen wird. Die Energiebegrenzungsklasse 3 mit den kleineren Werten ist für den Kurzschluss-Schutz am besten geeignet. Weil für die Energiebegrenzungsklasse 1 in [4.8] keine Werte angegeben sind, ist sie in den **Tafeln 4.3** und **4.4** nicht aufgeführt.

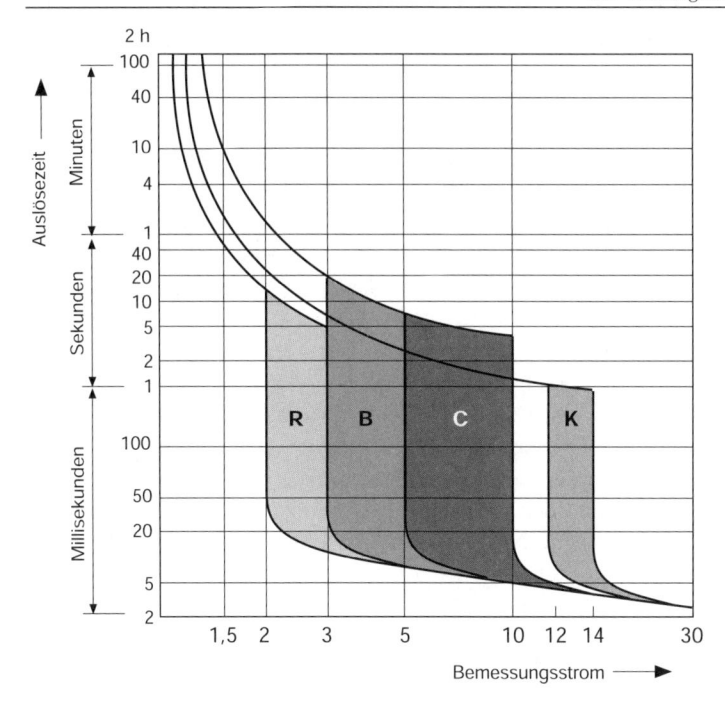

Bild 4.10 Auslösekennlinien von Schutzschaltern

Tafel 4.3 Zulässige Durchlass-I^2T-Werte für LS-Schalter bis einschließlich 16 A [4.8]

Bemessungs-schaltvermögen in A	Energiebegrenzungsklasse			
	2		3	
	$(I^2T)_{max}$ in A²s			
	Charakteristik B	Charakteristik C	Charakteristik B	Charakteristik C
3000	31 000	37 000	15 000	18 000
4500	60 000	75 000	25 000	30 000
6000	100 000	120 000	35 000	42 000
10000	240 000	290 000	70 000	84 000

Tafel 4.4 Zulässige Durchlass-I^2T-Werte für LS-Schalter über 16 A bis einschließlich 32 A [4.8]

Bemessungs-schaltvermögen in A	Energiebegrenzungsklasse			
	2		3	
	$(I^2T)_{max}$ in A²s			
	Charakteristik B	Charakteristik C	Charakteristik B	Charakteristik C
3 000	40 000	50 000	18 000	22 000
4 500	80 000	100 000	32 000	39 000
6 000	130 000	160 000	45 000	55 000
10 000	310 000	370 000	90 000	110 000

Leitungsschutzschalter mit einem kleineren Bemessungsausschaltvermögen von 6 kA sollten nur dort angewendet werden, wo der Kurzschluss-Strom durch die Art der Netzeinspeisung keine größeren Werte annehmen kann.

Für Leitungsschutzschalter in Gleichstromanlagen werden von den Herstellern als Kennlinien die Durchlasswerte I^2T und die maximalen Werte des Durchlass-Stromes i_d bei Kurzschlussabschaltung angegeben.

Leitungsschutzschalter haben natürlich auch Nachteile. Der Bemessungsstrom I_r ist nach oben begrenzt und ein selektives Abschalten untereinander im Überlastbereich und nur bis zum Ansprechstrom des vorgeordneten Leitungsschutzschalter im Kurzschlussbereich möglich.

Leistungsschalter mit einstellbaren Kurzschlussauslösern haben diese Nachteile nicht.

Sogenannte **S**elektive **H**aupt-**L**eitungs**s**chutzschalter (SLS) oder Hauptsicherungsautomaten sind strombegrenzende Schalter. Ihr Einsatz bietet sich überall dort an, wo eine hohe Betriebssicherheit und eine schnelle Wiedereinschaltbereitschaft gewährleistet sein muss, z. B. als Niederspannungshochleistungssicherung in Schaltanlagen, Verteilern, Hausanschlusskästen und Zählerplätzen. Neben den Vorteilen der Leitungsschutzschalter im Vergleich zu Sicherungen werden sie mit höheren Bemessungsströmen (bis 100 A) und Schaltvermögen (25 kA) angeboten und wirken selektiv zu nachgeschalteten Leitungsschutzschaltern.

Von den Herstellern dieser Schalter [4.9; 4.10] werden folgende Auslösecharakteristiken angeboten (**Tafel 4.5, Bild 4.11**):

– gL für den Kabel- und Leitungsschutz,
– K für Schutzaufgaben z. B. Motoranschlüsse und
– E für maßgeschneiderte Energiezuteilung und den besten Leitungsschutz (Exakt-Charaktertistik).

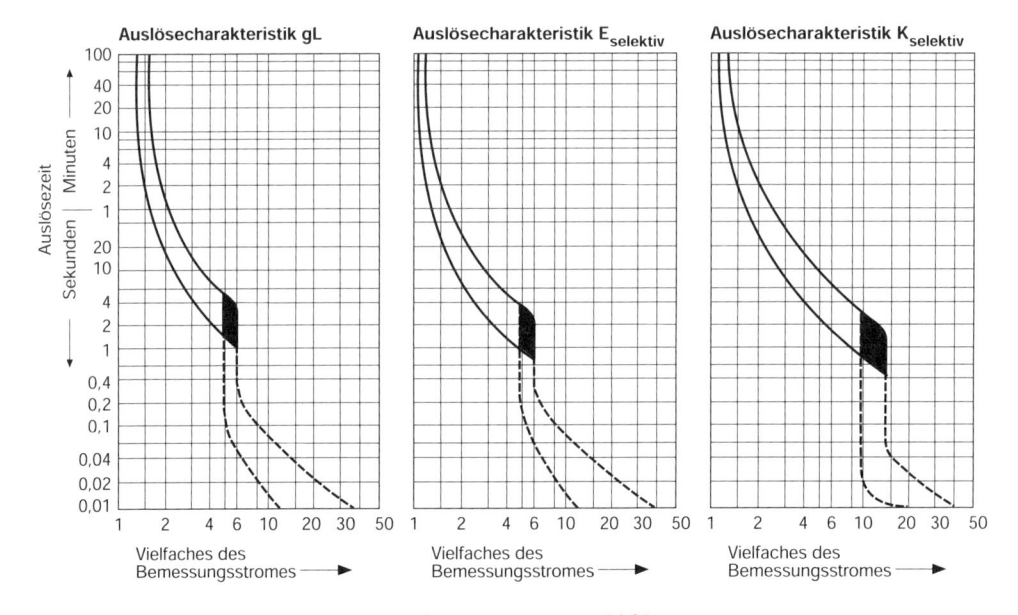

Bild 4.11 Auslösekennlinien von Hauptsicherungsautomaten [4.9]

Tafel 4.5 Auslöseverhalten von Hauptsicherungsautomaten [4.9]

Auslöse-charakteristik	Nennstrom in A	verzögerter thermischer Auslöser			kurzverzögerter Selektivauslöser		Kurzschlussauslöser		
		I_1	I_2	Auslösezeit	Haltestrom I_3	Auslösestrom I_4	Abschaltzeit bei I_4	Abschaltzeit $\leq 0{,}03$ s	Abschaltzeit $\leq 0{,}01$ s
gL	20, 25	$1{,}4 \cdot I_n$	$1{,}75 \cdot I_n$	> 2 h < 1 h	$5 \cdot I_n$	$6{,}25 \cdot I_n$		bei allen Kurzschluss-Strömen	
	35 bis 100	$1{,}3 \cdot I_n$	$1{,}6 \cdot I_n$	> 2 h < 1 h	$5 \cdot I_n$	$6{,}25 \cdot I_n$	$\leq 0{,}3$ s	> 1000 A	≥ 4000 A
K	16 bis 100	$1{,}05 \cdot I_n$	$1{,}2 \cdot I_n$	> 2 h < 1 h	$10 \cdot I_n$	$14 \cdot I_n$		> 1500 A	≥ 5000 A
E	10 bis 100	$1{,}05 \cdot I_n$	$1{,}2 \cdot I_n$	> 2 h < 1 h	$5 \cdot I_n$	$6{,}25 \cdot I_n$		> 1000 A	≥ 4000 A

4.3 Motorschutzschalter

Motorschutzschalter werden zum Schutz von Motoren:

– gegen Überlast durch einen thermischen Auslöser und
– bei Kurzschluss mittels eines elektromagnetischen Auslösers

eingesetzt.

Tafel 4.6 Bemessungs-Kurzschlussausschaltvermögen von Motorschutzschaltern

Bemessungsstrom	220 V – 240 V	380 – 400 V
0,1 A – 6 A	100 kA	100 kA
10 A		6 kA
16 A – 25 A	20 kA	

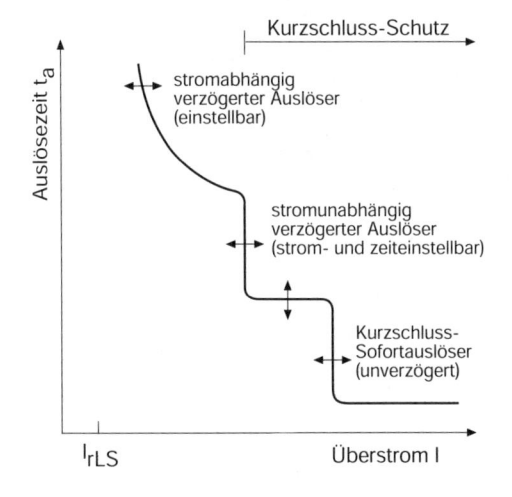

*Bild 4.12
Einstellbare Kennlinie des Überstrom- und Kurzschlussauslösers am Leistungsschalter*

4 Kurzschluss-Schutzeinrichtungen

Er ist aufgebaut wie ein Leitungsschutzschalter und hat die im Bild 4.10 dargestellte Auslösecharakteristik K. Ab dem 14fachen Bemessungsstrom ist der Kurzschluss-Schutz gesichert. Die Nichtauslösung bis zum 12fachen Bemessungsstrom des Motorschutzschalters garantiert die Nichtabschaltung bei hohen Motoranlaufströmen. Für den Leitungsschutz ist er aber nicht vorgesehen.

Wenn der Motorschutzschalter nur mit einem Bimetallauslöser ausgestattet ist, muss ihm eventuell zum eigenen Schutz noch eine Schmelzsicherung vorgeordnet werden. Die Hersteller geben zum Kurzschluss-Schutz maximal zulässige Sicherungs-Bemessungs-

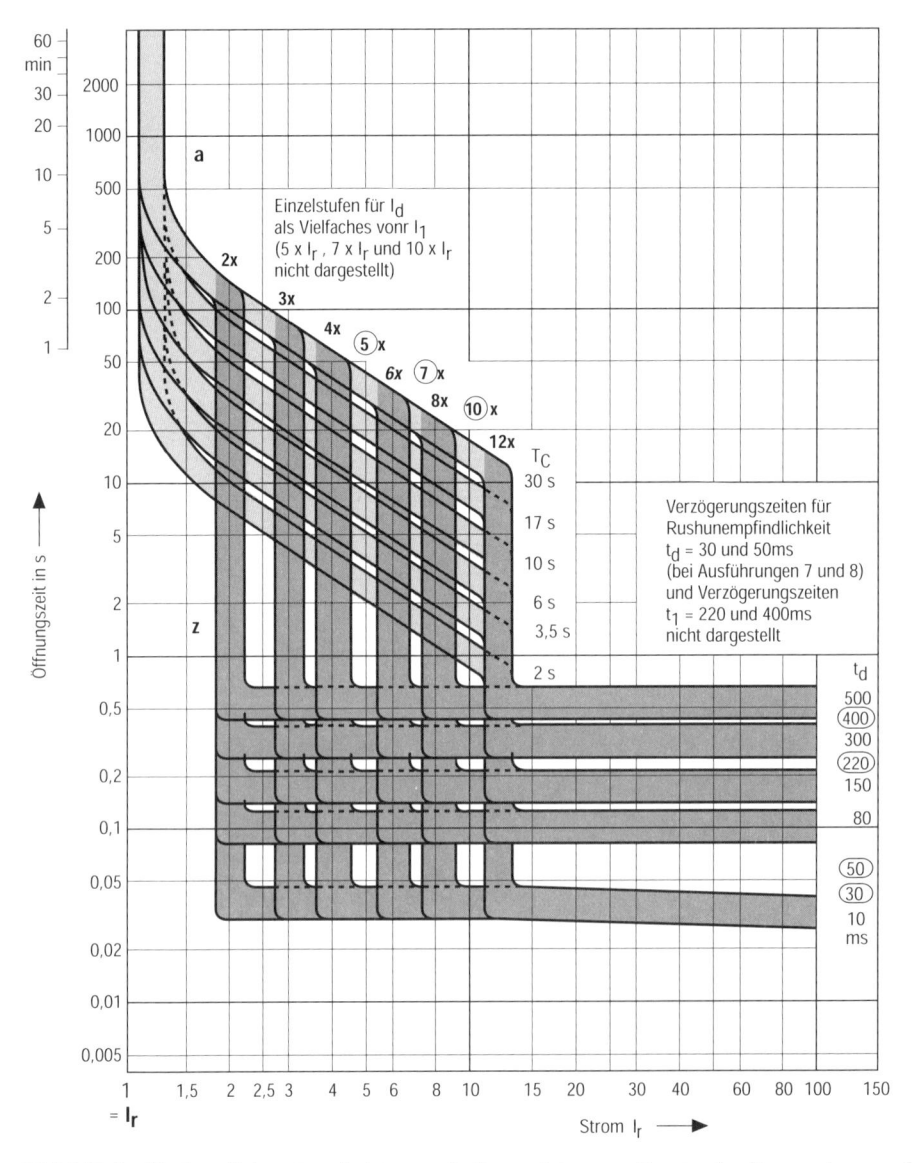

Bild 4.13 Auslösekennlinien eines Leistungsschalters mit kurzverzögerter Auslösung stromunabhängig verzögert [4.12]

größen an. Wenn das Bimetall einen hohen Eigenwiderstand hat, ist der Motorschutzschalter bis zu den höchsten Kurzschluss-Strömen eigenfest, und die Schmelzsicherung ist dann nicht erforderlich.

Eine beispielhafte Zuordnung des Bemessungs-Kurzschlussausschaltvermögens I_{cn} ist in **Tafel 4.6** angegeben.

4.4 Leistungsschalter mit Kurzschlussauslöser

Ein Leistungsschalter mit einem Kurzschlussauslöser nach DIN VDE 0660 Teil 101 [4.11] kann im Kurzschlussfall den Fehlerstrom bei richtiger Bemessung sicher ausschalten. Der Ansprechstrom und die Auslösezeit sind einstellbar (**Bild 4.12**).

Die Einstellbarkeit des Ansprechstromes und der Ausschaltzeit bzw. der Einsatz kurzverzögerter Auslöser ermöglicht eine Anpassung an den an der Einbaustelle zu erwartenden Kurzschluss-Strom und ein selektives Schalten.

Für einen Leistungsschalter mit kurzverzögerter Auslösung und stromunabhängig verzögert sind im **Bild 4.13** die Kennlinien als Beispiel angegeben.

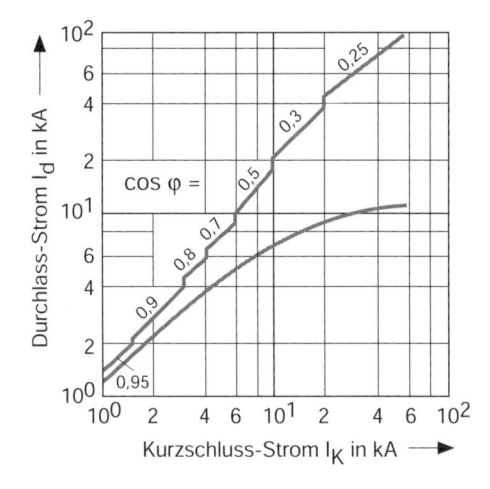

Bild 4.14
Strombegrenzungskennlinie für einen Leistungsschalter (I_r 25 A; I_e = 16–25 A; I_a = 300 A) [4.12]

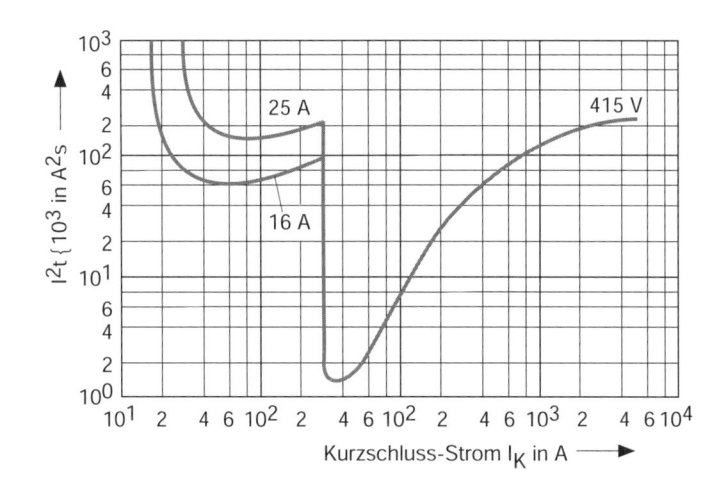

Bild 4.15
I^2T-Kennlinie eines strombegrenzenden Leistungsschalters [4.12]

Hinsichtlich des Ausschaltens müssen nullpunktlöschende und strombegrenzende Leistungsschalter unterschieden werden. Die nullpunktlöschenden Leistungsschalter unterbrechen den Kurzschluss-Strom beim ersten Nulldurchgang nach spätestens 10 ms.

Strombegrenzende Leistungsschalter sind konstruktiv so aufgebaut, dass sie noch vor Erreichen des Stoßkurzschluss-Stromes ausschalten. Analog zu Schmelzsicherungen wird auch für Leistungsschalter eine Strombegrenzungskennlinie angegeben (**Bild 4.14**).

Außerdem werden für strombegrenzende Leistungsschalter die maximalen I^2T-Werte von den Herstellern angegeben (**Bild 4.15**).

Bei nullpunktlöschenden Leistungsschaltern werden die aus einer Sinushalbwelle berechneten I^2T-Stromwärmewerte maximal durchgelassen (**Bild 4.16**).

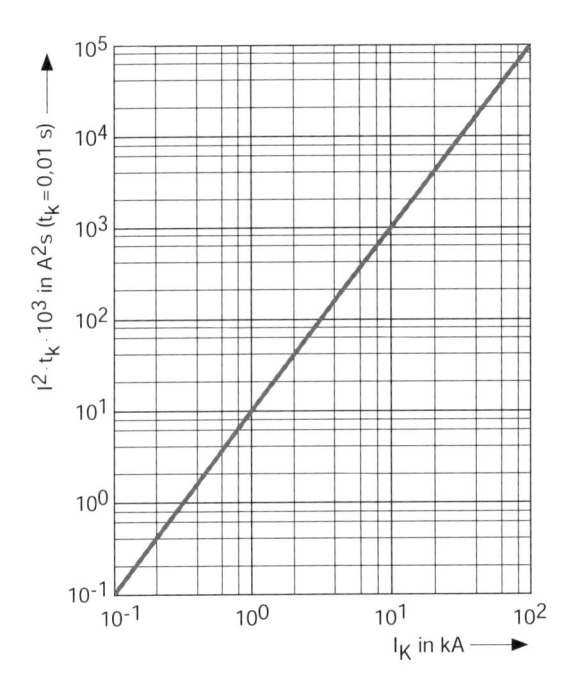

Bild 4.16
I^2T-Kennlinie eines nullpunktlöschenden Leistungsschalters

5 Kurzschluss-Schutz durch Kurzschlussfestigkeit der Betriebsmittel und Anlagen

5.1 Schutz durch Kurzschlussfestigkeit

Die vom Kurzschluss-Strom hervorgerufenen Kraft- und Wärmewirkungen dürfen keine Schäden hervorrufen, die den Bestand oder den Weiterbetrieb der elektrischen Anlage gefährden können.

Die dafür notwendige Kurzschlussfestigkeit der elektrischen Betriebsmittel, Schalt- und Verteilungsanlagen sowie der Kabel und Leitungen wird durch

– eine auf die zu erwartenden Kurzschluss-Ströme abgestimmte Dimensionierung und
– das schnelle bzw. rechtzeitige Ausschalten von Kurzschluss-Strömen

erreicht.

Grundsätzlich gilt:

> **Kurzschlussfestigkeit ist gewährleistet, wenn die vom Hersteller für das Betriebsmittel und die Anlage angegebenen Grenzwerte der Kurzschlussbelastung hinsichtlich der Höhe und der Einwirkdauer nicht überschritten werden.**

Zur Begrenzung der Kurzschlussbeanspruchung bzw. zum Ausschalten der Kurzschluss-Ströme werden Kurzschluss-Schutzeinrichtungen, wie Leitungsschutzsicherungen, Leitungsschutzschalter, Leistungsschalter und Motorschutzschalter eingesetzt. Sie sind vor das zu schützende Betriebsmittel, Gerät oder die Anlage bzw. an den Anfang von Kabeln und Leitungen anzuordnen.

Diese Schaltgeräte müssen den am Einbauort zu erwartenden Kurzschluss-Strom sicher ausschalten können. Dabei darf die Ausschaltzeit nicht größer sein als die zulässige Kurzschlussdauer.

5.2 Maßgebliche Kurzschluss-Ströme

Für die Einschätzung der maximalen Beanspruchung der Betriebsmittel und Anlagen sind im Allgemeinen die größten und im Besonderen für den Leitungsschutz auch die kleinsten Kurzschluss-Ströme maßgebend. Beide Grenzwerte sind auch zur Bestimmung der Bemessungswerte der Kurzschluss-Schutzeinrichtungen sowie der Einstellwerte an den Auslösern erforderlich.

Zur Überprüfung des Schaltvermögens wird der höchste Kurzschluss-Strom an der Einbaustelle des Schalters herangezogen.

Die Berechnung der Kurzschluss-Ströme einschließlich der Besonderheiten bei der Ermittlung der größten und kleinsten Kurzschluss-Ströme ist im Abschnitt 3.2.5 dargestellt.

5.3 Begrenzung der Höhe und Dauer der Kurzschluss-Ströme

Die zu erwartende Beanspruchung einer elektrischen Anlage bei Kurzschluss wird durch die Auswahl und die Bemessung der Betriebsmittel sowie die Netzgestaltung mit den dann möglichen Schaltzuständen beeinflusst.

Mit dem Ziel, die Kurzschlussbeanspruchung zu verringern, und der Kenntnis, dass der Effektivwert des Kurzschluss-Stromes die thermische und der Spitzenwert die mechanische Beanspruchung der Betriebsmittel hervorrufen, gibt es folgende Möglichkeiten, die Höhe und Dauer des Kurzschluss-Stromes zu begrenzen:

Den *Effektivwert des Kurzschluss-Stromes*, wenn möglich,
  – durch die Auswahl von Betriebsmitteln mit höherer Kurzschlussimpedanz (z. B. kleinere Transformator-Bemessungsleistung, geringerem Leitungsquerschnitt) zu vermindern und
  – einen Schaltzustand zu schaffen, der eine erhöhte Kurzschlussimpedanz zur Folge hat (z. B. bei parallel geschalteten Transformatoren ist nur einer im Betrieb, Ringnetz offen betreiben).

Den *Spitzenwert des Kurzschluss-Stromes*,
  – durch strombegrenzende Leistungsschalter
  – oder Schmelzsicherungen herabzusetzen.

Im ersten Stromanstieg, nach wenigen Millisekunden, unterbricht das Schaltgerät vor dem Erreichen des Stoßkurzschluss-Stromes den Kurzschluss-Strom. Als Spitzenwert tritt nur der so genannte Durchlass-Strom auf, der im Vergleich zum Stoßkurzschluss-Strom eine wesentlich geringere mechanische Beanspruchung zur Folge hat.

Durch das schnelle Ausschalten wird natürlich auch die thermische Beanspruchung stark begrenzt.

Die Realisierung der aufgezeigten Möglichkeiten ist aber durch Forderungen nach Versorgungszuverlässigkeit mit den damit verbundenen Selektivitätskriterien oft erschwert oder nicht möglich.

5.4 Bemessung der Betriebsmittel und Anlagen auf Kurzschlussfestigkeit

5.4.1 Bemessungskriterium

Elektrotechnische Betriebsmittel und Anlagen müssen so ausgewählt werden, dass sie der hervorgerufenen mechanischen Kraftwirkung und eine bestimmte Zeit der thermischen Beanspruchung bei einem Kurzschluss standhalten. Die für das Schalten von Kurzschluss-Strömen eingesetzten Kurzschluss-Schutzeinrichtungen bzw. Schaltgeräte müssen in der Lage sein, den Schaltvorgang sicher auszuführen, ohne dabei selbst beschädigt bzw. zerstört zu werden.

Grundsätzlich muss folgende Überprüfung durchgeführt werden:

> **Die vom Hersteller angegebene Kurzschlussfestigkeit muss stets gleich/größer sein als die am Betriebsmittel bzw. elektrischen Anlage auftretende maximale Kurzschlussbeanspruchung:**
>
> **Kurzschlussfestigkeitswert ≥ Kurzschlussbeanspruchung**

Die Kurzschlussbeanspruchung wird durch die Berechnung oder die Messung der entsprechenden Kurzschlussgrößen ermittelt.

5.4.2 Bemessung auf mechanische Kurzschlussfestigkeit

Die maximal auftretende Kraftwirkung F in elektrischen Anlagen wird durch den größten Spitzenwert des Kurzschluss-Stromes, den Stoßkurzschluss-Strom i_p oder den Durchlass-Strom i_d, hervorgerufen. Dabei steigt die Kraftwirkung proportional zum Quadrat des Stromes: $F \sim i_p^2$.

Beeinflusst werden kann die zu erwartende mechanische Beanspruchung einer Schaltanlage oder einer Leitungsanordnung durch die Veränderung der geometrischen Größen:

– Befestigungsabstand des Strom führenden Leiters l und
– Abstand der Leiter a voneinander.

Die Kraftwirkung wird geringer, wenn der Befestigungsabstand verkleinert und/oder der Leiterabstand vergrößert wird.

Mit der noch zu berücksichtigenden Permeabilitätskonstanten $\mu_0 = 4\Pi \cdot 10^{-7}$ Vs/Am kann die höchste Kraftwirkung von zwei mit dem Stoßkurzschluss-Strom i_p durchflossenen Leitern und dessen Abhängigkeit verdeutlicht werden:

$$F = \frac{\mu_0}{2 \cdot \pi} \cdot i_p^2 \cdot \frac{l}{a} \approx i_p^2 \cdot \frac{l}{a}. \tag{5.1}$$

Eine Berechnung der zulässigen Beanspruchung wird dem Praktiker erspart, weil die Hersteller elektrischer Betriebsmittel und Anlagen die mechanische Kurzschlussfestigkeit durch den Bemessungs-Stoßstrom I_{pr} angeben. Nur in Ausnahmefällen, z. B. bei Eigenkonstruktionen von Stromschienen, ist eine Ermittlung der zulässigen Kurzschlussbeanspruchung nötig. Deshalb wird nachfolgend auf das in [5.1] dargestellte, recht aufwendige Verfahren verzichtet.

> **Die mechanische Kurzschlussfestigkeit ist gewährleistet, wenn der Bemessungs-Stoßstrom I_{pr} eines Betriebsmittels oder einer elektrischen Anlage gleich/größer dem tatsächlichen bzw. berechneten Stoßkurzschluss-Strom i_p oder dem Durchlass-Strom i_d der Kurzschluss-Schutzeinrichtung ist:**
>
> $$I_{pr} \geq i_p \quad \text{oder} \quad I_{pr} \geq i_d. \tag{5.2}$$

Beim Einsatz von strombegrenzenden Schutzeinrichtungen und der dadurch bedingten sehr kurzen Ausschaltzeit von $T_a < 5$ ms bei hohen Kurzschluss-Strömen ist die mechanische Kurzschlussfestigkeit der elektrischen Anlagen in Gebäuden in der Regel gewährleistet.

5.4.3 Bemessung auf thermische Kurzschlussfestigkeit

Mit einem Stromfluss ist immer eine Erwärmung der elektrischen Leiter und Betriebsmittel verbunden. Die erzeugte Wärme ist von der Höhe des Quadrates des Stromes, des ohmschen Widerstandes und der Stromflussdauer abhängig. Beim Überschreiten von Grenztemperaturen werden die Eigenschaften der elektrischen Leiter, der Isolierstoffe und der Betriebsmittel verändert oder zerstört. Da die Temperaturerhöhung bei bestimmten Material- und Umgebungsbedingungen unmittelbar von der Höhe des Stromes abhängt, werden folgende Grenzwerte für den elektrischen Strom oder die Stromdichte:

– der Bemessungs-Kurzzeitstrom $I_{\text{th}r}$ oder die Bemessungs-Kurzzeitstromdichte $S_{\text{th}r}$ und (bezogen auf eine definierte Einwirkzeit)
– die Bemessungs-Kurzzeit T_{kr}

angegeben.

Werte für den Bemessungs-Kurzzeitstrom $I_{\text{th}r}$ bzw. die Bemessungs-Kurzzeitstromdichte $S_{\text{th}r}$ werden durch die Hersteller oder in Normen in Form von Tabellen und Bildern angegeben. Eine Zusammenstellung einiger typischer Angaben sind in den Tafeln 5.1 bis 5.3 und Bild 5.15 dargestellt.

Die Bemessungs-Kurzzeit T_{kr} beträgt in der Regel eine Sekunde.

Bei der Überprüfung der thermischen Kurzschlussfestigkeit von Betriebsmitteln wird der tatsächlich fließende, maßgebliche Strom, der thermisch gleichwertige Kurzschluss-Strom I_{th} bzw. die thermisch gleichwertige Kurzschluss-Stromdichte S_{th}, mit dem Festigkeitswert des Herstellers verglichen.

Die Kurzschlussfestigkeit ist allgemein gewährleistet, wenn

$$I_{\text{th}r} \geq I_{\text{th}} \quad \text{bzw.} \quad S_{\text{th}r} \geq S_{\text{th}} \quad \text{für} \quad T_{\text{kr}} \geq T_k. \tag{5.3}$$

Wenn bei Betriebsmitteln die Bemessungs-Kurzzeit T_{kr} kleiner ist als die Kurzschlusszeit T_k, muss die Bemessungsgröße auf die tatsächliche Kurzschlussdauer umgerechnet werden.

Dann lautet die Bedingung:

$$I_{\text{th}r}\sqrt{\frac{T_{\text{kr}}}{T_k}} \geq I_{\text{th}} \quad \text{bzw.} \quad S_{\text{th}r}\sqrt{\frac{T_{\text{kr}}}{T_k}} \geq S_{\text{th}} \quad \text{für} \quad T_{\text{kr}} < T_k. \tag{5.4}$$

Für Kabel und Leitungen erfolgt die Umrechnung für eine Kurzschlussdauer $T_k \geq 0{,}1$ s.

Beispiel 5.1:
Thermische Kurzschlussfestigkeit von Betriebsmitteln
Für ein Betriebsmittel wird ein Bemessungs-Kurzzeitstrom $I_{\text{th}r} = 40$ kA bezogen auf eine Bemessungs-Kurzzeit $T_{\text{kr}} = 1$ s angegeben. Der thermisch gleichwertige Kurzschluss-Strom wurde mit $I_{\text{th}} = 50$ kA ermittelt. Die Kurzschlusszeit beträgt a) $T_k = 1{,}5$ s und b) $T_k = 0{,}5$ s.

Ist das Betriebsmittel thermisch kurzschlussfest?

a) $T_k > 1$ s; Überprüfung der Bedingung (5.4):

$$T_{\text{kr}} < T_k \quad \Rightarrow \quad 40 \text{ kA} \sqrt{\frac{1 \text{ s}}{1{,}5 \text{ s}}} = 32{,}7 \text{ kA} < I_{\text{th}} = 50 \text{ kA}. \qquad \text{Nein!}$$

b) $T_k < 1$ s; Überprüfung der Bedingung (5.3):

$$T_{\text{kr}} \geq T_k \quad \Rightarrow \quad I_{\text{th}r} = 40 \text{ kA} < I_{\text{th}} = 50 \text{ kA}. \qquad \text{Nein!}$$

5.4.4 Kurzschlussfestigkeit durch ein ausreichendes Schaltvermögen

Schaltgeräte müssen neben der mechanischen und thermischen Kurzschlussfestigkeit während des Fließens des Kurzschluss-Stromes und, wenn dafür vorgesehen, auch für das Schalten, insbesondere für das sichere Unterbrechen des Fehlerstromes, bemessen sein.

Das vom Hersteller angegebene Bemessungs-Ausschaltvermögen I_{ar} muss gleich/größer der Kurzschluss-Strombeanspruchung des Schalters oder der Sicherung ermittelt als Ausschaltwechselstrom I_a sein:

$$I_{ar} \geq I_a. \tag{5.5}$$

Beim Einschalten auf einen Kurzschluss, wie es mit Last- und Leistungsschaltern möglich ist, muss das Bemessungs-Kurzschlusseinschaltvermögen I_{cm} gleich/größer dem Stoßkurzschluss-Strom i_p sein:

$$I_{cm} \geq i_p \,. \tag{5.6}$$

5.5 Nachweis der Kurzschlussfestigkeit von Betriebsmitteln und Anlagen

Die Kurzschlussfestigkeit muss grundsätzlich bei allen Betriebsmitteln und Anlagen gewährleistet sein.

In jedem Fall ist die Fachkraft für einen sicheren Kurzschluss-Schutz verantwortlich.

Aber nicht für jeden Anwendungsfall ist eine Aussage zur notwendigen Genauigkeit und zum Aufwand möglich. Ein Abwägen zwischen den Möglichkeiten sowie Notwendigkeiten des Kurzschluss-Schutzes und den zu erwartenden Kosten bleibt dem Planer nicht erspart.

Es ist sicherlich ein Unterschied, ob durch Kurzschlusseinwirkung ein Stromwandler oder ein langes, in Erde gelegtes Kabel zerstört wird und ersetzt werden muss. Der Aufwand und die Kosten für das Auswechseln eines Kabels oder eines Transformators sind wesentlich höher.

In solchen Fällen ist eine Kurzschlussbelastung bis an die Grenze der vom Hersteller angegebenen Kurzschluss-Bemessungsgröße besonders zu überprüfen.

Es ist sicherlich überflüssig darauf hinzuweisen, dass die Eigenverantwortlichkeit dem Planer und Prüfer nicht abgenommen werden kann.

Oberster Grundsatz muss es immer sein, dass bei einem Kurzschluss keine Personen gefährdet werden und die Festlegungen in Gesetzen sowie Verordnungen zum Brandschutz berücksichtigt werden.

5.5.1 Kabel und Leitungen

Anordnung der Schutzeinrichtungen für den Schutz bei Kurzschluss

Der Schutz bei Überlast und Kurzschluss besteht darin, dass Kabel und Leitungen sowie das Zubehör einschließlich Befestigungsmaterial so ausgewählt, angeordnet und befestigt werden, dass die im Betrieb zu erwartenden elektrischen Beanspruchungen die in der Nähe befindlichen Personen, die Anlagen und die Umgebung nicht gefährden.

Als Kurzschluss-Schutzeinrichtungen können Leitungsschutzsicherungen, Leitungsschutzschalter und Leistungsschalter eingesetzt werden.

Die Kurzschluss-Schutzeinrichtung wird immer an den Anfang der zu schützenden Leitung gesetzt. Das Überlastorgan darf dann entsprechend **Bild 5.1** beliebig auf der Leitungsstrecke angeordnet werden, wenn Abzweige oder Steckvorrichtungen nicht vorhanden sind.

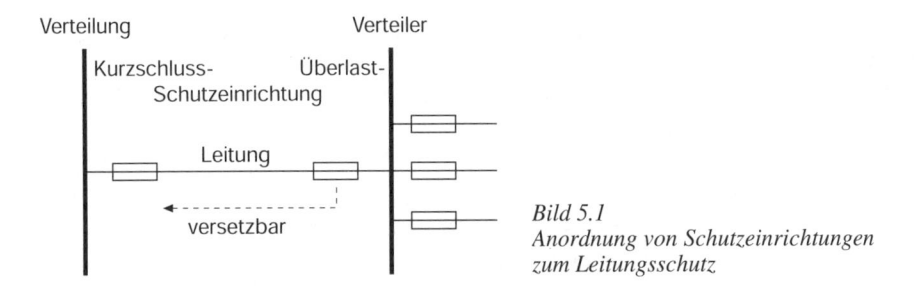

*Bild 5.1
Anordnung von Schutzeinrichtungen zum Leitungsschutz*

Häufig wird der Schutz bei Kurzschluss und bei Überlast durch eine gemeinsame Schutzeinrichtung am Anfang der Leitung erfüllt. Die ausgewählte Schutzeinrichtung für Überlast muss den an der Einbaustelle zu erwartenden Kurzschluss-Strom beherrschen. Dann sind gesonderte Betrachtungen zum Kurzschluss-Schutz nicht erforderlich.

Allerdings hat eine getrennte Anordnung der Überlast- und Kurzschlussorgane den Vorteil, dass der Bemessungsstrom des Kurzschlussorgans höher gewählt werden kann.

Der Schutz bei Kurzschluss für Kabel und Leitungen ist immer dann nach DIN VDE 0100 Teil 430 [5.2] erforderlich, wenn

– Leitungsschutzsicherungen nicht am Anfang der Leitungsstrecke als Überlastschutz angeordnet sind,
– Leitungsschutzschalter oder Leistungsschalter als Schutzeinrichtung vorhanden sind,
– Überlastorgane nicht vorgesehen sind,
– bei Querschnittsminderung oder
– durch eine Änderung der Leiterisolierung

die Kurzschlussfestigkeit nicht gewährleistet ist.

Die Schutzeinrichtung zum Schutz bei Kurzschluss darf im Zuge der zu schützenden Leitungsstrecke (außer in feuer- und explosionsgefährdeten Räumen) zwischen einer Querschnittsminderung oder sonstigen Änderung und der Schutzeinrichtung maximal um 3 m versetzt werden, wenn

– die Gefahr eines Kurzschlusses (z. B. durch einen verstärkten Schutz der Leitung gegen äußere Einflüsse) und
– die Gefahr von Feuer und Personenschäden

auf ein Mindestmaß beschränkt ist.

Nachweis der thermischen Kurzschlussfestigkeit

Beanspruchung und Grenzwerte

Für den normalen Betrieb sind für Kabel und Leitungen dauernd zulässige Leitertemperaturen angegeben. Höhere Leitertemperaturen rufen immer eine Schädigung der Isolierung hervor und verkürzen die Lebensdauer der Kabel. Trotzdem ist im Kurzschlussfall, der ja nicht so häufig auftritt, kurzzeitig eine höhere so genannte Kurzschlussendtemperatur zulässig. Wird aber diese Temperatur am Leiter überschritten, verformt sich die Isolierung derart plastisch, dass sich die Dicke der Isolierung verringert und die Isolierung nicht mehr vollwertig ist. Besonders an den Befestigungspunkten, wo mechanische Kräfte wirken, bilden sich Schwachstellen aus.

Dauernd zulässige Betriebstemperaturen und kurzzeitig zulässige Kurzschlussendtemperaturen für verschiedene Leiterisolierungen sind in den **Tafeln 5.1** und **5.2/CD-ROM** angegeben.

> **Grundsätze für den Schutz bei Kurzschluss von Kabeln und Leitungen:**
>
> 1. **Die Kurzschlussendtemperatur darf an den Leitern von Kabeln und Leitungen nicht überschritten werden!**
> 2. **Kabel und Leitungen dürfen maximal bis 5 s mit dem Kurzschluss-Strom beansprucht werden!**

Zur Überprüfung der thermischen Kurzschlussfestigkeit ist nach den beiden Grundsätzen nicht nur die Kenntnis des größten Kurzschluss-Stromes nötig, sondern auch der erforderliche Mindestkurzschluss-Strom $I_{k\,erf}$, der die Ausschaltung nach spätestens 5 s garantiert.

5.5 Nachweis der Kurzschlussfestigkeit von Betriebsmitteln und Anlagen

Tafel 5.1 Maximal zulässige Betriebs- und Kurzschlussendtemperaturen sowie die Bemessungs-Kurzzeitstromdichte für Kabel mit Kupferleitern [5.3]

Bauart	zulässige Betriebs-temperatur °C	zulässige Kurzschluss-temperatur °C	Leitertemperatur zu Beginn des Kurzschlusses in °C								
			90	80	70	65	60	50	40	30	20
			Bemessungs-Kurzzeitstromdichte $S_{th\,r}$(1 s) in A/mm²								
Weichlot-verbindungen	–	160	100	108	115	119	122	129	136	143	150
VPE-Kabel	90	250	143	149	154	157	159	165	170	176	181
PE-Kabel	70	150	–	–	109	113	117	124	131	138	145
PVC-Kabel ≤ 300 mm² > 300 mm²	 70 70	 160 140	 – –	 – –	 115 103	 119 107	 122 111	 129 118	 136 126	 143 133	 150 140
Masse-Kabel Gürtelkabel 0,6/1 bis 3,6/6 kV 6/10 kV	 80 65	 180 165	 – –	 119 –	 126 –	 129 121	 132 125	 139 132	 145 138	 151 145	 158 152
Einadrige-, Dreimantel- und H-Kabel 0,6/1 bis 3,6/6 kV 6/10 kV 12/20 kV 18/30 kV	 80 70 65 60	 180 170 155 140	 – – – –	 119 – – –	 126 120 – –	 129 124 116 –	 132 127 119 111	 139 134 127 118	 145 141 134 126	 151 147 141 133	 158 154 147 140

Es ist deshalb angebracht, den Nachweis der thermischen Kurzschlussfestigkeit bei Kabel und Leitungen bezogen auf die Kurzschlussdauer in zwei Anwendungsfälle zu unterteilen:

– T_k = 0,1 bis 5 s (Sie soll nicht überschritten werden.) und
– T_k < als 0,1 s.

Ab einer Kurzschlussdauer von 0,1s wird die Überprüfung der thermischen Kurzschlussfestigkeit mittels der **Zeit/Strom-Kennlinie** der Schutzeinrichtung vorgenommen.

Ist die Kurzschlussdauer kleiner als 0,1 s, machen sich Ausgleichsvorgänge im Betrag des Kurzschluss-Stromes bemerkbar. Bei der sehr schnellen Abschaltung durch strombegrenzende Schutzeinrichtungen wird der Sinuscharakter des Kurzschluss-Stromes gänzlich verformt, und die Angabe des Stromes als Effektivwert ist nicht nur unmöglich sondern auch falsch. Die Zeit/Strom-Kennlinien geben deshalb auch keine Ströme für Abschaltzeiten unter 0,1 s mehr an. Die Überprüfung der Kurzschlussfestigkeit erfolgt dann mit dem **Stromwärmewert I^2T**.

Die Wahl, nach welcher Methode die thermische Kurzschlussfestigkeit überprüft wird, ist mit der Zeit/Strom-Kennlinie der Kurzschluss-Schutzeinrichtung möglich. Erkennen kann man anhand des ermittelten Kurzschluss-Stromes, ob die Ausschaltzeit T_a bzw. Kurzschluss-dauer T_k unter 0,1 s liegt. Bei Kurzschlussauslösern gilt die eingestellte Ausschaltzeit. Strombegrenzende Schutzeinrichtungen erfordern den Stromwärmewert als Nachweisgröße.

Schutz bei kleinen Kurzschluss-Strömen (Die Kurzschlussdauer liegt im Bereich von T_k = 0,1 s bis 5 s)
Das Unterbrechen von relativ geringen Kurzschluss-Strömen bei Abschaltzeiten von 0,1 s bis 5 s ist von Schmelzsicherungen und Leistungsschaltern mit entsprechend eingestellten

Kurzschlussauslösern möglich. Die nachfolgenden Darstellungen gelten nicht für Leitungsschutzschalter, da diese schon beim Mindestkurzschluss-Strom mit einer kleineren Zeit als 0,1 s ausschalten.

Der Nachweis der Kurzschlussfestigkeit von Kabeln und Leitungen kann grundsätzlich durch folgende Verfahren erfolgen:

a) Der auf die Kurzschlussdauer T_k umgerechnete Bemessungs-Kurzzeitstrom I_{thr} ist nicht kleiner als der thermisch gleichwertige Kurzschluss-Strom I_{th} oder
die auf die Kurzschlussdauer T_k umgerechnete Bemessungs-Kurzzeitstromdichte S_{thr} ist nicht kleiner als die thermisch gleichwertige Kurzschluss-Stromdichte S_{th}:

$$I_{thr}\sqrt{\frac{T_{kr}}{T_k}} \geq I_{th} \quad \text{bzw.} \quad S_{thr}\sqrt{\frac{T_{kr}}{T_k}} \geq S_{th}. \tag{5.7}$$

b) Die zulässige Kurzschlussdauer T_{kzul} ist gleich der oder größer als die Kurzschlussdauer T_k:

$$T_{kzul} = \left(S_{thr} \cdot \frac{q}{I_k}\right)^2 \cdot T_{kr} \geq T_k. \tag{5.8}$$

Wenn diese Formel nach dem Querschnitt q umgestellt wird, kann der mindestens erforderliche Querschnitt q ermittelt werden, der nicht größer als der gewählte Querschnitt q_n sein darf:

$$q_n \geq q = \frac{I_k}{S_{thr}} \cdot \sqrt{\frac{T_{kr}}{T_k}}. \tag{5.9}$$

Die tatsächliche Kurzschlussdauer T_k darf nicht größer sein als 5 s. Ist dies der Fall, kann durch die Wahl einer geringeren Bemessungsstromstärke der Schutzeinrichtung die Abschaltzeit verkürzt werden.

In **Tafel 5.3** sind die Bemessungs-Kurzzeitstromdichten S_{thr} für unterschiedliche Leiterisolierungen für den Fall zusammengefasst, dass die Leitertemperatur gleich der zulässigen Betriebstemperatur ist. Diese Werte sind bei unbekannter Leitertemperatur immer anzunehmen. Für andere Leitertemperaturen steht der Wert in den Tafeln 5.1 oder 5.2 zur Verfügung.

Tafel 5.3 Bemessungs-Kurzzeitstromdichte S_{thr} in A/mm² bezogen auf 1 s

Leiterwerkstoff	Isolierstoff				
	Polyvinylchlorid PVC	Vernetztes Polyethylen VPR/Ethylen-Propylen-Kautschuk EPR	Butyl-Kautschuk IIK	Gummi G	Weichlotverbindungen
Al	76	94	89	87	
Cu	115	143	134	141	115

c) Die thermische Kurzschlussfestigkeit ist gewährleistet, wenn die Grenztemperaturkennlinie der zu schützenden Leitung im möglichen Kurzschluss-Strombereich über der oberen Grenzkurve der Schutzeinrichtung liegt und dabei die Kurzschlussdauer T_k von 5 s nicht überschritten wird (**Bild 5.2**).

Bei diesem grafischen Verfahren werden auf doppel-logarithmischen Papier die Kennlinien eingetragen und verglichen.

Die Zeit/Strom-Kennlinien von gG-Schmelzeinsätzen sind den Bildern 4.3a) und b) zu entnehmen.

5.5 Nachweis der Kurzschlussfestigkeit von Betriebsmitteln und Anlagen

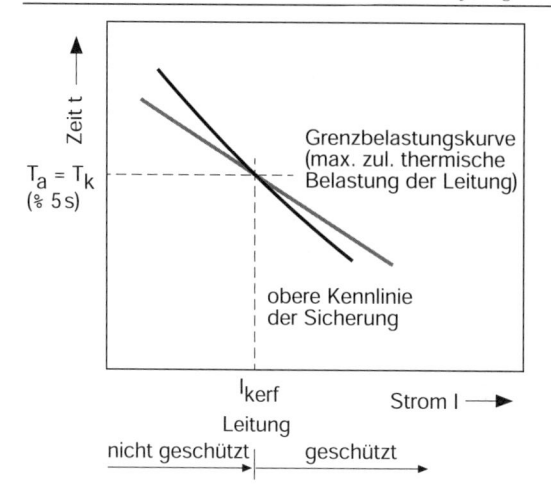

Bild 5.2
Schutz von Kabeln und Leitungen durch Sicherungen

Die Werte für die Grenztemperaturkennlinie bzw. die Kurzschluss-Strombelastbarkeit I_{th} werden mit der Gleichung

$$I_{th} = S_{thr} \cdot q_n \cdot \sqrt{\frac{1\,s}{T_k}} \qquad (5.10)$$

berechnet und stehen in den **Tafeln 5.4** und **5.5/CD-ROM** für PVC-Kabel mit Kupfer- und Aluminiumleiter für eine Reihe von Abschaltzeiten von 0,1 s bis 5 s zur Verfügung.

Im **Bild 5.3** sind die Grenztemperaturkennlinien für PVC-Kabel und die obere Kennlinie von gG-Schmelzeinsätzen zur schnellen Überprüfung eingezeichnet.

Analog Bild 5.2 muss bei der Verwendung von Leistungsschaltern die Auslösekennlinie eingezeichnet werden. Die waagerechte Kennlinie beginnt dabei beim Einstellwert des Auslösers.

Beispiel 5.2:
Kurzschlussfestigkeit eines PVC-Kabels durch eine Sicherung oder einen Leistungsschalter

Schutz durch einen gG-100A-Schmelzeinsatz. Der größte Kurzschluss-Strom an einem Kabel NYY-J 4 × 25 mm² beträgt I_{k3} = 1 kA.

Das Kabel wird mit einer gG-Sicherung 100 A abgesichert.

Aus der Zeit/Strom-Kennlinie im Bild 4.3a wird an der oberen Grenzkurve eine Abschaltzeit bzw. die Kurzschlussdauer T_k = 0,4 s ermittelt.

Da es sich um einen generatorfernen Kurzschluss handelt und der Stoßfaktor κ dadurch klein ist, kann der thermisch gleichwertige Kurzschluss-Strom gleich dem dreipoligen Kurzschluss-Strom angenommen werden.
Vorgehensweise:
Zu a) Werden die angegebenen Werte in Formel (5.7) eingesetzt, zeigt sich, dass das Kabel thermisch kurzschlussfest ist:

$$2{,}875\,kA \sqrt{\frac{1\,s}{0{,}4\,s}} = 4{,}55\,kA > I_{th} = I_k = 1\,kA.$$

Tafel 5.4 Kurzschluss-Strombelastbarkeit I_{th} in A von PVC-Kupferkabeln in Abhängigkeit von der Kurzschlussdauer T_k (Bei $T_k = 1$ s ist $I_{th} = I_{thr}$)

q_n in mm² / T_k in s	1,5	2,5	4	6	10	16	25	35	50	70	95	120	150	185	240	300	400	500
0,1	545	909	1455	2182	3637	5819	9092	12728	18183	25456	34548	43639	54549	67277	87279	109099	145465	181831
0,2	386	643	1029	1543	2571	4114	6429	9000	12857	18000	24429	30858	38572	47572	61715	77144	102859	128574
0,3	315	525	840	1260	2100	3359	5249	7349	10498	14697	19946	25195	31494	38843	50390	62988	83984	104980
0,5	244	407	651	976	1626	2602	4066	5692	8132	11384	15450	19516	24395	30087	39032	48790	65054	81317
0,8	193	321	514	771	1286	2057	3214	4500	6429	9000	12215	15429	19286	23786	30858	38572	51430	64287
1	173	288	460	690	1150	1840	2875	4025	5750	8050	10925	13800	17250	21275	27600	34500	46000	57500
1,5	141	235	376	563	939	1502	2347	3286	4695	6573	8920	11268	14085	17371	22535	28169	37559	46949
2	122	203	325	488	813	1301	2033	2846	4066	5692	7725	9758	12198	15044	19516	24395	32527	40659
2,5	109	182	291	436	727	1164	1818	2546	3637	5091	6910	8728	10910	13455	17456	21820	29093	36366
3	100	166	266	398	664	1062	1660	2324	3320	4648	6308	7967	9959	12283	15935	19919	26558	33198
3,5	92	154	246	369	615	984	1537	2151	3074	4303	5840	7376	9221	11372	14753	18441	24588	30735
4	86	144	230	345	575	920	1438	2013	2875	4025	5463	6900	8625	10638	13800	17250	23000	28750
4,5	81	136	217	325	542	867	1355	1897	2711	3795	5150	6505	8132	10029	13011	16263	21685	27106
5	77	129	206	309	514	823	1286	1800	2571	3600	4886	6172	7714	9514	12343	15429	20572	25715

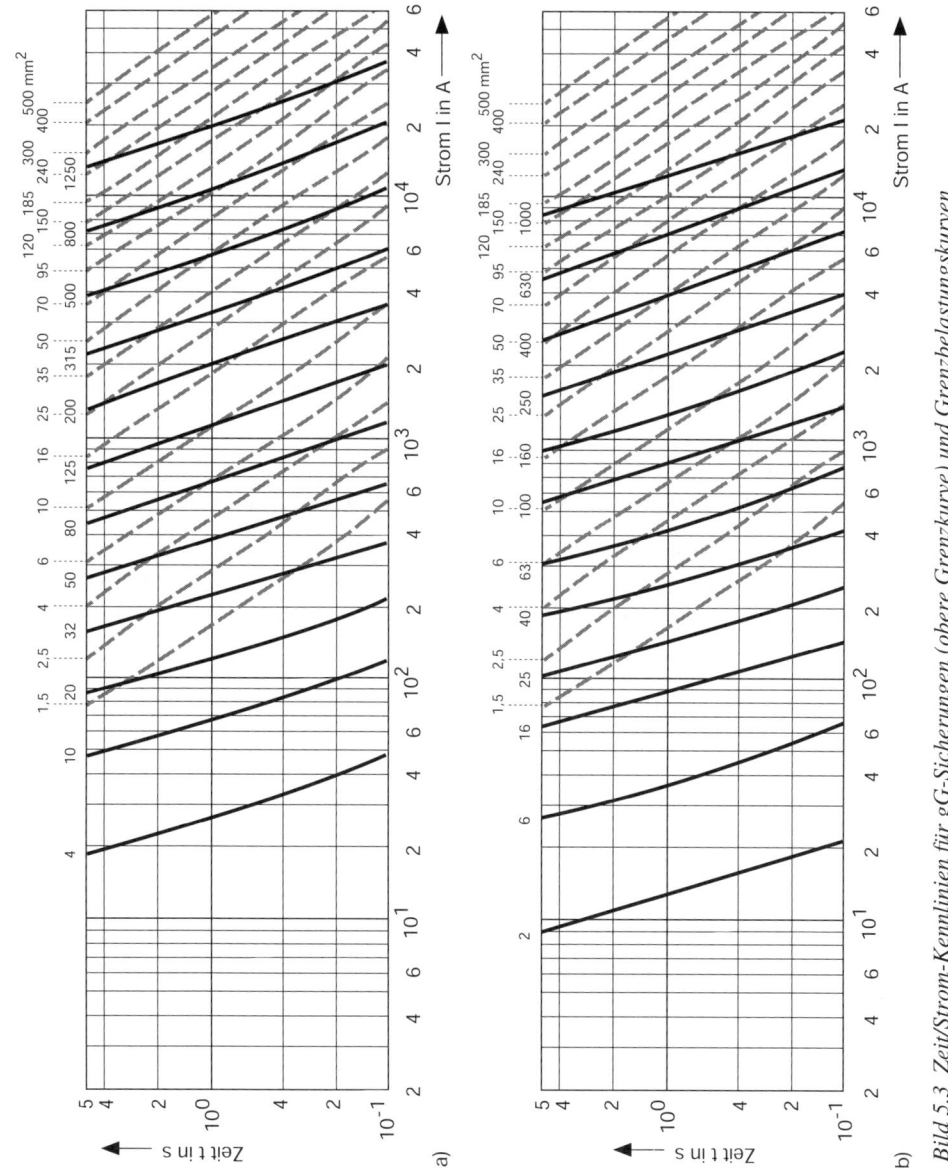

Bild 5.3 Zeit/Strom-Kennlinien für gG-Sicherungen (obere Grenzkurve) und Grenzbelastungskurven
a) PVC-Kupferleitungen; b) PVC-Aluminiumleitungen

Zu b) Die gleiche Aussage liefert der Größenvergleich mit Bedingung (5.8):

$$T_{k\,zul} = \left(115\,\frac{A}{mm^2} \cdot \frac{25\,mm^2}{1000\,A}\right)^2 \cdot 1\,s = 2{,}875\,s > T_k = 0{,}4\,s.$$

Alternative Berechnung:
Mit der Formel (5.9) wird der Mindestquerschnitt q berechnet und mit dem gewählten Querschnitt q_n verglichen oder gegebenenfalls bestimmt:

$$q_n = 25\,mm^2 > q = \frac{1000\,A}{115\,A}\,mm^2 \cdot \sqrt{\frac{1\,s}{0{,}4\,s}} = 13{,}75\,mm^2.$$

Zu c) Mit der Darstellung im Bild 5.4 kann ohne Rechnung die Kurzschlussfestigkeit des Kabels überprüft werden.

Da die Grenzbelastungskurve des Kunststoffkabels im gesamten Zeitbereich von 0,1 s bis 5 s rechts von der oberen Kennlinie des 100 A-Schmelzeinsatzes liegt, ist uneingeschränkte Kurzschlussfestigkeit bei Fehlerströmen von 570 A bis 9029 A gegeben.

Schutz durch einen Leistungsschalter. Der Leistungsschalter unterbricht den Kurzschluss-Strom ab 500 A bei $T_a = 0{,}5$ s (Bild 5.4). Die sich mit dieser Kurzschlussdauer ergebenden Werte ähneln den unter a) und b) berechneten und sollen hier nicht weiter untersucht werden.

Abweichend von unter c) ist aber, dass die Auslösekennlinie des Leistungsschalters die Grenzbelastungskurve des Kabels bei ca. 3500 A schneidet. Über diesen Wert des Kurzschluss-Stromes hinaus ist der Schutz nicht mehr gewährleistet.

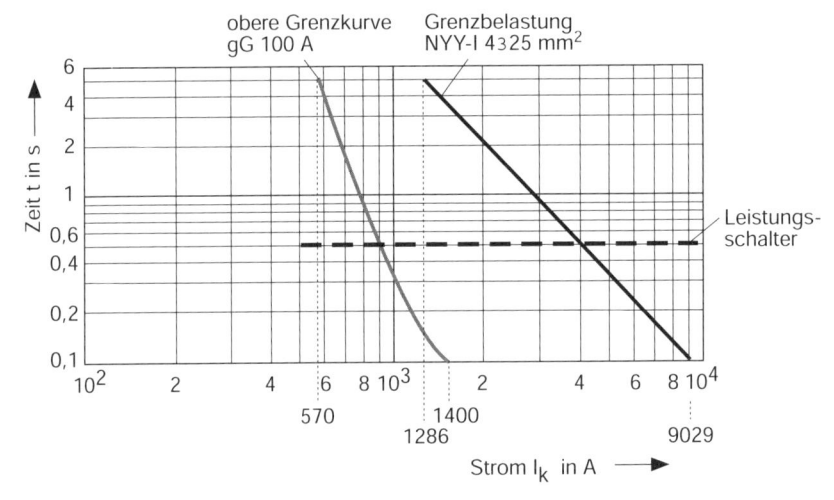

Bild 5.4 Kurzschlussfestigkeit eines PVC-Kabels durch eine Sicherung oder einen Leistungsschalter (Beispiel 5.2)

Schutz bei hohen Kurzschluss-Strömen (Die Kurzschlussdauer T_k ist kleiner als 0,1 s)
Für hohe Kurzschluss-Ströme und Abschaltzeiten $T_a < 0{,}1$ s ist die Ermittlung des Schnittpunktes der Grenztemperaturkennlinie der zu schützenden Leitung und der oberen Grenzkurve der Schutzeinrichtung nicht durchführbar, weil für Schmelzsicherungen und Leitungsschutzschalter die Zeit/Strom-Kennlinien in diesem Bereich nicht definiert sind (**Bild 5.5**).

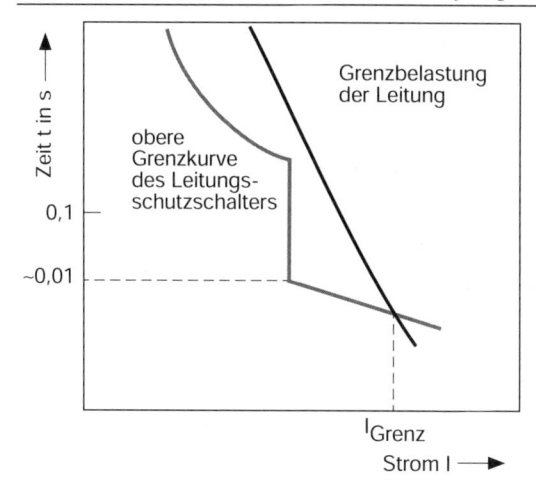

Bild 5.5
Kurzschluss-Schutz durch Leitungsschutzschalter bei hohen Kurzschluss-Strömen

Deshalb wird der Nachweis der Kurzschlussfestigkeit bei hohen Kurzschluss-Strömen durch den Vergleich des Durchlass-I^2T_{max}-Wertes der Schutzeinrichtung mit dem zulässigen $(S_{th\,r} \cdot q_n)^2 \cdot 1$ s-Wert der Leitung vorgenommen. Folgende Bedingung muss erfüllt sein:

$$(I^2T)_{max} \leq (S_{th\,r} \cdot q_n)^2 \cdot 1\,\text{s}. \tag{5.11}$$

Die maximal zulässigen Durchlass-$(I^2T)_{max}$-Werte stehen für gG-Sicherungen in Tafel 4.1 und für Leitungsschutzschalter in den Tafeln 4.3 und 4.4 zur Verfügung. Für Leistungsschalter wird vom Hersteller eine I^2T-Kennlinie angegeben, wie z. B. im Bild 4.15 dargestellt.

Mit der auf den Isolierstoff bezogenen Bemessungs-Kurzzeitstromdichte $S_{th\,r}$ in Tafel 5.3 und dem Nennquerschnitt q_n der Leitung kann der zulässige Wert $(S_{th\,r} \cdot q_n)^2 \cdot 1$ s berechnet werden.

In den **Tafeln 5.6** und **5.7/CD-ROM** sind diese Werte für PVC-isolierte Kabel und Leitungen mit Kupfer- und Aluminiumleiter ausgewiesen.

Beispiel 5.3:
Gewährleistung der Kurzschlussfestigkeit eines PVC-Kabels durch Sicherungen, Leitungsschutzschalter oder Leistungsschalter
Der größte Kurzschluss-Strom an einem Kabel NYY-J 5 × 4 mm² beträgt $I_{k3} = 10$ kA.

Schutz durch einen gG-25A-Schmelzeinsatz. Aus der Zeit/Strom-Kennlinie im Bild 4.3a ist ersichtlich, dass Kurzschluss-Ströme $I_k > 1{,}4$ kA auf jeden Fall eine Abschaltzeit $T_a = T_k < 0{,}1$ s zur Folge haben.

Wenn die Bedingung (5.11) mit dem Ausschalt-I^2T-Wert der 25 A-gG-Sicherung aus Tafel 4.1 und dem $(S_{th\,r} \cdot q_n)^2 \cdot 1$ s aus Tafel 5.6 überprüft wird, ist die thermische Kurzschlussfestigkeit des Kabels bestätigt:

$$I^2T_{max} = 4000\,\text{A}^2\text{s} < (S_{th\,r} \cdot q_n)^2 \cdot 1\,\text{s} = 211\,600\,\text{A}^2\text{s}.$$

Schutz durch einen Leitungsschutzschalter B25. Nach Tafel 4.4 ist für einen Leitungsschutzschalter B25 mit der Energiebegrenzungsklasse 3 der zulässige Durchlass-I^2T-Wert gleich 35 000 A²s. Der Durchlasswert des Leitungsschutzschalters ist auch hier kleiner als der Grenzbelastungswert der Leitung:

$$(I^2T)_{max} = 45\,000\,\text{A}^2\text{s} < (S_{th\,r} \cdot q_n)^2 \cdot 1\,\text{s} = 211\,600\,\text{A}^2\text{s}.$$

Schutz durch einen Leistungsschalter 25 A. Aus Bild 4.15 wird für einen Kurzschluss-Strom $I_k = 10$ kA ein Durchlasswert $(I^2T)_{max} = 120000$ A²s abgelesen:

$$(I^2T)_{max} = 120000 \text{ A}^2\text{s} < (S_{thr} \cdot q_n)^2 \cdot 1\text{s} = 211600 \text{ A}^2\text{s}.$$

Der Kurzschluss-Schutz des PVC-Kabels ist mittels der betrachteten Schutzeinrichtungen gewährleistet.

Beispiel 5.4:
Schutz von Leitungen durch Leitungsschutzschalter mit Vorsicherung
Ein PVC-Kabel mit einem Nenn-Leiterquerschnitt $q_n = 1,5$ mm² soll durch einen Leitungsschutzschalter B16 (Energiebegrenzungsklasse 3) bei Kurzschluss geschützt werden.

Vorgehensweise:
In ein Diagramm mit doppelt-logarithmischer Einteilung (**Bild 5.6**) wird die Grenzbelastung der PVC-Leitung von $(I^2T)_{max} = 29800$ A²s (Tafel 5.6) und die Energiebegrenzung des Leitungsschutzschalters auf $(I^2T)_{max} = 70000$ A²s (Tafel 4.3) eingetragen. Es ergibt sich der Schnittpunkt C bei einem Kurzschluss-Strom $I_k = 5$ kA. Bis zu diesem Kurzschluss-Strom kann der Leitungsschutzschalter den Schutz der Leitung sichern. Ist der Kurzschluss-Strom größer als 5 kA, benötigt der Leitungsschutzschalter mehr Energie zum Ausschalten, als die Leitung verträgt.

Um die Leitung bei hohen Kurzschluss-Strömen zu schützen, die dann größer als das Schaltvermögen des Leitungsschutzschalters sein können, wird eine Schmelzsicherung vorgeordnet. Die Bemessungsstromstärke des Schmelzeinsatzes soll $I_{rSi} = 63$ A betragen. Wird die Stromwärme-Kennlinie des Schmelzeinsatzes in Abhängigkeit vom Kurzschluss-Strom ebenfalls in das Diagramm eingetragen, schneidet sich diese Kurve im Punkt A mit der Grenzbelastung der Leitung bei $I_k = 1,7$ kA. Die Sicherung allein würde ab diesem Strom den Kurzschluss-Sschutz übernehmen. Bis zum Schnittpunkt B übernimmt aber der Leitungsschutzschalter den Schutz, weil er schneller reagiert. Erst bei höheren Kurzschluss-Strömen ab ca. 3 kA gewährleistet die Sicherung den Kurzschluss-Schutz.

Die Bemessungsstromstärke von Hausanschluss-Sicherungen ist oft nicht höher als 63 A. In diesen Fällen gilt:

Für Gebäudeinstallationen ist bei Verwendung von Leiterquerschnitten ab 1,5 mm² Cu und von Leitungsschutzschaltern der Energiebegrenzungsklasse 3 der Nachweis des Kurzschluss-Schutzes nicht erforderlich.

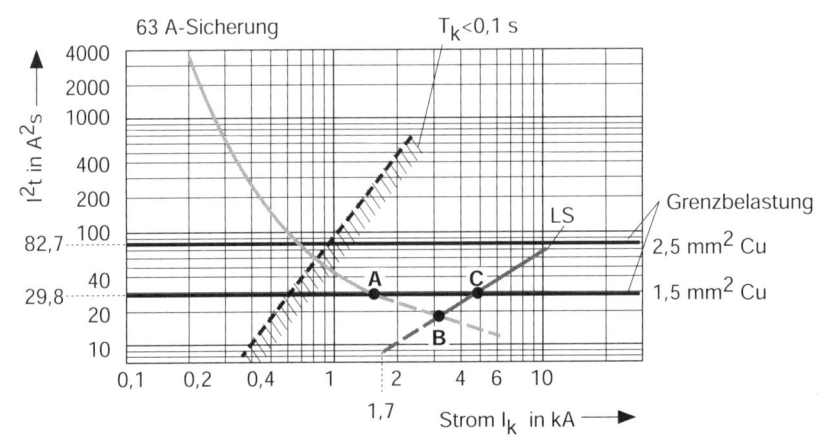

Bild 5.6 Schutz von Leitungen durch Leitungsschutzschalter mit Vorsicherung (Beispiel 5.4)

5.5 Nachweis der Kurzschlussfestigkeit von Betriebsmitteln und Anlagen

Tafel 5.6 $(I^2T)_{max}$- bzw. $(S_{thr} \cdot q_{tn})^2 \cdot 1\,s$-Werte von PVC-isolierten Kupferkabeln und -leitungen

q_n in mm²	VPE in 10³ A²s	PE in 10³ A²s	Gummi in 10³ A²s	PVC in 10³ A²s	IIK in 10³ A²s	Masse/Gürtel in 10³ A²s		Einadrige-, Dreimantel und H-Kabel in 10³ A²s			
						bis 3,6/6kV	6/10kV	bis 3,6/6kV	6/10kV	12/20kV	18/30kV
0,5	5,11	2,97	4,97	3,31	4,49	3,54		3,54			
0,75	11,5	6,68	11,2	7,44	10,1	7,97		7,97			
1,0	20,4	11,9	19,9	13,2	18,0	14,2		14,2			
1,5	46,0	26,7	44,7	29,8	40,4	31,8		31,9			
2,5	127,8	74,3	124,3	82,7	112,2	88,5		88,5			
4	327,2	190,1	318,1	211,6	287,3	226,6		226,6			
6	736,2	427,7	715,7	476,1	646,4	509,8		509,8			
10	2045	1188	198,8	1323	1796	1416		1416			
16	5235	3042	509,0	3386	4597	3625		3625			
25	12781	7426	1243	8266	11222	8851	9151	8851	9000	8410	7701
35	25050	14554	2435	16201	21996	17347	17935	17347	17640	16484	15093
50	51123	29702	4970	33062	44890	35402	36602	35402	36000	33640	30802
70	100200	58217	9742	64802	87984	69389	71741	69390	70560	65934	60373
95	184552	107226	17943	119356	162053	127803	132135	127803	129960	121440	111197
120	294466	171086	28629	190440	258566	203918	210830	203918	207360	193766	177422
150	460102	267322	44732	297562	404010	318622	329422	318622	324000	302760	277222
185	699867	406627	68043	452625	614544	484660	501088	484660	492840	460532	421686
240	1177862	684346	114515	761760	1034266	815674	843322	815674	829440	775066	709690
300	1840410	1069290	177893	1190250	1616040	1274490	1317690	1274490	1296000	1211040	1108890
400	3271840	1900960	318096	1697440	2872960	2265760	2342560	2265760	2304000	2152960	1971360
500	5112250	2970250	497025	2652250	4489000	3540250	3660250	3540250	3600000	3364000	3080250

Nachweis der Kurzschlussfestigkeit mittels des erforderlichen Mindestkurzschluss-Stromes $I_{k\,\text{erf}}$

Der Kurzschluss-Strom darf Kabel und Leitungen nicht über die Kurzschlussendtemperatur erwärmen und nicht länger als 5 s fließen. Dies wird auch durch das Fließen des erforderlichen Mindestkurzschluss-Stromes erreicht. Dann gilt:

Die zulässige Kurzschlussdauer $T_{k\,\text{zul}}$ ist größer als die Ausschaltzeit T_a der Schutzeinrichtung bzw. die Kurzschlussdauer T_k:

$$T_{k\,\text{zul}} \geq T_k \,. \tag{5.12}$$

Diese Forderung ist erfüllt, wenn der kleinste zu erwartende Kurzschluss-Strom gleich/größer dem erforderlichen Mindestkurzschluss-Strom ist:

$$I_{k\,\text{min}} \geq I_{k\,\text{erf}} \,. \tag{5.13}$$

Um diesen Nachweis führen zu können, muss der kleinste zu erwartende Kurzschluss-Strom bestimmt werden.

Die erforderlichen Mindestkurzschluss-Ströme $I_{k\,\text{erf}}$ für verschiedene Leiterisolierungen und -querschnitte sowie für die zugeordneten Schutzeinrichtungen sind in den **Tafeln 5.8** bis **5.15** angegeben (**Tafeln 5.11, 12, 14** und **15** auf **CD-ROM**).

Schmelzsicherungen. Zur Veranschaulichung dieses Sachverhaltes sind im **Bild 5.7** die Grenztemperaturkennlinie einer Leitung und die obere Grenzkurve des Schmelzeinsatzes eingetragen. Der Kennlinienschnittpunkt A gibt sowohl die zulässige Kurzschlussdauer $T_{k\,\text{zul}}$ als auch den erforderlichen Kurzschluss-Strom $I_{k\,\text{erf}}$ an.

Rechts vom Schnittpunkt A ist der Schutz der Leitung gewährleistet. Ist der Kurzschluss-Strom kleiner als der erforderliche Kurzschluss-Strom, schaltet die Sicherung unzulässigerweise nach 5 s oder sogar erst nach dem Überschreiten des Grenztemperaturwertes bzw. der Kurzschlussendtemperatur der Leitung ab.

Wenn der Schnittpunkt der Kennlinien oberhalb der Kurzschlussdauer von 5 s liegt, wird der erforderliche Kurzschluss-Strom bei 5 s an der Grenztemperaturkennlinie abgelesen.

Sollten sich die Kennlinien im weiteren Verlauf wieder schneiden, dann bestimmt dieser Schnittpunkt den maximal zulässigen Kurzschluss-Strom.

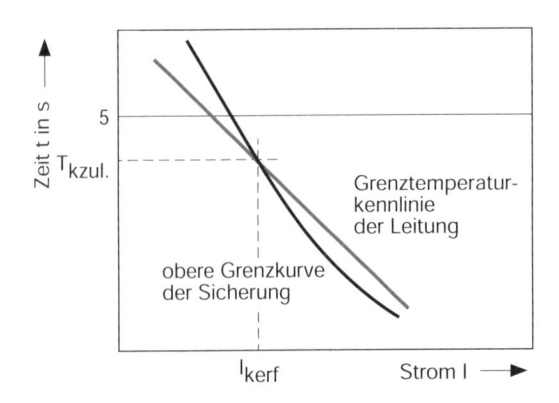

Bild 5.7
Schutz bei Kurzschluss von Leitungen und Kabeln durch den Mindestkurzschluss-Strom

Für alle Anwendungsfälle ist der Mindestkurzschluss-Strom nicht angegeben. Deshalb ist es manchmal erforderlich – wie im nachfolgenden Beispiel 5.5 aufgezeigt – diesen Grenzwert zu ermitteln.

Beispiel 5.5:
Mindestkurzschluss-Strom beim Schutz durch Schmelzsicherungen

In **Tafel 5.8** ist z. B. bei einer Sicherungsbemessungsstromstärke von 25 A nicht durchgängig für alle Querschnitte der gleiche Mindestkurzschluss-Strom angegeben. Abweichend ist bei $q_n = 1{,}5$ mm² $I_{k\,erf} = 135$ A und nicht auch 110 A ausgewiesen.

Wie ist dieser Wert von $I_{k\,erf} = 135$ A begründet?

Tafel 5.8 Erforderliche Mindestkurzschluss-Ströme $I_{k\,erf}$ in A für Kupferleiter, Isolierung PVC und Gummi; Sicherung, Betriebsklasse gG [5.4]

I_{nSi} in A q_n in mm²	6	10	16	20	25	32	40	50	63	80	100
1,5	27	47	65	126	135						
2,5		47	65	85	110	165					
4			65	85	110	150	190	280			
6				85	110	150	190	260	330		
10					110	150	190	260	320	440	
16						150	190	260	320	440	580

Vorgehensweise:
Um die Bedingung (5.12) auf Einhaltung überprüfen zu können, wird zum Vergleich erst einmal für $I_k = 110$ A die Kurzschlussdauer aus der Zeit/Strom-Kennlinie (Bild 4.3a) mit $T_k = 5$ s abgelesen und die zulässige Kurzschlussdauer wie folgt berechnet:

$$T_{k\,zul} = \left(S_{thr} \cdot \frac{q}{I_{k\,erf}} \right)^2 \cdot T_{kr} = \left(115\,\frac{\text{A}}{\text{mm}^2} \cdot \frac{1{,}5\,\text{mm}^2}{110\,\text{A}} \right)^2 \cdot 1\,\text{s} = 2{,}46\,\text{s}.$$

Damit ist $T_{k\,zul} = 2{,}46$ s $< T_k = 5$ s und die Leitung thermisch nicht kurzschlussfest.

Durch die Wahl eines höheren Stromes wird die Kurzschlussdauer kürzer. Dies muss schrittweise durchgeführt werden, bis die Bedingung erfüllt ist.

Bei einer Erhöhung auf $I_k = 120$ A ist die Bedingung ebenfalls noch nicht erfüllt:

$$T_{k\,zul} = 2{,}07\,\text{s} < T_k = 2{,}6\,\text{s}.$$

Erst bei einem $I_k = 135$ A ist $T_{k\,zul} = 1{,}63$ s $> T_k = 1{,}6$ und der erforderliche Kurzschluss-Strom gefunden.

Die grafische Lösung ist im **Bild 5.8** dargestellt.

Leitungsschutzschalter. Für Leitungsschutzschalter sind die oberen Grenzwerte der Auslöseströme bezogen auf den Bemessungsstrom umzurechnen. In der **Tafel 5.9** sind diese erforderlichen Kurzschluss-Ströme für die Charakteristiken B und C angegeben. Des Weiteren sind in den Tafeln 5.13 und 5.14 diese Werte den zu schützenden Leiterquerschnitten zugeordnet.

Tafel 5.9 Auslöseströme in A für den Kurzschluss-Schutz durch Leitungsschutzschalter

I_r in A	0,5	1	2	3	4	6	10	13	16	20	25	32	40	50	63
B (0,1 s–5 s)	–	–	–	–	–	30	50	65	80	100	125	160	200	250	315
C (0,1 s–2 s)	5	10	20	30	40	60	100	130	160	200	250	320	400	500	630

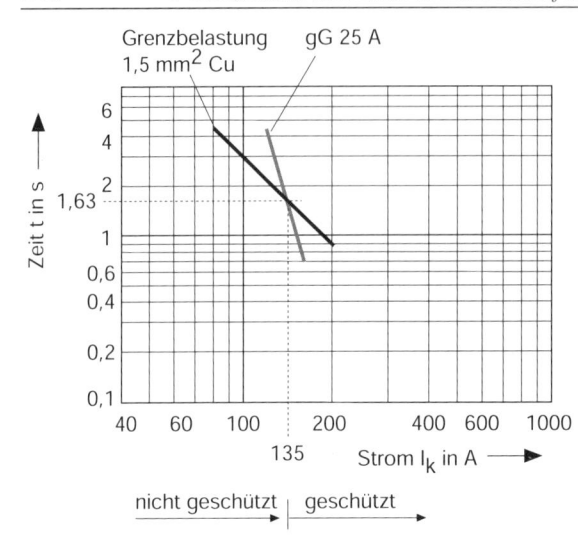

Bild 5.8
Mindestkurzschluss-Strom beim Schutz durch Schmelzsicherungen (Beispiel 5.5)

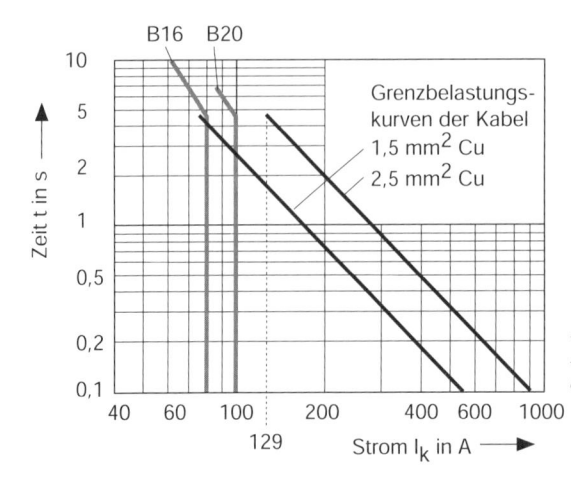

Beispiel 5.6:
Mindestkurzschluss-Strom beim Schutz durch Leitungsschutzschalter

Muss ein Mindestkurzschluss-Strom beachtet werden, wenn eine PVC-isolierte Kupferleitung mit einem Querschnitt $q_n = 1,5$ mm² und $q_n = 2,5$ mm² durch einen Leitungsschutzschalter B16 oder B20 bei Kurzschluss geschützt werden soll?

Vorgehensweise:
In Tafel 5.4 ist für eine Abschaltzeit $T_k = 5$ s eine Kurzschlussbelastbarkeit $I_{th} = 77$ A angegeben. Der Kurzschlussauslöser eines Leitungsschutzschalters B16 reagiert aber erst nach Tafel 5.13 bei $I_k = 80$ A. Dies bedeutet, dass der Kurzschluss-Schutz bei Strömen zwischen 77 A und 80 A nicht gewährleistet ist. Beim Einsatz eines Leitungsschutzschalter B20 liegt der ungeschützte Bereich bei Strömen im Bereich von 77 A bis 100 A. Im **Bild 5.9** sind die zutreffenden Kennlinien eingezeichnet.

Für den Leiterquerschnitt $q_n = 2,5$ mm² wird in Tafel 5.4 eine Kurzschluss-Strombelastbarkeit $I_{th} = 129$ A ausgewiesen, die bei beiden Leitungsschutzschaltern B16 und B20 über dem Ansprechwert liegt.

Bild 5.9
Mindestkurzschluss-Strom beim Schutz durch Leitungsschutzschalter (Beispiel 5.6)

5.5 Nachweis der Kurzschlussfestigkeit von Betriebsmitteln und Anlagen

Leistungsschalter. Bei Leistungsschaltern wird der erforderliche Mindestkurzschluss-Strom als 1,2facher Wert des Einstellwertes am Kurzschlussauslöser nach **Tafeln 5.10** und **5.13** angenommen.

Tafel 5.10 Erforderliche Mindestkurzschluss-Ströme $I_{k\,erf}$ in A für Kupferleiter, Isolierung PVC, VPE und EPR; Sicherung, Betriebsklasse gG [5.4]

I_{nSi} in A q_n in mm²	63	80	100	125	160	200	250	315	400	500
25	320	440	580	750	930					
35		440	580	750	930	1350	1600			
50			580	750	930	1350	1600			
70				750	930	1350	1600	2200		
95					930	1350	1600	2200	2750	
120						1350	1600	2200	2750	
150						1350	1600	2200	2750	3900

Tafel 5.13 Erforderliche Mindestkurzschluss-Ströme $I_{k\,erf}$ in A für Kupferleiter, Isolierung PVC und Gummi; Leitungsschutzschalter, Charakteristik B [5.4]

I_{nSi} in A q_n in mm²	6	10	16	20	25	32	40	50	63
1,5	30	50	80	100	125				
2,5		50	80	100	125	180			
4			80	100	125	160	200		
6				100	125	160	200	250	315
10					125	160	200	250	315
16						160	200	250	315

Nachweis der Kurzschlussfestigkeit durch die Ermittlung der maximal zulässigen Leitungslänge

Die Frage zum Kurzschluss-Schutz kann auch auf andere Weise gestellt werden:

Welche Länge darf ein Kabel oder eine Leitung haben, damit die thermische Kurzschlussfestigkeit noch gewährleistet ist?

Je länger die Leitung ist, umso kleiner wird im Kurzschlussfall der Strom, und umso länger wird die Abschaltzeit. Die Kurzschlussendtemperatur am Leiter kann überschritten werden, oder die Unterbrechung des Kurzschluss-Stromes erfolgt erst nach $T_k = 5$ s. Damit die Schutzeinrichtung schnell genug abschaltet, muss der so genannte erforderliche Mindestkurzschluss-Strom $I_{k\,erf}$ fließen. Dies bedeutet:

> **Der zu erwartende (und zu berechnende) kleinste Kurzschluss-Strom $I_{k\,min}$ darf nicht geringer sein als der Mindestkurzschluss-Strom.**

Die maximal zulässige Länge ist rechnerisch genau dann erreicht, wenn der erforderliche Mindestkurzschluss-Strom gleich dem kleinsten Kurzschluss-Strom $I_{k\,erf} = I_{k\,min}$ entspricht.

Vierleiternetze. Als kleinster Kurzschluss-Strom $I_{k\,min}$ fließt in den verbreiteten Vierleiternetzen mit starrer Sternpunkterdung der einpolige Kurzschluss-Strom. In die zutreffende Formel (3.42) werden die Impedanzen des vorgeschalteten Netzes (Indizes v) sowie die bezogenen Leitungsimpedanzen (Indizes L) und die maximal zulässige Länge l_{max} eingeführt:

$$I_{k\,erf} = I_{k\,min}$$
$$= \frac{0{,}95 \cdot \sqrt{3} \cdot U_n}{\sqrt{[2(R_V + R'_L\, l_{max}) + R_{0V} + R'_{0L}\, l_{max}]^2 + [2(X_V + X'_L\, l_{max}) + X_{0V} + X'_{0L}\, l_{max}]^2}}. \quad (5.14)$$

Da nicht nur die betrachtete Leitung sondern auch die Impedanz des vorgeschalteten Netzes die Höhe des Kurzschluss-Stromes beeinflusst, wird vom Netzschaltbild nach **Bild 5.10** ausgegangen.

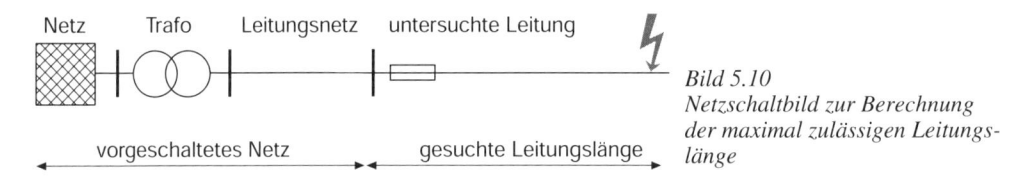

Bild 5.10
Netzschaltbild zur Berechnung der maximal zulässigen Leitungslänge

Die Umstellung der Formel nach l_{max} ist in [5.2] ausführlich beschrieben und nachfolgend als Formel (5.15) angegeben.

Hinweis:
Sind die Leiterquerschnitte (L, N, PE oder PEN) gleich, und der Rückfluss erfolgt nur über einen Leiter, gehen die Nullimpedanzen der Kabel bzw. Leitungen, deren maximale Länge bestimmt werden soll, als vierfacher Wert der Mitimpedanzen in die Formel 5.14 ein ($R_{0L} = 4 \cdot R_L$ und $X_{0L} = 4 \cdot X_L$).

$$l_{max} = -\frac{K2}{2K3} + \sqrt{\frac{K4}{K3} + \left(\frac{K2}{2K3}\right)^2}. \quad (5.15)$$

In der Formel (5.15) bedeuten:

$$R_V = \frac{2R_N + R_{0N}}{3} \quad X_V = \frac{2X_N + X_{0N}}{3},$$

$$K2 = 4(R_V R'_L + X_V X'_L),$$

$$K3 = 4(R'^2_L + X'^2_L),$$

$$K4 = \left(\frac{cU_n}{\sqrt{3}\, I_{kerf}}\right)^2 - Z^2_V.$$

R_V, X_V Schleifenimpedanzen bis zur Schutzeinrichtung in Ω
R'_L, X'_L Auf die Länge bezogene Impedanz in Ω/km der Leitung für $\vartheta = 80°$ C, dessen Länge ermittelt wird.
Bei Leiterquerschnitten bis $q_n = 16$ mm^2 Cu und bis $q_n = 25$ mm^2 Al kann X'_L vernachlässigt werden.

5.5 Nachweis der Kurzschlussfestigkeit von Betriebsmitteln und Anlagen

c Spannungsfaktor $c = 0{,}95$ (Tafel 3.1)
U_n Netznennspannung in V
$I_{k\,erf}$ Erforderlicher Mindestkurzschluss-Strom in A (Tafeln 5.9 bis 5.15)
l_{max} Einfache Leitungslänge in km (halbe Schleifenlänge)

Die Handhabung der Formel (5.15) ist sehr aufwendig und nur mit einem programmierbaren Rechner vertretbar. Für praktische Berechnungen reicht oft die vereinfachte Berechnung mit folgender Formel aus:

$$l_{max} = \frac{\dfrac{c \cdot U_n}{\sqrt{3} \cdot I_{k\,erf}} - Z_v}{2 \cdot Z'_L} \tag{5.16}$$

mit der Schleifenimpedanz: $Z_v = \sqrt{R_v^2 + X_v^2}$.

Beispiel 5.7:
Bestimmung der maximal zulässigen Länge einer Leitung im Vierleiternetz (Schutz bei Kurzschluss)
Gesucht ist die maximal zulässige Länge l_{max} eines Kunststoffkabels $q_n = 4\ mm^2$ Cu, das in einem 400/230 V-Netz mit einer gG-Sicherung 20 A abgesichert wird.

Vorgehensweise:
Die Ermittlung der Kurzschluss-Schlussimpedanzen für das im Bild 5.10 dargestellte, vorgeschaltete Netz haben folgende Werte ergeben:

$$R_N = R_Q + R_T + R_{L1} = 140\ m\Omega,$$

$$X_N = X_Q + X_T + X_{L1} = 50\ m\Omega,$$

$$R_{0N} = R_{0T} + R_{0L1} = 380\ m\Omega,$$

$$X_{0N} = X_{0T} + X_{0L1} = 200\ m\Omega.$$

Die Impedanz Z_v für das vorgeschaltete Netz ist:

$$R_V = \frac{2R_N + R_{0N}}{3} = \frac{2 \cdot 140 + 380}{3}\ m\Omega = 220\ m\Omega,$$

$$X_V = \frac{2X_N + X_{0N}}{3} = \frac{2 \cdot 50 + 200}{3}\ m\Omega = 100\ m\Omega,$$

$$Z_V = \sqrt{R_V^2 + X_V^2} = \sqrt{220^2 + 100^2}\ m\Omega = 241{,}7\ m\Omega.$$

Aus Tafel 5.9 wird der erforderliche Mindestkurzschluss-Strom $I_{k\,erf} = 85$ A abgelesen.
    Da der Querschnitt der Kupferleitung kleiner als 16 mm^2 ist, wird nur mit dem bezogenen ohmschen Widerstand $Z'_L = R'_{L\,80\,°C}$ (Tafel 3.24) gerechnet.
    Die maximal zulässige Länge ist dann (5.16):

$$l_{max} = \frac{\dfrac{0{,}95 \cdot 400\ V}{\sqrt{3} \cdot 85\ A} - 0{,}242\ \Omega}{2 \cdot 5{,}654\ \Omega/km} = 0{,}207\ km = 207\ m.$$

Im Beiblatt 5 zu DIN VDE 0100 [5.4] sind zulässige Längen von Kabeln und Leitungen u. a. unter Berücksichtigung des Schutzes bei Kurzschluss angegeben.

Dreileiternetze. Da in Dreileiternetzen der zweipolige Kurzschluss-Strom der kleinste Fehlerstrom ist, muss von folgender Formel ausgegangen werden:

$$I_{k\,erf} = I_{k2\min} = \frac{0{,}95 \cdot U_n}{\sqrt{[2(R_V + R'_L l_{\max})]^2 + [2(X_V + X'_L l_{\max})]^2}} \quad . \tag{5.17}$$

Als vereinfachte Formel gilt dann:

$$l_{\max} = \frac{\dfrac{c \cdot U_n}{2 \cdot I_{k\,erf}} - Z_v}{Z'_L} \quad . \tag{5.18}$$

Die Impedanzen des vorgeschalteten Netzes setzen sich nur aus den Mitimpedanzen zusammen.

Beispiel 5.8:
Bestimmung der maximal zulässigen Länge einer Leitung im Dreileiternetz (Schutz bei Kurzschluss)
Der Netzaufbau und die Impedanzwerte werden vom Beispiel 5.7 des Vierleiternetzes übernommen:

$$R_V = R_Q + R_T + R_{L1} = 140 \text{ m}\Omega$$

$$X_V = X_Q + X_T + X_{L1} = 50 \text{ m}\Omega$$

$$Z_V = \sqrt{140^2 + 50^2} \text{ m}\Omega = 148{,}7 \text{ m}\Omega \; .$$

Unter der Voraussetzung, dass die Verbraucherspannung 230 V beträgt, wird die maximal zulässige Leitungslänge mit Formel (5.18) berechnet:

$$l_{\max} = \frac{\dfrac{0{,}95 \cdot 230 \text{ V}}{2 \cdot 85 \text{ A}} - 0{,}149\,\Omega}{5{,}654\,\Omega/\text{km}} = 0{,}200 \text{ km} = 200 \text{ m} \; .$$

Schutz bei Kurzschluss von parallel geschalteten Leitungen und Kabeln
Der Schutz von parallel geschalteten Kabeln oder Leitungen wird entweder durch *eine* Schutzeinrichtung realisiert, oder es erhält *jeder* Leitungszweig eine Absicherung. Ab drei Parallelzweigen ist je Leitungs- oder Kabelader eine Schutzeinrichtung gleicher Bemessungsgröße sowohl am Anfang und als auch am Ende zu empfehlen. Ob dies aber nötig ist, kann durch die Berechnung der größten Abschaltzeit für den ungünstigsten Fehlerort untersucht werden.

Deshalb wird in diesem Abschnitt der Nachweis des Kurzschluss-Schutzes beim Fließen kleinster Fehlerströme in Parallelzweigen von Leitungen und Kabeln behandelt.

Gemeinsame Schutzeinrichtung. In der Zuleitung zu den parallelen Kabeln oder Leitungen ist eine gemeinsame Schutzeinrichtung zum Schutz bei Kurzschluss zulässig, wenn diese auf den kleinstmöglichen Kurzschluss-Strom anspricht.

5.5 Nachweis der Kurzschlussfestigkeit von Betriebsmitteln und Anlagen

Beispiel 5.9:
Schutz von parallel geschalteten Kabeln mit gemeinsamer Schutzeinrichtung
Eine Parallelschaltung von Kunststoffkabeln mit unterschiedlichem Leiterquerschnitt ist nach **Bild 5.11** vorgegeben. Die eingezeichneten Fehlerstellen F1 und F2 sind als charakteristische Kurzschlussorte vorgegeben. Vor allem der Fehler F2 am Kabel mit dem geringeren Querschnitt ruft den kleinsten Kurzschluss-Strom und damit die höchste Abschaltzeit hervor.

Der Kurzschluss-Schutz ist gewährleistet, wenn die aus der Zeit/Strom-Kennlinie der Schutzeinrichtung abgelesene Abschaltzeit T_a kleiner ist als die rechnerisch zu ermittelnde zulässige Kurzschlussdauer T_k.

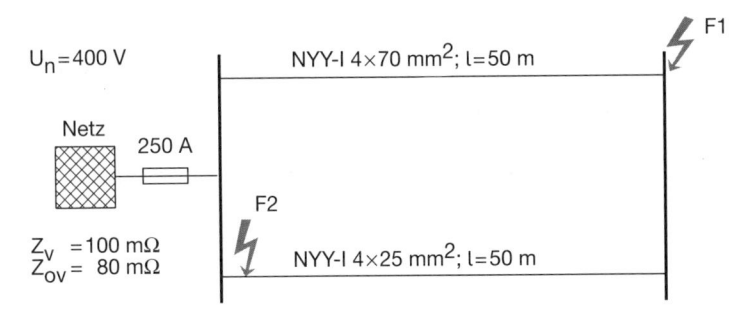

Bild 5.11 Netzschaltbild zum Kurzschluss-Schutz parallel geschalteter Kabel mit gemeinsamer Schutzeinrichtung

Vorgehensweise:

Fehlerstelle F1
Mit $Z'_{L1} = 0{,}35$ Ω/km und $Z'_{L2} = 0{,}9$ Ω/km aus Tafel 3.6 sowie den Längen $l_1 = l_2 = 0{,}05$ km werden die Leitungsimpedanzen $Z_{L1} = 17{,}5$ mΩ und $Z_{L2} = 45$ mΩ.

Die Ersatzimpedanz $Z_{//}$ für die parallelen Kabel ist (3.20):

$$Z_{//} = \frac{Z_{L1} \cdot Z_{L2}}{Z_{L1} + Z_{L2}} = \frac{17{,}5 \text{ mΩ} \cdot 45 \text{ mΩ}}{17{,}5 \text{ mΩ} + 45 \text{ mΩ}} = 12{,}6 \text{ mΩ}.$$

Die Kurzschlussimpedanz an der Fehlerstelle ist dann:

$$Z_k = Z_v + Z_{//} = 100 \text{ mΩ} + 12{,}6 \text{ mΩ} = 112{,}6 \text{ mΩ}.$$

Damit wird der kleinste zweipolige Kurzschluss-Strom $I_{k2\min}$ berechnet (3.26):

$$I_{k2\min} = \frac{0{,}95 \cdot 400 \text{ V}}{2 \cdot 112{,}6 \text{ mΩ}} = 1{,}69 \text{ kA}.$$

Mit $Z'_{0L1} = 1{,}17$ Ω/km und $Z'_{0L2} = 2{,}39$ Ω/km aus Tafel 3.8 sowie den Längen $l_1 = l_2 = 0{,}05$ km werden die Leitungsimpedanzen $Z_{0L1} = 58{,}5$ mΩ und $Z_{0L2} = 119{,}5$ mΩ.

$$Z_{0//} = \frac{Z_{0L1} \cdot Z_{0L2}}{Z_{0L1} + Z_{0L2}} = \frac{58{,}5 \text{ mΩ} \cdot 119{,}5 \text{ mΩ}}{58{,}5 \text{ mΩ} + 119{,}5 \text{ mΩ}} = 39{,}27 \text{ mΩ},$$

$$Z_{0k} = Z_{0v} + Z_{0//} = 80 \text{ mΩ} + 39{,}27 \text{ mΩ} = 119{,}27 \text{ mΩ},$$

$$I_{k1\min} = \frac{0{,}95 \cdot \sqrt{3} \cdot 400 \text{ V}}{(2 \cdot 112{,}6 + 119{,}27) \text{ mΩ}} = 1{,}91 \text{ kA}.$$

Der kleinste Kurzschluss-Strom an der Fehlerstelle F1 ist der zweipolige Kurzschluss-Strom $I_{k2\min} = 1{,}69$ kA!

Dieser Kurzschluss-Strom wird von der 250 A-gG-Sicherung nach $T_a = 3{,}5$ s abgeschaltet.

Nun ist zu untersuchen, ob die Parallelkabel während dieser Zeit der thermischen Beanspruchung standhalten. Dazu müssen die Teilkurzschluss-Ströme über die Kabel berechnet werden. Mit der Stromteilerregel erhält man:

$$I_{kL1} = I_{k\min} \cdot \frac{Z_{L2}}{Z_{L1} + Z_{L2}} = 1{,}69 \text{ kA} \cdot \frac{119{,}5 \text{ m}\Omega}{(58{,}5 + 119{,}5) \text{ m}\Omega} = 1{,}13 \text{ kA},$$

$$I_{kL2} = I_{k\min} - I_{kL1} = 1{,}69 \text{ kA} - 1{,}13 \text{ kA} = 0{,}56 \text{ kA}.$$

Das bedeutet, dass bis zur Abschaltung nach 3,5 s über die Leitung L1 mit dem Querschnitt $q_n = 70$ mm² der Kurzschluss-Strom $I_{kL1} = 1{,}13$ kA und über die Leitung L2 mit $q_n = 25$ mm² der Kurzschluss-Strom $I_{kL2} = 0{,}56$ kA fließt.

Jetzt muss mit Bedingung (5.8) überprüft werden, ob die Abschaltzeit beim Fließen der Teilkurzschluss-Ströme ausreichend kurz ist:

$$T_{k\,zul} = \left(115 \frac{\text{A}}{\text{mm}^2} \cdot \frac{70 \text{ mm}^2}{1130 \text{ A}}\right)^2 \cdot 1 \text{ s} = 50{,}7 \Rightarrow T_{k\,zul} = 5 \text{ s} > T_k = 3{,}5 \text{ s},$$

$$T_{k\,zul} = \left(115 \frac{\text{A}}{\text{mm}^2} \cdot \frac{25 \text{ mm}^2}{560 \text{ A}}\right)^2 \cdot 1 \text{ s} = 26{,}3 \text{ s} \Rightarrow T_{k\,zul} = 5 \text{ s} > T_k = 3{,}5 \text{ s}.$$

Die zulässige Kurzschlussdauer ist jeweils größer als die Abschaltzeit der gG-Sicherung. Damit ist für den Fehlerfall F1 die Kurzschlussfestigkeit beim kleinsten Kurzschluss-Strom gewährleistet.

Fehlerstelle F2

Bei einem Kurzschluss an der Fehlerstelle F2 wird angenommen, dass der gesamte Kurzschluss-Strom nur über beide Kabelabschnitte fließen kann.

Die Kurzschlussimpedanz Z_k setzt sich dann aus der Impedanz des vorgeschalteten Netzes und den beiden Leitungsabschnitten zusammen:

$$Z_k = Z_v + Z_{L1} + Z_{L2} = (100 + 17{,}5 + 45) \text{ m}\Omega = 162{,}5 \text{ m}\Omega,$$

$$I_{k2\min} = \frac{0{,}95 \cdot 400 \text{ V}}{2 \cdot 162{,}5 \text{ m}\Omega} = 1{,}17 \text{ kA}.$$

Mit $Z'_{0L1} = 1{,}17$ Ω/km und $Z'_{L2} = 2{,}39$ Ω/km aus Tafel 3.8 sowie den Längen $l_1 = l_2 = 0{,}05$ km werden die Leitungsimpedanzen $Z_{0L1} = 58{,}5$ mΩ und $Z_{0L2} = 119{,}5$ mΩ.

$$Z_{0//} = \frac{Z_{0L1} \cdot Z_{0L2}}{Z_{0L1} + Z_{0L2}} = \frac{58{,}5 \text{ m}\Omega \cdot 119{,}5 \text{ m}\Omega}{58{,}5 \text{ m}\Omega + 119{,}5 \text{ m}\Omega} = 39{,}27 \text{ m}\Omega,$$

$$Z_{0k} = Z_{0v} + Z_{0L1} + Z_{0L2} = 80 \text{ m}\Omega + 58{,}5 \text{ m}\Omega + 119{,}5 \text{ m}\Omega = 258 \text{ m}\Omega,$$

$$I_{k1\min} = \frac{0{,}95 \cdot \sqrt{3} \cdot 400 \text{ V}}{(2 \cdot 162{,}5 + 258) \text{ m}\Omega} = 1{,}12 \text{ kA}.$$

5.5 Nachweis der Kurzschlussfestigkeit von Betriebsmitteln und Anlagen

Diesmal ist der einpolige Kurzschluss-Strom der kleinste, und es wird für diesen Strom als oberer Grenzwert der Zeit/Strom-Kennlinie der 250 A gG-Sicherung (Bild 4.3a) eine Abschaltzeit von ca. 40 s abgelesen. Sie ist viel größer als die allgemein gültige, maximal zulässige Kurzschlussdauer von 5 s, und damit sind die Parallelkabel bei einem Kurzschluss an der Fehlerstelle F2 vor zu hoher Erwärmung nicht geschützt!

Abhilfe bietet ein Schmelzeinsatz mit kleinerer Bemessungsstromstärke: Ein 200 A gG-Schmelzeinsatz unterbricht den Strom auch erst nach ca. 10 s, aber mit einem 160 A gG-Schmelzeinsatz ist der Kurzschluss-Schutz bei einer Abschaltzeit von ca. 2 s gewährleistet. Ob dann noch die Betriebsströme ungestört fließen können, muss im konkreten Fall geprüft werden.

Separate Schutzeinrichtungen. Beide Kabel haben entsprechend **Bild 5.12** jeweils eine Leitungsschmelzsicherung für den Schutz des jeweiligen Kabels.

Beispiel 5.10:
Kurzschluss-Schutz parallel geschalteter Kabel mit separater Schutzeinrichtung
Untersucht wird, ob der Schutz bei Kurzschluss bei Fehlern an den gekennzeichneten Stellen F1 und F2 gewährleistet ist.

Das Netzschaltbild ist ansonsten identisch mit dem vorher behandelten Beispiel 5.9. Deshalb können die ermittelten Kurzschluss-Ströme übernommen werden.

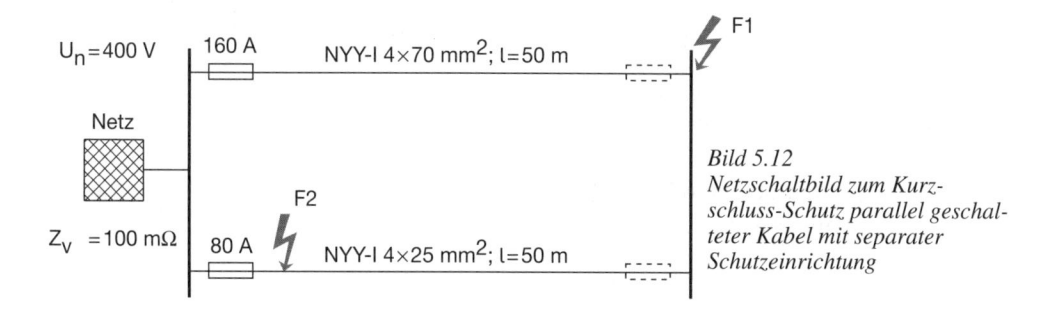

Bild 5.12
Netzschaltbild zum Kurzschluss-Schutz parallel geschalteter Kabel mit separater Schutzeinrichtung

Vorgehensweise:

Fehlerstelle F1
Leitung L1: $I_{k\,min}$ = 1,13 kA   gG-Schmelzeinsatz 160 A $\Rightarrow$ $T_a \approx$ 2 s (kleiner 5 s!) zulässig!

Leitung L2: $I_{k\,min}$ = 0,56 kA   gG-Schmelzeinsatz 80 A $\Rightarrow$ $T_a \approx$ 2 s (kleiner 5 s!) zulässig!

Fehlerstelle F2

$I_{k\,min}$ = 1,12 kA   gG-Schmelzeinsatz 160 A $\Rightarrow$ $T_a \approx$ 2 s (kleiner 5 s!)

$$T_{k\,zul} = \left(115\,\frac{A}{mm^2} \cdot \frac{25\,mm^2}{1120\,A}\right)^2 \cdot 1\,s = 6,6\,s$$

Die zulässige Kurzschlussdauer $T_{k\,zul}$ für das Kabel mit dem kleineren Querschnitt ist größer als die Ausschaltzeit des Schmelzeinsatzes. Der Kurzschluss-Schutz ist gewährleistet!

Würde die Ausschaltzeit T_a aus der Zeit/Strom-Kennlinie für 1,12 kA größer sein als 5 s, müsste am Ende der Leitung L2 ebenfalls eine Sicherung gG 80 A vorgesehen werden, für die ebenfalls die Ausschaltzeit ermittelt werden müsste.

Kurzschluss-Schutz von Kabeln und Leitungen bei Querschnittsminderung

Der Schutz bei Kurzschluss von Kabeln und Leitungen ist auch bei Querschnittsminderung auf der Leitungsstrecke möglich. Vorausgesetzt, der Schutz gegen Überlast ist gewährleistet.

Der zusätzliche Einbau einer Kurzschluss-Schutzeinrichtung an der Querschnittminderungsstelle ist nur dann erforderlich, wenn die vorhandene Schutzeinrichtung den Schutz nicht gewährleistet.

An einem einfachen Stichleitungsabschnitt mit Querschnittsminderung nach **Bild 5.13** wird die Vorgehensweise erklärt:

Hinter einem 50 m langen Kabelabschnitt NYY-J 4 × 70 mm² wird ein Leiterquerschnitt 50 mm² des gleichen Kabeltyps weitergeführt. Am Anfang der Kabelstrecke ist ein Leistungsschalter mit einem Kurzschlussauslöser angeordnet. Der Einstellwert des Kurzschlussauslösers beträgt I_e = 1000 A. Nach Tafel 5.15/CD-ROM ist von einem Mindestkurzschluss-Strom von $I_{k\,erf}$ = 1200 A auszugehen.

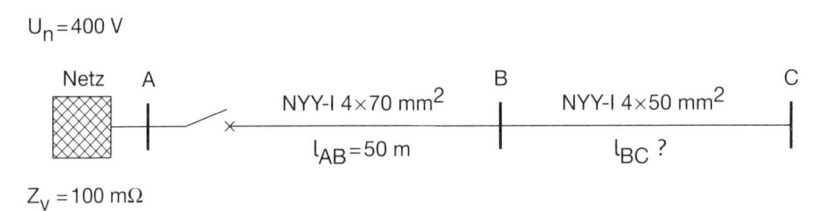

Bild 5.13 Querschnittsminderung von Kabeln und Leitungen

Zuerst werden mit dem jeweiligen $Z'_{L\,80\,°C}$ (Tafel 3.6) die zulässigen Kabellängen je verwendetem Leiterquerschnitt mit Formel (5.16) berechnet:

$$l_{70} = \frac{\frac{0{,}95 \cdot 400\,V}{\sqrt{3} \cdot 1200\,A} - 0{,}1\,\Omega}{2 \cdot 0{,}35\,\Omega/km} = 118\,m\,,$$

$$l_{50} = \frac{\frac{0{,}95 \cdot 400\,V}{\sqrt{3} \cdot 1200\,A} - 0{,}1\,\Omega}{2 \cdot 0{,}49\,\Omega/km} = 84{,}5\,m\,.$$

Diese Kabellängen gelten für eine angenommene, alleinige Verwendung eines Leiterquerschnittes und sind nur Rechengrößen. Sollte der zweipolige Kurzschluss-Strom der kleinste Fehlerstrom sein, muss Formel (5.18) herangezogen werden. Eine Probe mit dieser Formel ergibt in diesem Fall größere zulässige Kabellängen.

Wenn die tatsächliche Länge des ersten Kabelabschnittes l_{AB} = 50 m beträgt, wird die zulässige Länge des anschließenden Kabels l_{BC} durch folgende Proportionalität ermittelt:

$$\frac{l_{BC}}{l_{70} - l_{AB}} = \frac{l_{50}}{l_{70}} \tag{5.19}$$

$$l_{BC} = \frac{l_{50}}{l_{70}}(l_{70} - l_{AB}) = \frac{84{,}5\,m}{118\,m}(118 - 50)\,m = 48{,}7\,m\,.$$

5.5 Nachweis der Kurzschlussfestigkeit von Betriebsmitteln und Anlagen

Bis zu einer Länge von 48,7 m darf sich das Kabel mit dem geringeren Querschnitt von 50 mm² erstrecken, und der Kurzschluss-Schutz ist noch gewährleistet.

Beispiel 5.11:
Kurzschluss-Schutz bei Querschnittsminderung von Kabeln und Leitungen
Von einem Hauptkabel NYY-J 4×70 mm² sind Abzweige mit kleinerem Querschnitt NYY-J 4×25 mm² vorgesehen (**Bild 5.14**). Die Absicherung am Anfang der Kabelanlage erfolgt mit gG-Schmelzeinsätzen 160 A. Welche Kabellängen dürfen die einzelnen Abzweige haben?

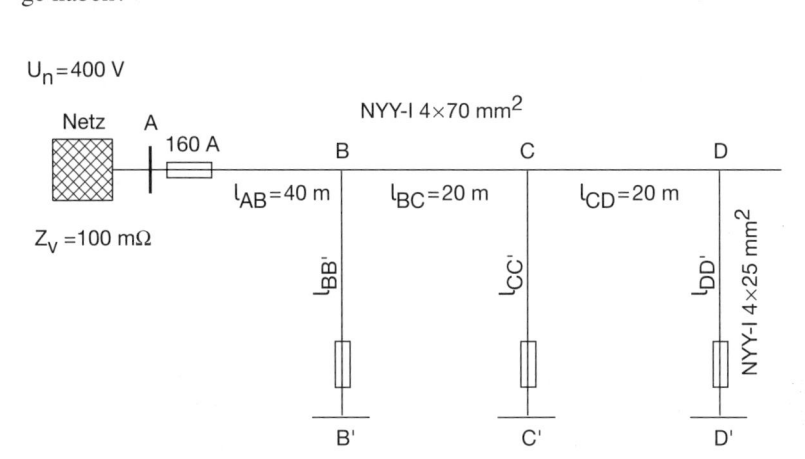

Bild 5.14 Kurzschluss-Schutz bei Kabelquerschnittsminderung (Beispiel 5.11)

Vorgehensweise:
Mit $Z'_{L\,80\,°C}$ (Tafel 3.6) für die jeweiligen Querschnitte 70 mm² und 25 mm² und dem Mindestkurzschluss-Strom $I_{k\,erf} = 930$ A (Tafel 5.10) wird die maximal zulässige Länge berechnet:

$$l_{70} = \frac{\frac{0{,}95 \cdot 400\text{ V}}{\sqrt{3} \cdot 930\text{ A}} - 0{,}1\,\Omega}{2 \cdot 0{,}35\,\Omega/\text{km}} = 194 \text{ m}$$

$$l_{25} = \frac{\frac{0{,}95 \cdot 400\text{ V}}{\sqrt{3} \cdot 930\text{ A}} - 0{,}1\,\Omega}{2 \cdot 0{,}9\,\Omega/\text{km}} = 75{,}5 \text{ m} \,.$$

Die Berechnung der zulässigen Längen (5.19) ergibt:

$$l_{BB'} = \frac{l_{25}}{l_{70}}(l_{70} - l_{AB}) = \frac{75{,}5\text{ m}}{194\text{ m}}(194 - 40)\text{ m} = 59{,}9 \text{ m}$$

$$l_{CC'} = \frac{l_{25}}{l_{70}}(l_{70} - l_{AC}) = \frac{75{,}5\text{ m}}{194\text{ m}}(194 - 60)\text{ m} = 52{,}1 \text{ m}$$

$$l_{DD'} = \frac{l_{25}}{l_{70}}(l_{70} - l_{AD}) = \frac{75{,}5\text{ m}}{194\text{ m}}(194 - 80)\text{ m} = 44{,}3\text{m} \,.$$

Nachweis der mechanischen Kurzschlussfestigkeit
Aufgrund der geringen Leiterabstände sind die durch den Kurzschluss-Strom hervorgerufenen mechanischen Kräfte im Drehstromkabel groß. Da die Kräfte aber direkt (radial) auf die sehr feste Ummantelung des Kabels wirken, ist die mechanische Festigkeit eines Drehstromkabels nicht gefährdet, und ein Nachweis erübrigt sich.

Allgemein gilt:

> **Ein thermisch kurzschlussfestes Drehstromkabel hält auch den mechanischen Beanspruchungen stand.**

In einer früheren, inzwischen nicht mehr gültigen Ausgabe, von DIN VDE 0298 Teil 2 steht, dass die mechanische Kurzschlussfestigkeit von mehradrigen Kabeln in Niederspannungsanlagen in der Regel bei Stoßkurzschluss-Strömen bis 40 kA ohne besondere Maßnahmen gesichert ist.

An parallel geführten Einleiterkabeln treten sehr hohe mechanische Kraftwirkungen auf. Besonders an den Befestigungsstellen ist das Kabel gefährdet. Eine sichere Befestigung ist durchzuführen und nach jedem Kurzschluss zu überprüfen.

Hohe Kräfte treten auch an den aufgeteilten Adern mehradriger Kabel sowie an den Endverschlüssen und Durchführungen auf. Versteifungen sind eine Möglichkeit die Kurzschlussfestigkeit zu erhöhen. Entsprechende Festigkeitswerte geben die Hersteller an.

5.5.2 Stromschienen

Stromschienen müssen auf thermische und mechanische Kurzschlussfestigkeit überprüft werden.

Die *thermische Kurzschlussfestigkeit* wird mittels der Bemessungs-Kurzzeitstromdichte $S_{th\,r}$ und der thermisch gleichwertigen Kurzschluss-Stromdichte S_{th} nachgewiesen. Dabei muss folgende Bedingung eingehalten sein:

$$S_{th\,r} \sqrt{\frac{1\,\text{s}}{T_k}} \geq S_{th}. \tag{5.20}$$

Die thermisch gleichwertige Kurzschluss-Stromdichte S_{th} in A/mm² wird aus dem thermisch gleichwertigen Kurzschluss-Strom I_{th} in A und dem Leiternennquerschnitt q_n in mm² der Stromschiene ermittelt:

$$S_{th} = \frac{I_{th}}{q_n} = \frac{I_k \cdot \sqrt{m+n}}{q_n}. \tag{5.21}$$

Die Bemessungs-Kurzzeitstromdichte $S_{th\,r}$ bezogen auf 1 s in Abhängigkeit vom Leitermaterial und von der Betriebstemperatur ϑ_b sowie der zulässigen Kurzschlussendtemperatur ϑ_e (Al und Cu – 200 °C, Stahl – 300 °C) ist dem **Bild 5.15** zu entnehmen. Die tatsächliche Kurzschlussdauer T_k ist in Sekunden einzusetzen.

Die *mechanische Kurzschlussfestigkeit* hängt vom verwendeten Leitermaterial und -profil sowie den geometrischen Abmessungen der Stromschienenanordnung einschließlich der Befestigung ab (**Bild 5.16**).

5.5 Nachweis der Kurzschlussfestigkeit von Betriebsmitteln und Anlagen

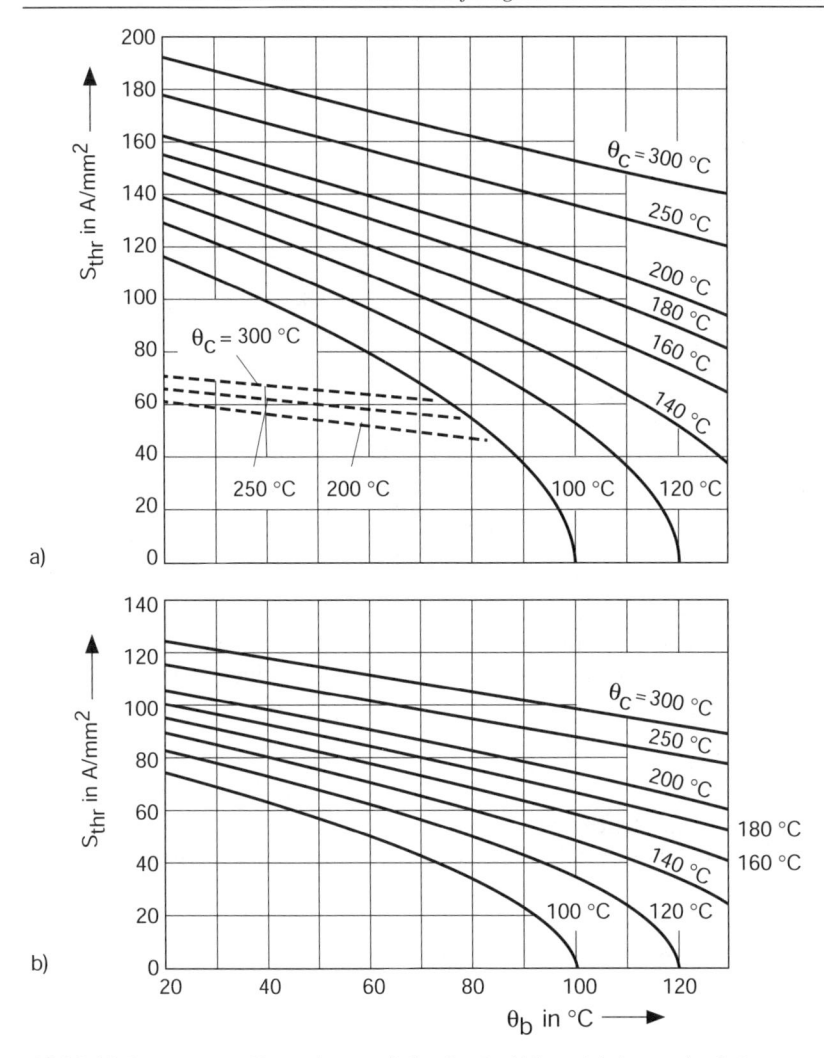

Bild 5.15 Bemessungs-Kurzzeitstromdichte S_{thr} in Abhängigkeit von der Leitertemperatur [5.1]
a) Kupfer (durchgehende Linie), unlegierter Stahl und Stahlseile (unterbrochene Linie)
b) Aluminium, Aluminiumlegierung (AlMgSi), bei Seilen mit und ohne Stahlanteil

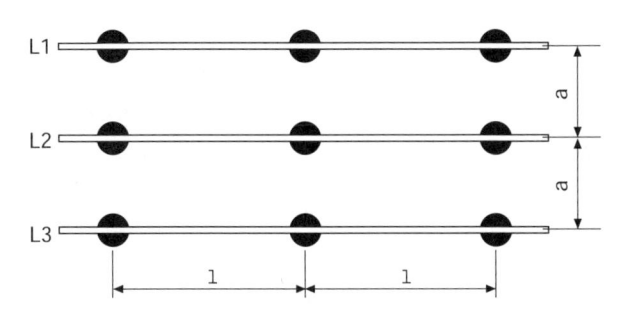

Bild 5.16 Geometrische Anordnung von Stromschienen

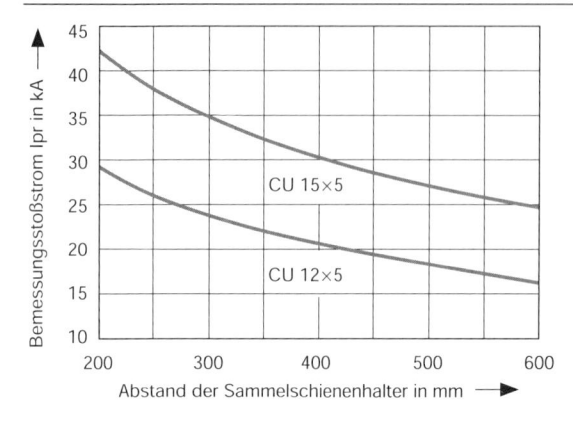

Bild 5.17 Kurzschlussfestigkeit von Stromschienen

Die Hersteller von Stromschienensystemen geben die Bemessungs-Stoßstromfestigkeit I_{pr} (bis 176 kA und höher) in Abhängigkeit vom Leitermaterial, den Leiterabmessungen und dem Abstand der Stromschienenhalter an. Zu erkennen ist im **Bild 5.17**, dass bei geringeren Leiterabständen a und größeren Stromschienenhalterabständen bzw. Stützpunktabständen l die Kraftwirkung auf die biegesteifen Stromleiter größer wird.

Wenn der Stoßkurzschluss-Strom i_p nicht größer ist als der angegebene Bemessungs-Stoßstrom I_{pr} bezogen auf einen bestimmten Stromschienenhalterabstand, ist die Stromschienenanordnung einschließlich der Befestigung mechanisch kurzschlussfest:

$$I_{pr} \geq i_p .\qquad(5.22)$$

Beispiel 5.12:
Nachweis der Kurzschlussfestigkeit von Stromschienen
An einem Sammelschienensystem mit Kupferschienen 15 mm × 5 mm und einem Schienenhalterabstand l = 400 mm ist ein maximaler (effektiver) Kurzschluss-Strom I_k = 6 kA zu erwarten, der nach 1,2 s ausgeschaltet wird. Die Betriebstemperatur wird unter Berücksichtigung der Höhe des Betriebsstromes mit ϑ_b = 50 °C angenommen.

Vorgehensweise:
1. Nachweis der thermischen Kurzschlussfestigkeit
Aufgrund der Abschaltzeit von $T_a = T_k$ = 1,2 s ist der thermische gleichwertige Kurzschluss-Strom gleich dem Kurzschluss-Strom I_k und damit I_{th} = 6 kA (siehe Abschnitt 3.2).

Aus Bild 5.15 wird bei einer Betriebstemperatur ϑ_b = 50 °C und der zulässigen Kurzschlussendtemperatur ϑ_e = 200 °C eine Bemessungs-Kurzzeitstromdichte $S_{th\,r}$ = 145 A/mm² abgelesen. Der Vergleich unter Anwendung der Bedingung (5.20)

$$145\,\frac{A}{mm^2}\sqrt{\frac{1\,s}{1,2\,s}} = 132\,\frac{A}{mm^2} < S_{th} = \frac{6000\,A}{45\,mm^2} = 133,3\,\frac{A}{mm^2}$$

sagt aus, dass die tatsächliche Belastung höher ist als die zulässige und damit die Stromschienen thermisch *nicht* kurzschlussfest sind.

Die thermische Kurzschlussfestigkeit ist zu erreichen, wenn der Leiternennquerschnitt q_n erhöht oder die Ausschaltzeit T_a verringert wird.

2. Nachweis der mechanischen Kurzschlussfestigkeit
Die Bemessungs-Stoßstromfestigkeit beträgt entsprechend Bild 5.17 I_{pr} = 30 kA. Damit darf der Stoßkurzschluss-Strom i_p nicht größer sein als 30 kA.

Da der Stoßfaktor κ in Niederspannungsanlagen praktisch nicht größer als 1,8 werden kann, wird mit diesem maximalen Wert:

$$i_p = \sqrt{2} \cdot 1{,}8 \cdot 6 \text{ kA} = 2{,}55 \cdot 6 \text{ kA} = 15{,}3 \text{ kA}.$$

Der Vergleich $i_p = 15{,}3$ kA $< I_{pr} = 30$ kA macht deutlich, dass die mechanische Kurzschlussfestigkeit mit Sicherheit gewährleistet ist.

Eine Querschnittserhöhung zum Erreichen der thermischen Kurzschlussfestigkeit würde die Bemessungs-Stoßstromfestigkeit sogar noch erhöhen.

Erwähnt sei noch: Die Verkürzung der eingestellten Ausschaltzeit hätte keinen Einfluss auf die mechanische Kurzschlussfestigkeit.

5.5.3 Erdungsleiter, Schutzleiter und Potentialausgleichsleiter

Die Kurzschlussfestigkeit von Erdungsleitern, Schutzleitern und Potentialausgleichsleitern wird durch den Einsatz eines Mindestleiterquerschnittes oder durch die Wahl eines Nennquerschnittes q_n gewährleistet, der nicht kleiner als der berechnete erforderliche Leiterquerschnittes q in mm² sein darf:

$$q_n \geq q = \frac{I_k}{S_{\text{th}r}} \sqrt{\frac{T_k}{1 \text{ s}}} \qquad (5.23)$$

I_k maximaler einpoliger Kurzschluss-Strom in A
$S_{\text{th}r}$ Bemessungs-Kurzzeitstromdichte in A/mm² bezogen auf 1 s
T_k Kurzschlussdauer in s ($T_k \leq 5$ s).

Maßgeblich für die Festlegung der Leiterquerschnitte sind die Normen DIN VDE 0100 Teil 540 [5.5] und DIN VDE 0141 [5.6]. Sie enthalten für bestimmte Anwendungsfälle weitere Festlegungen.

Die Mindestquerschnitte für *Erdungsleiter* sowie die Kurzschlussendtemperatur und die Bemessungs-Kurzzeitstromdichte $S_{\text{th}r}$ sind in den **Tafeln 5.16** und **5.17** angegeben.

Tafel 5.16 Mindestquerschnitte von Erdungsleitern [5.5]

	mechanisch geschützt	mechanisch ungeschützt
Korrosionsschutz ist vorhanden	Berechnung des zulässigen Leiterquerschnittes	16 mm² Kupfer 16 mm² Eisen, feuerverzinkt
Korrosionsschutz ist <u>nicht</u> vorhanden	25 mm² Kupfer 50 mm² Eisen, feuerverzinkt	

Tafel 5.17 Kurzschlussendtemperatur und Bemessungs-Kurzzeitstromdichte $S_{\text{th}r}$ in A/mm² bezogen auf 1s von blanken Leitern bei einer Anfangstemperatur $\vartheta_a = 30$ °C [5.5]

Leiterwerkstoff Bedingung	Kurzschluss- endtemperatur	Cu	Al	Stahl
Sichtbar und in abgegrenzten Bereichen[1]	500 °Cu, Stahl 300 °C-Al	228	125	82
normale Bedingungen	200 °C	159	105	58
bei Feuergefährdung	150 °C	138	91	50

[1]) Die angegebenen Temperaturen gelten nur dann, wenn die Temperatur der Verbindungsstelle die Qualität der Verbindung nicht beeinträchtigt.

Die Mindestquerschnitte für *Schutzleiter* sind in **Tafel 5.18** angegeben.

Tafel 5.18 Mindestquerschnitte von Schutzleitern bei gleichem Leitermaterial [5.5]

Querschnitt der Außenleiter q_L in mm²	Mindestquerschnitt des Schutzleiters q_{PE} in mm²
$q_L \leq 16$	q_L
$16 < q_L \leq 35$	16
$q_L > 35$	$q_L/2$

Schutzleiter, die nicht Bestandteil des Starkstromkabels oder der -leitung sind, müssen einen Mindestquerschnitt von:
- 2,5 mm² (wenn mechanischer Schutz vorhanden ist) bzw.
- 4 mm² (wenn mechanischer Schutz nicht besteht)

besitzen.

Der PEN-Leiter im TN-System muss bei fester Legung einen Mindestquerschnitt von 10 mm² Cu oder 16 mm² Al haben.

Zur Ermittlung des erforderlichen Schutzleiterquerschnittes nach Formel (5.23) steht in **Tafel 5.19** die Bemessungs-Kurzzeitstromdichte $S_{th\,r}$ zur Verfügung.

Die Norm- und Mindestquerschnitte von **Potentialausgleichsleitern** sind in **Tafel 5.20** angegeben.

Tafel 5.19 Bemessungs-Kurzzeitstromdichte $S_{th\,r}$ in A/mm² von Schutzleitern [5.5]

	Isolierte Schutzleiter außerhalb von Kabeln und Leitungen, Blanke Schutzleiter, die mit Kabel- oder Leitungsmänteln in Berührung kommen			Isolierte Schutzleiter in einem mehradrigen Kabel oder in einer mehradrigen Leitung			Schutzleiter als Mantel oder Bewehrung eines Kabels oder einer Leitung			
Isolierung	PVC	EPR	IIK	PVC	EPR	IIK	G	PVC	PE-X, EPR	IIK
Anfangstemperatur	30 °C	30 °C	30 °C	70 °C	90 °C	85 °C	50 °C	60 °C	80 °C	75 °C
Endtemperatur	160 °C	250 °C	220 °C	160 °C	250 °C	220 °C	200 °C	160 °C	250 °C	220 °C
Bemessungs-Kurzzeitstromdichte $S_{th\,r}$ in A/mm²										
Kupfer	143	176	166	115	143	134	–	–	–	–
Aluminium	95	116	110	76	94	89	97	81	98	93
Stahl	52	64	60	–	–	–	53	44	54	51
Stahl, kupferplattiert	–	–	–	–	–	–	53	44	54	51
Blei	–	–	–	–	–	–	27	22	27	26

PVC Isolierung aus Polyvinylchlorid,
PE-X Isolierung aus vernetztem Polyethylen,
G   Gummisolierung,
EPR Isolierung aus Ethylen-Propylen-Kautschuk,
IIP Isolierung aus Butyl-Kautschuk

Tafel 5.20 Querschnitte von Potentialausgleichsleitern

		Normquerschnitt	Mindestquerschnitt
Hauptpotential-ausgleich		0,5 × Querschnitt des Hauptschutzleiters	6 mm² Cu oder gleichwertiger Leitwert (Muss nicht größer als 25 mm² sein!)
Zusätzlicher Potentialausgleich	zwischen zwei Körpern	1 × Querschnitt des kleineren Schutzleiters	
	zwischen einem Körper und einem fremden leitfähigen Teil	0,5 × Querschnitt des Schutzleiters	
	bei mechanischem Schutz		2,5 mm² Cu 4 mm² Al
	ohne mechanischen Schutz		4 mm² Cu

5.5.4 Kurzschlussfestigkeit von FI-Schutzschaltern

Fehlerstromschutzschalter haben die Aufgabe, den durch einen Körperschluss hervorgerufenen Fehlerstrom abzuschalten, bevor Menschen oder Nutztiere durch einen Stromfluss durch ihren Körper geschädigt werden können. Dabei handelt es sich um unsymmetrische Ströme; in erster Linie um einen einpoligen Fehlerstrom, der bei niederohmiger Fehler- und Schutzerdungsimpedanz (widerstandslose Verbindung zwischen einem Außenleiter L und dem Schutzleiter PE bzw. dem Erdreich E) ein Kurzschluss-Strom ist. Diesen Kurzschluss-Strom muss der FI-Schutzschalter führen und sicher abschalten können, ohne dass der Schalter dabei Schaden nimmt.

Kurzschluss-Ströme, die über den FI-Schutzschalter hin und zurück fließen, werden funktionsbedingt durch den FI-Schutzschalter nicht abgeschaltet. Aber auch hier muss der Schalter den Kurzschluss-Strom bis zur Abschaltung durch eine Kurzschluss-Schutzeinrichtung sicher führen.

Die Begrenzung des Kurzschluss-Stromes erfolgt durch eine vorgeschaltete Schmelzsicherung.

In **Tafel 5.21** sind Richtwerte für die Zuordnung der Sicherungen zu Fehlerstromschutzschaltern angegeben. Mögliche Abweichungen sind den Herstellerkatalogen zu entnehmen.

Tafel 5.21 Vorsicherungen für FI-Schutzschalter, bei denen die Kurzschlussfestigkeit des FI-Schutzschalters gewährleistet ist [5.7]

Nennstrom in A	Grenzwert des Kurzschluss-Stromes in A	Maximaler Nennstrom der Vorsicherung in A
16 bis 63	6 000	63
16 bis 40 2polig	10 000	63
24 bis 40 4polig	10 000	80
63	10 000	100
80	10 000	100
100	10 000	100
125	10 000	125
160	10 000	160

Die Höhe des zulässigen Kurzschluss-Stroms ist für FI-Schutzschalter als Bemessungskurzschlussfestigkeit bei Nennströmen bis 63 A mit 3000 A, 6000 A oder 10000 A und über 63 A sogar bis 50000 A in Verbindung mit einer Sicherung ohne Einheitenzeichen in einem Rechteck angegeben. Das Bildzeichen der Sicherung ohne Bemessungsstromangabe ist dem Rechteck vorangestellt und mit diesen verbunden, z. B. ▭—⎿6000⏌. Bei Hausinstallationsanlagen mit einer Absicherung mittels Schmelzeinsätzen von maximal 63 A ist die Kurzschlussfestigkeit generell gewährleistet.

5.5.5 Niederspannungs-Schaltgeräte und -Schaltgerätekombinationen

Nachweis der Kurzschlussfestigkeit

Schaltgeräte sind als Trenn- und Verbindungsstelle im elektrischen Netz zum Herstellen eines gewollten Schaltzustandes sowie zum Ein- und Ausschalten von elektrischen Abnehmern im Betriebs- und Fehlerfall erforderlich. Der Oberbegriff Schaltgeräte umfasst die Niederspannungsschalter und die Sicherungen.

Die Hersteller von Schaltgeräten geben Nenn- und Bemessungsgrößen für den normalen und den fehlerbehafteten Netzzustand an.

Zur Unterscheidung sollte folgender Hinweis beachtet werden:

Eine Nenngröße ist ein gerundeter Wert. Es ändert sich z. B. die Betriebsspannung an einer Netzstelle ständig, und deshalb wird sie als Netznennspannung angegeben.

Ein Bemessungswert gilt für ein Bauteil, Gerät oder einer Einrichtung für bestimmte Betriebsbedingungen (Nennbetriebsspannung, Nennfrequenz, Leistungsfaktor, Gebrauchskategorie u. a.).

Für den normalen Betrieb gelten die Bemessungsgrößen: Bemessungsbetriebsspannung, Bemessungsisolationsspannung, Bemessungsdauerstrom, Bemessungsbetriebsstrom u. a.

Bezüglich des Kurzschluss-Schutzes müssen die Schaltgeräte solche Kurzschluss-Bemessungsgrößen haben, damit sie unter den in der jeweiligen Gerätenorm angegebenen Bedingungen der thermischen und mechanischen Beanspruchung durch Kurzschluss-Ströme standhalten.

Jedes Niederspannungsschaltgerät ist so bemessen, dass es im Strom führenden Zustand einen Kurzschluss-Strom für eine bestimmte Zeit führen kann, ohne dabei selbst Schaden zu nehmen.

Dieses Vermögen wird durch die Angabe der Bemessungs-Kurzzeitstromfestigkeit I_{cw} festgelegt. Hinsichtlich der mechanischen Kurzschlussfestigkeit darf der auftretende Stoßkurzschluss-Strom i_p den Bemessungs-Stoßstrom I_{pk} nicht überschreiten.

Die höchsten Beanspruchungen müssen die Schaltgeräte beim Ein- und Ausschalten von Kurzschluss-Strömen beherrschen. Um hierfür das Schaltgerät richtig auswählen zu können, werden von den Herstellern das Bemessungs-Kurzschlusseinschaltvermögen I_{cm} und das Bemessungs-Kurzschlussausschaltvermögen I_{cn} angegeben.

Je nach den Anforderungen, die sich aus der Schaltaufgabe ergeben, stehen bekanntlich Niederspannungsschalter mit unterschiedlichem Schaltvermögen zur Verfügung: Leistungsschalter, Überlastschalter, Lastschalter und Trennschalter.

Nur die Leistungsschalter sind im Zusammenwirken mit Kurzschluss-Schutzeinrichtungen in der Lage, Kurzschluss-Ströme sicher ein- und auszuschalten. Mit Last- bzw. Überlastschaltern ist es möglich, einen Kurzschluss-Strom einzuschalten, aber nicht auszuschalten. Diese Eigenschaft hat aber eine Sicherung, und deshalb ist die Kombination Lastschalter-Sicherung gar nicht so selten.

Wenn Leistungsschalter konstruktiv so ausgelegt sind, dass vor dem Erreichen des ersten Scheitelwertes (Stoßkurzschluss-Strom) der Kurzschluss-Strom unterbrochen wird, wirken sie strombegrenzend und werden als strombegrenzende Leistungsschalter bezeichnet.

Auch Sicherungen als alleinige „Kurzschluss-Stromunterbrecher" schalten bei hohen Kurzschluss-Strömen sehr schnell ab und garantieren einen sicheren Kurzschluss-Schutz.

Durch den Einsatz einer zusätzlichen Vorsicherung kann die Kurzschlussfestigkeit von Schaltgeräten, wenn sie allein dafür nicht ausgelegt sind, erreicht werden (Back-up-Schutz).

Der Nachweis der Kurzschlussfestigkeit von Schaltgeräten muss sowohl für die Haupt- als auch Hilfsstromkreise erbracht werden.

Kurzschlussfestigkeit bei geschlossener Schaltgerätestellung

Das Schaltgerät muss während des Fließens des Kurzschluss-Stromes den mechanischen und thermischen Beanspruchungen standhalten. Von den Herstellern der Schaltgeräte wird

a) die Bemessungs-Stoßstromfestigkeit I_{pk},
b) die Bemessungs-Kurzzeitstromfestigkeit I_{cw} und
c) der bedingte Bemessungs-Kurzschluss-Strom I_{cc}

angegeben.

Zu a) Die *Bemessungs-Stoßstromfestigkeit* I_{pk}, als Scheitelwert des Kurzschluss-Stromes, gibt entsprechend die mechanische Kurzschlussfestigkeit des Schaltgerätes an. Dieser Wert muss gleich/größer dem an der Einbaustelle zu erwartenden höchsten Stoßkurzschluss-Strom i_p sein.
Einzuhaltende Bedingung:

Bemessungs-Stoßstromfestigkeit ≥ Stoßkurzschluss-Strom

$$I_{pk} \geq i_p \tag{5.24}$$

Zu b) Die *Bemessungs-Kurzzeitstromfestigkeit* I_{cw}, als Effektivwert des unbeeinflussten Kurzschluss-Stromes, gibt adäquat die thermische Kurzschlussfestigkeit an. Es ist ein Kurzschluss-Stromwert, der eine bestimmte, kurze Dauer fließen darf, ohne dass die Betriebsmittel unzulässig erwärmt werden.

In diesem Sinn gilt als nachgewiesen: Die Bemessungs-Kurzzeitstromfestigkeit I_{cw} ist gleich/größer dem thermisch gleichwertigen Kurzschluss-Strom I_{th}.

Bemessungs-Kurzzeitstromfestigkeit ≥ Thermisch gleichwertiger Kurzschluss-Strom

$$I_{cw} \geq I_{th} \tag{5.25}$$

In der Regel muss der thermisch gleichwertige Kurzschluss-Strom I_{th} auf die tatsächliche Kurzschluss-Stromdauer T_k umgerechnet werden:

$$I_{cw} \geq I_{th} \cdot \sqrt{\frac{T_k}{1\,\text{s}}} \,. \tag{5.26}$$

Der Wert der Bemessungs-Kurzzeitstromfestigkeit wird von den Herstellern der Schaltgeräte angegeben.

Zu c) Der *bedingte Bemessungs-Kurzschluss-Strom* I_{cc} eines Schaltgerätes ist der unbeeinflusste Kurzschluss-Strom, der durch eine Kurzschluss-Schutzeinrichtung zeitlich begrenzt wird und dadurch die Kurzschlussfestigkeit des Schaltgerätes gewährleistet.

Die Hersteller der Schaltgeräte geben hierfür höchstzulässige Vorsicherungsgrößen an.

Kurzschlussfestigkeit beim Einschalten von Schaltgeräten

Für Schaltgeräte (Lastschalter und Leistungsschalter) wird für die Bedingungen beim Einschalten auf einen Kurzschluss ein **Bemessungs-Kurzschlusseinschaltvermögen** I_{cm} angegeben. Es ist das vom Hersteller angegebene Kurzschlusseinschaltvermögen als Scheitelwert des unbeeinflussten Kurzschluss-Stromes bei Bemessungsbetriebsspannung, Bemessungsfrequenz und festgelegtem Leistungsfaktor bei Wechselspannung oder festgelegter Zeitkonstante bei Gleichspannung.

Wenn das Bemessungs-Kurzschlusseinschaltvermögen I_{cm} nicht kleiner ist als der Stoßkurzschluss-Strom i_p, dann hält das Schaltgerät beim Einschalten auf einen Kurzschluss der mechanischen Beanspruchung stand.

Einzuhaltende Bedingung:

Bemessungs-Kurzschlusseinschaltvermögen ≥ Stoßkurzschluss-Strom

$$I_{cm} \geq i_p \tag{5.27}$$

Das Kurzschlusseinschaltvermögen von Schaltern wird von den Herstellern bezogen auf den Zustand der Schaltkontakte nach einer Kurzschlusseinschaltung (einwandfrei, Kontakte verschweißt) und im Hinblick der gefahrlosen Bedienung auch mit unterschiedlichen Werten angegeben.

Kurzschlussfestigkeit beim Ausschalten von Schaltgeräten

Das **Bemessungs-Kurzschlussausschaltvermögen** I_{cn} eines Schaltgerätes (Leistungsschalter und Sicherungen) ist der vom Hersteller angegebene Kurzschluss-Strom, den das Gerät bei Bemessungsbetriebsspannung, Bemessungsfrequenz und festgelegtem Leistungsfaktor bei Wechselspannung oder festgelegter Zeitkonstante bei Gleichspannung ausschalten kann. Bei Wechselspannung ist es der Effektivwert des Kurzschluss-Stromes, dessen Abschaltung das Schaltgerät beherrscht.

Einzuhaltende Bedingung:
Die Kurzschlussfestigkeit des Schaltgerätes ist gewährleistet, wenn das Bemessungs-Kurzschlussausschaltvermögen gleich/größer dem Ausschaltwechselstrom I_a ist, der vom Schaltgerät getrennt werden muss.

Bemessungs-Kurzschlussausschaltvermögen ≥ Ausschaltwechselstrom

$$I_{cn} \geq I_a \tag{5.28}$$

Das Kurzschlussausschaltvermögen von Leistungsschaltern wird von den Herstellern für einen eingeschränkten Betrieb nach einer Kurzschlussabschaltung angegeben. In **Tafel 5.22** sind die notwendigen Nachweise zur Kurzschlussfestigkeit von Schaltern zusammengefasst.

Tafel 5.22 Nachweis der Kurzschlussfestigkeit von Schaltern

Bemessungs-	Leistungsschalter	Last- und Überlastschalter	Trennschalter
Stoßstrom I_{pk}	$I_{pk} \geq i_p$		
Kurzzeitstromfestigkeit I_{cw}	$I_{cw} \geq I_{th}$		
Kurzschlusseinschaltvermögen I_{cm}	$I_{cm} \geq i_p$	–	
Kurzschlussausschaltvermögen I_{cn}	$I_{cn} \geq I_a$	–	–

Nachweis der Kurzschlussfestigkeit von Leistungsschaltern

Der Leistungsschalter ist das einzige mechanische Schaltgerät, das Ströme unter bestimmungsgemäßen Betriebsbedingungen im Stromkreis einschalten, führen und ausschalten sowie **auch bei Kurzschluss, einschalten, während einer festgelegten Zeit führen und ausschalten** kann.

Deshalb sind zur Kurzschlussfestigkeit von Leistungsschaltern besondere Festlegungen zu beachten.

Hinsichtlich der Kurzschluss-Stromunterbrechung ist die Art der Lichtbogenlöschung beim Leistungsschalter von Bedeutung.

Nullpunktlöschende Leistungsschalter unterbrechen den Kurzschluss-Strom frühestens beim ersten Nulldurchgang. Der Kurzschluss-Strom kann bis zu 10 ms fließen. Während dieser Zeit sind der Schalter und alle betroffenen Anlagenteile und Betriebsmittel den mechanischen und thermischen Beanspruchungen des Kurzschluss-Stromes ausgesetzt.

Strombegrenzende Leistungsschalter sind konstruktiv so ausgelegt, dass die im Schalter auftretenden Kurzschluss-Stromkräfte den Ausschaltvorgang mechanisch beschleunigen und der Kurzschluss-Strom vor dem Erreichen des ersten Scheitelwertes (Stoßkurzschluss-Strom) unterbrochen wird. Nach nur wenigen Millisekunden erfolgt die Abschaltung des Kurzschluss-Stromes. Die auftretenden Kurzschluss-Stromkräfte und die Erwärmung der Betriebsmittel werden durch das schnellere Abschalten stark begrenzt. Deshalb sind die strombegrenzenden Leistungsschalter für die Gewährleistung der Kurzschlussfestigkeit bei hohen Kurzschluss-Strömen natürlich besser geeignet. Das höhere Schaltvermögen ermöglicht den Kurzschluss-Schutz manchmal überhaupt erst.

Zur Einordnung der Kenngrößen für die Kurzschlussfestigkeit wird der Begriff der *Gebrauchskategorie* eines Schaltgerätes verwendet und für Leistungsschalter angegeben.

Unterschieden werden die Gebrauchskategorien A und B, wobei die Gebrauchskategorie B – im Gegensatz zur Kategorie A – besonders zur Gewährleistung der Selektivität unter Kurzschlussbedingungen gegenüber anderen auf der Lastseite in Reihe liegenden Kurzschluss-Schutzeinrichtungen ausgelegt ist und eine Bemessungs-Kurzzeitstromfestigkeit hat.

Gebrauchskategorie A
– für selektives Abschalten nicht geeignet
– keine Kurzzeitstromfestigkeit

Gebrauchskategorie B
– für selektives Abschalten geeignet
– Kurzzeitstromfestigkeit vorhanden ($I_{th} \geq 12 \cdot I_r$ für 50 ms).

Die Kurzzeitverzögerung bei der Bemessungs-Kurzzeitstromfestigkeit muss mindestens 0,05 s betragen. Es gelten folgende Vorzugswerte: 0,05 s; 0,1 s; 0,25 s; 0,5 s und 1 s.

Bezogen auf den Bemessungsstrom des Leistungsschalters darf die Bemessungs-Kurzzeitstromfestigkeit nicht kleiner sein als die in **Tafel 5.23** angegebenen Werte.

Tafel 5.23 Mindestwerte der Bemessungs-Kurzzeitstromfestigkeit [5.8]

Bemessungsstrom I_r A	Bemessungskurzzeitstromfestigkeit I_{cw} Mindestwerte in kA
$I_r \leq 2500$	12 I_r, mindestens 5 kA
$I_r > 2500$	30 kA

Das Bemessungs-Kurzschlusseinschaltvermögen I_{cm} muss mindestens den 1,5 bis 2,2fachen Wert vom Bemessungs-Kurzschlussausschaltvermögen I_{cn} betragen, weil der Schalter beim Einschalten auf einen Kurzschluss durch den Stoßkurzschluss-Strom beansprucht wird (**Tafel 5.24**).

Tafel 5.24 Verhältnis n zwischen Kurzschlusseinschalt- und -ausschaltvermögen und zugehörigem Leistungsfaktor (bei Wechselspannungsleistungsschaltern) [5.8]

Kurzschlussausschaltvermögen I (Effektivwert in kA)	Leistungsfaktor	Mindestwert für n $n = \dfrac{\text{Kurzschlusseinschaltvermögen}}{\text{Kurzschlussausschaltvermögen}}$
$4,5 < I \leq 6$	0,7	1,5
$6 < I \leq 10$	0,5	1,7
$10 < I \leq 20$	0,3	2,0
$20 < I \leq 50$	0,25	2,1
$50 < I$	0,2	2,2

Ein Leistungsschalter muss jeden Kurzschluss-Strom bis zum Bemessungs-Kurzschlussausschaltvermögen sicher ausschalten können.

Grenzen hierzu sind durch den Leistungsfaktor bzw. durch die Zeitkonstante zu beachten: Das Bemessungs-Kurzschlussausschaltvermögen gilt, wenn

– bei Wechselspannung der Leistungsfaktor nicht kleiner oder
– bei Gleichspannung die Zeitkonstante nicht größer

ist als in **Tafel 5.25** angegeben.

Tafel 5.25 Leistungsfaktoren und Zeitkonstanten in Abhängigkeit vom Kurzschluss-Strom (Prüfstrom)

Kurzschluss-Strom (Prüfstrom) in kA	Leistungsfaktor	Zeitkonstante in ms
$I \leq 3$	0,9	5
$3 < I \leq 4,5$	0,8	5
$4,5 < I \leq 6$	0,7	5
$6 < I \leq 10$	0,5	5
$10 < I \leq 20$	0,3	10
$20 < I \leq 4,5$	0,25	15
$50 < I$	0,2	15

Für das Kurzschluss-Strom-Ausschalten eines Leistungsschalters wird vom Hersteller neben der Angabe des Bemessungs-Kurzschlussausschaltvermögens auch

a) das *Bemessungs-Grenzkurzschlussausschaltvermögen* I_{cu}
  – frühere Bezeichnung: Schaltkategorie P-1
  – Prüfschaltfolge: Aus-Pause-Ein/Aus bzw. O-t-CO

und

b) das *Bemessungs-Betriebskurzschlussausschaltvermögen* I_{cs}
  – frühere Bezeichnung: Schaltkategorie P-2
  – Prüfschaltfolge: Aus-Pause-Ein/Aus-Pause -Ein/Aus bzw. O-t-CO-t-CO

ausgewiesen.

Beide Werte treffen eine Aussage inwieweit ein Leistungsschalter nach einer Kurzschlussabschaltung in Höhe des Bemessungs-Kurzschlussausschaltvermögens noch belastbar ist.

5.5 Nachweis der Kurzschlussfestigkeit von Betriebsmitteln und Anlagen

Wenn ein Leistungsschalter nach der Abschaltung eines Kurzschluss-Stromes in Höhe des Bemessungs-Ausschaltvermögens nur noch für einen reduzierten Dauerstrom zugelassen ist, wird das Bemessungs-Grenzkurzschlussausschaltvermögen angegeben.

Ist mit häufigeren, stromstarken Kurzschlussabschaltungen zu rechnen, wird der Leistungsschalter nach dem Bemessungs-Betriebskurzschlussausschaltvermögen ausgewählt.

Zwischen dem Betriebs- und dem Grenz-Kurzschlussausschaltvermögen sind in Abhängigkeit der Gebrauchskategorie bestimmte Verhältnisse I_{cs}/I_{cu} in [5.8] festgelegt (**Tafel 5.26**).

Tafel 5.26
Verhältnis I_{cs}/I_{cu} in Abhängigkeit der Gebrauchskategorie GK von Leistungsschaltern

I_{cs}/I_{cu}	
GK A	GK B
0,25	–
0,5	0,5
0,75	0,75
1,0	1,0

Es gilt weiterhin:
Das Bemessungs-Kurzschlusseinschaltvermögen eines Leistungsschalters ist nicht kleiner als das Bemessungs-Grenzkurzschlussausschaltvermögen, bei Wechselspannung multipliziert mit dem Faktor n nach Tafel 5.24:

$$I_{cm} \geq I_{cu} \quad \text{bzw.} \quad I_{cm} \geq n \cdot I_{cu}. \tag{5.29}$$

NS-Schaltgerätekombinationen

Eine Schaltgerätekombination ist die begriffliche Zusammenfassung eines oder mehrerer Niederspannungs-Schaltgeräte mit den zugehörigen Betriebsmitteln zum Steuern, Messen, Melden und der Schutz- und Regeleinrichtungen usw., die unter Verantwortung des Herstellers komplett zusammengebaut ist, mit allen inneren elektrischen und mechanischen Verbindungen und Konstruktionsteilen [5.9].

Unterschieden werden **t**ypgeprüfte Niederspannungs-**S**chaltgeräte**k**ombinationen (TSK) und **p**artiell **t**ypgeprüfte Niederspannungs-**S**chaltgeräte**k**ombinationen (PTSK).

Die TSK ist eine Niederspannungs-Schaltgerätekombination, die eine standardisierte Baugruppe für bestimmte Anwendungen darstellt und ohne wesentliche Abweichungen mit dem Ursprungstyp oder -system mit der typgeprüften Schaltgerätekombination übereinstimmt.

Eine PTSK enthält sowohl typgeprüfte und nicht typgeprüfte Baugruppen, wobei letztere bestimmte Prüfungen bestehen müssen.

Schaltgerätekombinationen müssen den durch die Kurzschluss-Ströme verursachten mechanischen und thermischen und bis zu den von den Herstellern angegebenen Bemessungswerten standhalten.

Charakteristische Größen, die zur Bewertung der Kurzschlussfestigkeit eines Stromkreises einer Schaltgerätekombination herangezogen werden müssen, sind:

– die Bemessungs-Kurzzeitstromfestigkeit I_{cw}
– der Bemessungs-Kurzzeitstrom I_{cw} bei 1 s
– die Bemessungs-Stoßstromfestigkeit I_{pk}
– der bedingte Bemessungs-Kurzschluss-Strom I_{cc}
– der Bemessungs-Kurzschluss-Strom beim Schutz durch Sicherungen I_{cf}.

Der Nachweis der Kurzschlussfestigkeit erfolgt durch Prüfung (Typprüfung) und/oder Extrapolation ähnlicher typgeprüfter Anordnungen.

Entfallen kann der Nachweis beispielsweise, wenn die Bemessungs-Kurzzeitstromfestigkeit oder der bedingte Bemessungs-Kurzschluss-Strom nicht größer als 10 kA ist oder der Schutz durch strombegrenzende Einrichtungen erfolgt, deren Durchlass-Strom das Bemessungs-Ausschaltvermögen von 15 kA nicht überschreitet.

Angaben zur Kurzschlussfestigkeit durch den Hersteller:

a) bei eingebauter Kurzschluss-Schutzeinrichtung in der Einspeisung

– der größtzulässige unbeeinflusste Kurzschluss-Strom am Einbauort bzw. an den Klemmen der Einspeisung der Schaltgerätekombination;
– beim Einsatz strombegrenzender Kurzschluss-Schutzeinrichtungen (Sicherung oder strombegrenzender Leistungsschalter) müssen auf sie bezogene Werte wie der Bemessungsstrom, das Bemessungs-Ausschaltvermögen, der Durchlass-Strom und/oder der Durchlass-I^2T-Wert bekannt sein;
– bei Verwendung von Leistungsschaltern mit verzögertem Auslöser muss die größte Verzögerungszeit und der Einstellwert des Stromes entsprechend dem angegebenen unbeeinflussten Kurzschluss-Strom angegeben sein;

b) ohne eingebaute Kurzschluss-Schutzeinrichtung in der Einspeisung

– die Bemessungs-Kurzzeitstromfestigkeit $I_{th\,r}$ mit der zugehörigen Bemessungs-Kurzzeit T_{kr} (wird bei $T_{kr} = 1$ s auch weggelassen);
– der bedingte Bemessungs-Kurzschluss-Strom;
– der bedingte Bemessungs-Kurzschluss-Strom beim Schutz durch Sicherungen.

Für den bedingten Bemessungs-Kurzschluss-Strom muss der Bemessungsstrom, das Bemessungs-Ausschaltvermögen, der Durchlass-Strom und/oder der Durchlass-I^2T-Wert angegeben sein.

Ein Einsatz der Schaltgerätekombination mit abweichenden Bemessungs- bzw. Kurzschlusswerten sowie die Koordinierung von Kurzschluss-Schutzeinrichtungen ist zwischen dem Hersteller und Anwender zu klären. Gibt dazu der Hersteller im Katalog oder in den Schaltungsunterlagen entsprechende Festlegungen an, gelten diese als Vereinbarung.

5.5.6 Stromwandler

Für Stromwandler ist die thermische und mechanische Kurzschlussfestigkeit zu überprüfen.

In DIN VDE 0414 [5.10] sind als Bemessungsgrößen zur Kurzschlussfestigkeit von Stromwandlern definiert:

– der *thermische Bemessungs-Kurzzeitstrom* $I_{th\,r}$

als Effektivwert der primären Stromstärke, die der Stromwandler eine Sekunde bei kurzgeschlossener Sekundärwicklung ohne Beschädigung und

– der *Bemessungs-Stoßstrom* I_{pr} (I_{dyn})

als Scheitelwert der primären Stromstärke, deren Kraftwirkung der Stromwandler bei kurzgeschlossener Sekundärwicklung ohne elektrische oder mechanische Beschädigung aushält.

5.5 Nachweis der Kurzschlussfestigkeit von Betriebsmitteln und Anlagen

Thermische Kurzschlussfestigkeit ist gewährleistet, wenn folgende Bedingung erfüllt ist:

Die thermische Bemessungs-Kurzzeitfestigkeit $I_{\mathrm{th}\,r}$ bezogen auf eine Abschaltzeit von $T_a = 1$ s als Herstellerangabe darf nicht kleiner sein als der thermisch gleichwertige Kurzschluss-Strom I_{th} bezogen auf die tatsächliche Kurzschlussdauer T_k.

$$I_{\mathrm{th}\,r} \geq I_k \cdot \sqrt{(m+n)} \cdot \sqrt{\frac{1\,\mathrm{s}}{T_k}} \tag{5.30}$$

Ist der thermische Bemessungs-Kurzzeitstrom $I_{\mathrm{th}\,r}$ auf eine andere Abschaltzeit bezogen als 1 s (z. B. $T_{\mathrm{kr}} = 3\mathrm{s}$), muss diese anstatt 1s in die Formel (5.30) eingesetzt werden.

Der Mindestwert von $I_{\mathrm{th}\,r}$ wird für den Niederspannungsbereich als 60facher Wert des primären Bemessungsstromes I_r angegeben:

$$I_{\mathrm{th}\,r} = 60 \cdot I_r \,.$$

Für die Reihenspannungen gilt im Bereich

von 3 kV und 6 kV: $I_{\mathrm{th}\,r} = 80 \cdot I_r$ und
von 10 kV bis 45 kV: $I_{\mathrm{th}\,r} = 100 \cdot I_r$.

Mechanische Kurzschlussfestigkeit ist gewährleistet, wenn folgende Bedingung erfüllt ist:

Der Bemessungs-Stoßstrom I_{pr} darf nicht kleiner sein als der Stoßkurzschluss-Strom i_p oder bei Kurzschluss-Schutz durch Sicherungen der Durchlass-Strom i_d.

$$I_{pr} \geq i_p \quad \text{oder} \quad I_{pr} \geq i_d \tag{5.31}$$

Der Wert des Bemessungs-Stoßstromes I_{pr} ist im Allgemeinen 2,5 $I_{\mathrm{th}\,r}$. Nur bei Abweichung von diesem Wert muss I_{pr} auf dem Leistungsschild angegeben sein. Der Mindestwert von I_{pr} wird mit 100 kA angegeben. Diese Grenzwerte sind für Wickelstromwandler von Bedeutung. Für Stab- und Aufschiebewandler sind auch höhere Werte möglich.

Grundsätzlich gilt:

Bei einer Kurzschlussdauer $T_k < 1$ s ist die mechanische Kurzschlussfestigkeit und bei größeren Abschaltzeiten als 1 s die thermische Kurzschlussfestigkeit für die Auswahl der Stromwandler maßgeblich.

5.5.7 Verteilungstransformatoren

Transformatoren müssen im Kurzschlussfall den thermischen und mechanischen Beanspruchungen standhalten. Die höchste Beanspruchung tritt bei einem äußeren Kurzschluss an den Sekundärklemmen auf. Dies trifft insbesondere für den dreipoligen Kurzschluss zu. Schon bei Kurzschluss-Strömen ab 10 kA treten Kesselschädigungen und Ölaustritt auf, wenn der Kurzschluss-Strom nicht begrenzt wird.

Der einpolige Kurzschluss-Strom kann bei Transformatoren mit den Schaltgruppen Stern und Zick-Zack am größten sein, bei Transformatoren mit getrennten Wicklungen wird aber normalerweise nur der dreipolige Kurzschluss berücksichtigt.

Das **Foto F3/Anhang** zeigt einen Transformator nach einem Kurzschluss, bei dem die Schutzeinrichtung nicht reagiert hat.

Schutz bei Kurzschluss

Der Kurzschluss-Schutz von Verteilungstransformatoren kann mit Hochspannungs-Hochleistungsschmelzsicherungen (HH) oder Leistungsschaltern in Verbindung mit Wandlern und Schutzrelais vorgesehen werden. Die HH-Sicherungen haben den Vorteil der strombegrenzenden Wirkung und schalten den Kurzschluss-Strom ab dem 2 bis 3fachen ihres Bemessungsstromes bis zu den höchsten Kurzschluss-Strömen sehr schnell aus. Die mechanischen und thermischen Wirkungen durch den Kurzschluss-Strom sind dadurch gering.

Die Kurzschluss-Stromausschaltung durch Leistungsschalter kann eine sehr hohe Beanspruchung hervorrufen. Kesselplatzen und auslaufendes brennendes Öl sind möglich. Dem Lichtbogenschutz muss besondere Aufmerksamkeit gewidmet werden, besonders wenn die Transformatorstation in verkehrsreichen Innenstadtbereichen angesiedelt ist.

Verteilungstranformatoren mit Bemessungsleistungen bis 630 kVA – unter bestimmten Bedingungen auch bis 1000 kVA – werden primärseitig in der Regel durch Hochspannungs-Hochleistungssicherungen (HH-Sicherungen) gegen die Auswirkungen von Kurzschluss-Strömen geschützt.

Bei Verteilungstransformatoren mit höheren Bemessungsleistungen ($S_{rT} > 1000$ kVA) erfolgt der Kurzschluss-Schutz mittelspannungsseitig grundsätzlich durch Leistungsschalter.

Niederspannungsseitig wird der Kurzschluss-Schutz des Transformators durch kurzverzögerte elektromagnetische Auslöser realisiert, damit zu nachgeordneten Leistungsschaltern und Sicherungen Selektivität möglich wird.

Thermische Kurzschlussfestigkeit

Die thermische Kurzschlussfestigkeit von Öl- und Trockentransformatoren ist gewährleistet, wenn der maximal mögliche Dauerkurzschluss-Strom an den Sekundärklemmen des Transformators nach einer Kurzschlussdauer von maximal 2 s abgeschaltet wird [5.11].

Abweichungen hiervon sind immer zwischen dem Transformator-Hersteller und dem Errichter oder Betreiber abzustimmen.

Bei Spartransformatoren und Transformatoren, deren Dauerkurzschluss-Strom den 25fachen Bemessungsstrom übersteigt, kann eine geringere Kurzschlussdauer als 2 s zwischen Hersteller und Errichter vereinbart werden.

Die als vorübergehende Nationale Abweichung in [5.11] angegebenen höheren zulässigen Zeiten für die Kurzschlussdauer (**Tafel 5.27**) sind im Entwurf von VDE 0532 Teil 105 [5.12] nicht mehr angegeben.

Tafel 5.27 Höchstzulässige Kurzschlussdauer in Abhängigkeit von der Nennleistung der Leistungstransformatoren [5.11]

Trafo-Nennleistung in kVA	zulässige Kurzschlussdauer in s
bis 630	2
über 630 bis 1 250	3
über 1250 bis 3 150	4
über 3150 bis 200 000	5

Um die Beanspruchung des Transformators im Kurzschlussfall beurteilen zu können, muss der maximal mögliche Dauerkurzschluss-Strom I_k bei einem Kurzschluss an den Sekundärklemmen des Verteilungstransformators berechnet werden.

5.5 Nachweis der Kurzschlussfestigkeit von Betriebsmitteln und Anlagen

Für die Berechnung des dreipoligen Kurzschluss-Stromes kann von der einfachen Ersatzschaltung im **Bild 5.18** ausgegangen werden.

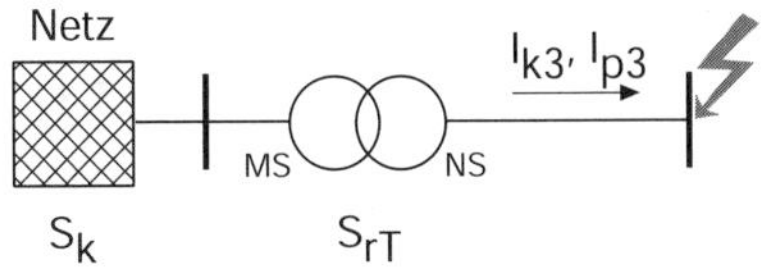

Bild 5.18
Kurzschluss an den Sekundärklemmen eines Transformators

Grundlage für die nachfolgenden Berechnungen sind die in [5.13] genormten Verteilungstransformatoren mit einer Leistungsbreite von 50 bis 2500 kVA und den angegebenen Bemessungsdaten.

Wenn ein Kurzschluss unmittelbar an oder hinter den Transformatorenklemmen auftritt und die Netzimpedanz klein ist (starres Netz mit $S_k \to \infty$), wird der Kurzschluss-Strom im Wesentlichen von der Transformatorimpedanz begrenzt. Dann erhält man rechnerisch auch den größten Strom. Jede weitere Leitungsimpedanz würde den Kurzschluss-Strom mindern.

Der maximal mögliche dreipolige Kurzschluss-Strom wird mit folgender Formel berechnet:

$$I_{k3} = \frac{c \cdot U_n}{\sqrt{3} \cdot Z_T}. \tag{5.32}$$

Eingesetzt werden in die Formel (5.32):

– der Spannungsfaktor $c = c_{max} = 1$ (Tafel 3.1) zur Berechnung maximaler Kurzschluss-Ströme,
– die Netznennspannung $U_n = 400$ V und
– die Transformatorimpedanz Z_T nach **Tafel 5.28**.

Tafel 5.28 Impedanzen von Öl-Drehstrom-Verteilungstransformatoren berechnet mit einer Bemessungsspannung $U_{rT} = 400$ V [5.13]

S_{rT} in kVA	u_{rk} in %	P_k in W	u_r in %	u_s in %	R_T in mΩ	X_T in mΩ	Z_T in mΩ
50	4	1 100	2,20	3,34	70,4	106,92	128,0
100	4	1 750	1,75	3,60	28	57,552	64,0
160	4	2 350	1,47	3,72	14,688	37,21	40,0
200	4	2 850	1,43	3,74	11,4	29,904	32,0
250	4	3 250	1,30	3,78	8,32	24,212	25,6
315	4	3 900	1,24	3,80	6,289	19,322	20,32
400	4	4 600	1,15	3,83	4,6	15,328	16,0
500	4	5 500	1,10	3,85	3,52	12,308	12,8
630	4	6 500	1,03	3,86	2,621	9,816	10,16
800	6	8 400	1,05	5,91	2,1	11,816	12,0
1000	6	10 500	1,05	5,91	1,68	9,453	9,6
1250	6	13 000	1,04	5,91	1,332	7,565	7,68
1600	6	17 000	1,06	5,91	1,063	5,906	6,0
2000	6	21 500	1,06	5,90	0,86	4,723	4,8
2500	6	26 500	1,06	5,91	0,679	3,778	3,84

Unter der Voraussetzung, dass die Netznennspannung gleich der Bemessungsspannung des Transformators von 400 V ist, sind in Tafel 2.2 die maximal möglichen Kurzschluss-Ströme I_{k3} auf der Niederspannungsseite von Verteilungstransformatoren tabellarisch zusammengefasst.

Noch einfacher – aber ungenauer – kann mit folgenden Gleichungen bzw. zugeschnittenen Größengleichungen der maximale Kurzschluss-Strom überschläglich berechnet werden:

$$I_{k3} = \frac{S_{Tr}}{\sqrt{3} \cdot U_{rT}} \cdot \frac{100\,\%}{u_k\,/\,\%} = I_{Tr} \cdot \frac{100\,\%}{u_k\,/\,\%} \qquad (5.33)$$

Für eine Transformatorbemessungsspannung $U_{rT} = 400$ V ist dann:

Transformatoren mit $u_k = 4\%$: $I_{k3/kA} = 36{,}1 \cdot S_{Tr/kVA}$ \qquad (5.34)

Transformatoren mit $u_k = 6\%$: $I_{k3/kA} = 24{,}1 \cdot S_{Tr/kVA}$ \qquad (5.35)

Die Berechnung ohne Berücksichtigung der Netzimpedanz liefert etwas zu hohe Kurzschluss-Ströme, mit denen man bei der Bewertung des Kurzschluss-Schutzes auf der sicheren Seite liegt.

Auswahl von Hochspannungs-Hochleistungssicherungen zum Kurzschluss-Schutz
Die HH-Sicherung soll ausschließlich den Kurzschluss-Schutz garantieren. Bei der Auswahl des Bemessungsstromes des HH-Schmelzeinsatzes ist neben dem primären Bemessungsstrom und dem Einschaltstrom des Transformators die Selektivität zu den vor- und nachgeschalteten Schutzeinrichtungen sowie die Kurzschlussfestigkeit zu beachten.

Die Zeit/Strom-Kennlinien von HH-Schmelzeinsätzen stehen mit **Bild 5.19** zur Verfügung.

Die Zuordnung der HH-Sicherung zur Bemessungsleistung des Transformators wird von den Transformatorherstellern angegeben. Sollte diese Angabe nicht vorliegen, kann von den HH-Sicherungsbemessungsstromstärken in **Tafel 5.29** bei der Auslegung des Kurzschluss-Schutzes ausgegangen werden.

Die HH-Sicherung zum Kurzschluss-Schutz von Transformatoren ist eine Teilbereichssicherung und hat eine strombegrenzende Wirkung. Sie schaltet alle Ströme vom Bemessungswert „Größter Ausschaltstrom" bis herab zum Bemessungswert „Mindestausschaltstrom". Der Mindestausschaltstrom ist der kleinste unbeeinflusste Kurzschluss-Strom als Herstellerangabe, den die Sicherung ausschalten kann.

Bei der Auswahl der HH-Sicherung ist zu beachten, dass der Bemessungswert Mindestausschaltstrom des Sicherungseinsatzes niedriger ist als der kleinste Kurzschluss-Strom auf der Hochspannungsseite bei Kurzschluss auf der Niederspannungsseite des Transformators. Üblich ist ein Abstand von ca. 25% zwischen dem Mindestkurzschluss-Strom der Sicherung und dem Kurzschluss-Strom.

$$I_{a\min} \cdot 1{,}25 < I_{k\min} \cdot \frac{1}{\ddot{u}_r} \qquad (5.36)$$

Typische Werte des Bemessungs-Mindestausschaltstromes für Sicherungen liegen im Bereich des vier- bis achtfachen des Transformator-Bemessungsstromes.

Beispiel 5.13:
Kurzschluss-Schutz für einen Verteilungstransformator
Ein Öltransformator mit einer Bemessungsleistung $S_{rT} = 250$ kVA und einem Übersetzungsverhältnis $\ddot{u}_r = 10$ kV/0,4 kV soll bei Kurzschluss durch eine HH-Sicherung geschützt werden.

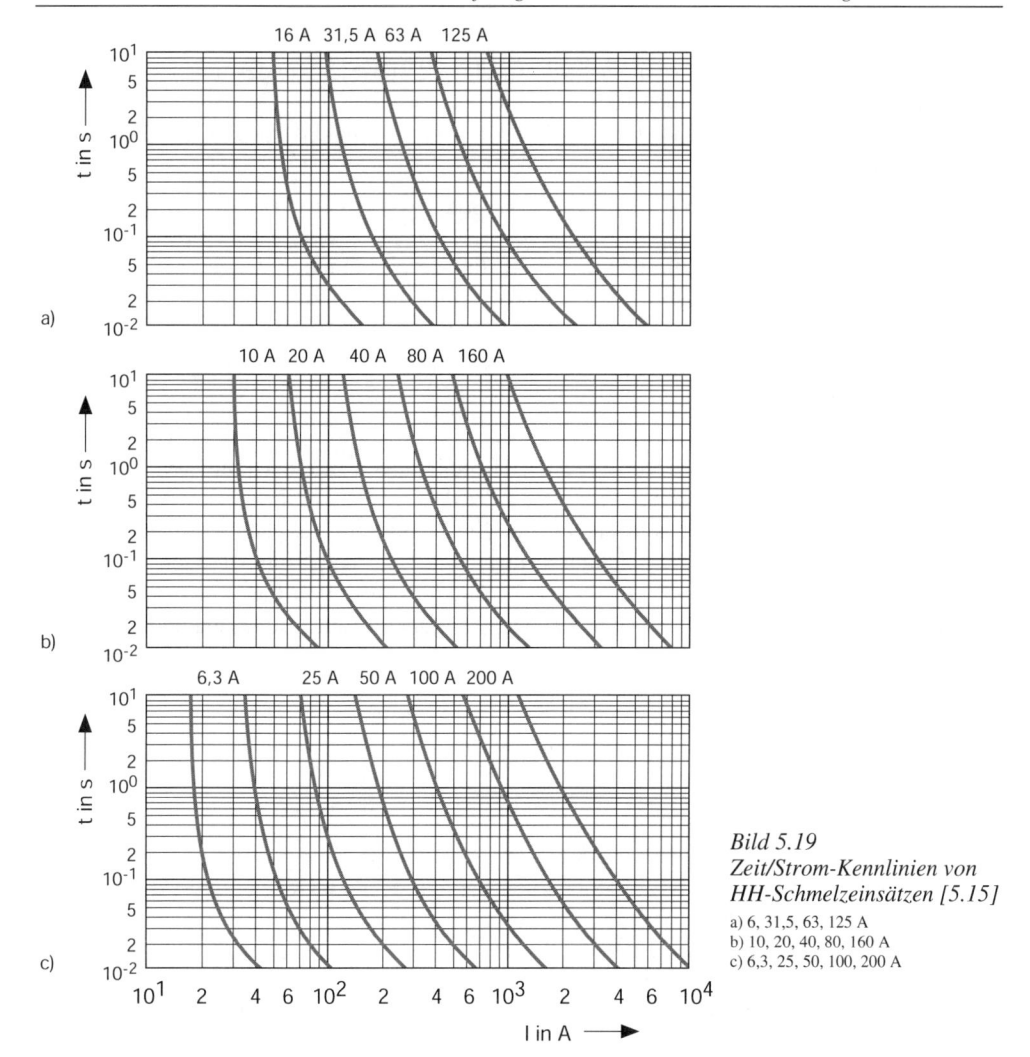

Bild 5.19
Zeit/Strom-Kennlinien von HH-Schmelzeinsätzen [5.15]
a) 6, 31,5, 63, 125 A
b) 10, 20, 40, 80, 160 A
c) 6,3, 25, 50, 100, 200 A

Tafel 5.29 Zuordnung von HH-Sicherungen zum Kurzschluss-Schutz von Verteilungstransformatoren [5.14]

Bemessungsleistung des Transformators in kVA	Bemessungsspannung in kV			
	6/7,2	10/12	20/24	30/36
	Bemessungsstrom HH-Schmelzsicherung in A			
100	20/25	16	10	6,3
125	25/31,5	16	10	10
160	31,5/40	20/25	16	10
200	40/50	25/31,5	16	16
250	50/63	31,5/40	16/25	16/20
315	63/80	40/50	25	20/25
400	80/100	50/63	25/31,5	25
500	100/125	63/80	31,5/40	25/31,5
630	125/160	80/100	40/50	31,5/40
800	160	100/125	63	40/50
1000	160/200	125/160	63/80	40/50

Vorgehensweise:
Für den Kurzschluss-Schutz kommen nach Tafel 5.29 HH-Sicherungen mit einer Bemessungsstromstärke von 31,5 A oder 40 A in Frage.

Der maximale dreipolige Kurzschluss-Strom auf der Sekundärseite des Transformators beträgt:

$$I_{k3/kA} = 36,1 \cdot S_{rT/kVA} = (36,1 \cdot 250) \text{ kA} = 9,025 \text{ kA}.$$

Um mittels der Zeit/Strom-Kennlinien, die auf die Mittelspannung bezogen sind, die Ausschaltzeit der HH-Sicherung beim Kurzschluss-Strom ermitteln zu können, muss der Kurzschluss-Strom auf die Primärspannung des Transformators von 10 kV umgerechnet werden:

$$I_{k3/10kV} = I_{k3/0,4kV} \cdot \frac{1}{\ddot{u}_r} = 9025 \text{ A} \cdot \frac{0,4 \text{ kV}}{10 \text{ kV}} = 361 \text{ A}.$$

Dieser Kurzschluss-Strom wird von beiden HH-Sicherungen in einer kleineren Ausschaltzeit als 2 s (Bild 5.19) unterbrochen.

Jetzt muss noch untersucht werden, ob der Einschaltstrom des Transformators (Rush-Effekt) die Sicherung zum Ausschalten bringt. Als Einschaltstrom ist nach [5.15] der 12fache Bemessungsstrom des Transformators für die Dauer von 0,1 s anzunehmen. Der größte Bemessungsstrom wird mit der kleinsten möglichen Bemessungsspannung (Stufeneinstellung) ermittelt:

$$I_{rT} = \frac{S_{rT}}{\sqrt{3} \cdot U_{rT(-5\%)}} = \frac{250 \text{ kVA}}{\sqrt{3} \cdot 9,5 \text{ kV}} = 15,2 \text{ A}.$$

Der Einschaltstrom ist dann: $I_{\text{rush}} = 12 \cdot I_{rT} = 12 \cdot 15,2 \text{ A} = 182,4 \text{ A}$.

Dieser Strom wird in die Zeit/Strom-Kennlinie eingetragen (**Bild 5.20**).

Die Ausschaltzeit bei einer 31,5 A-Sicherung beträgt: $T_a \approx 0,08 \text{ s} < 0,1 \text{ s} \Rightarrow$ Ausschaltung möglich!

Für die 40 A-Sicherung ist der unteren Grenzkennlinie zu entnehmen: $T_a \approx 0,3 \text{ s} > 0,1 \text{ s}$ $\Rightarrow$ Ausschaltung unwahrscheinlich!

Ohne Kenntnis des Mindestausschaltstromes $I_{a\min}$ kann er als achtfacher Wert des Transformator-Bemessungsstromes angenommen werden.

$$I_{a\min} = 8 \cdot 15,2 \text{ A} = 121,6 \text{ A}$$

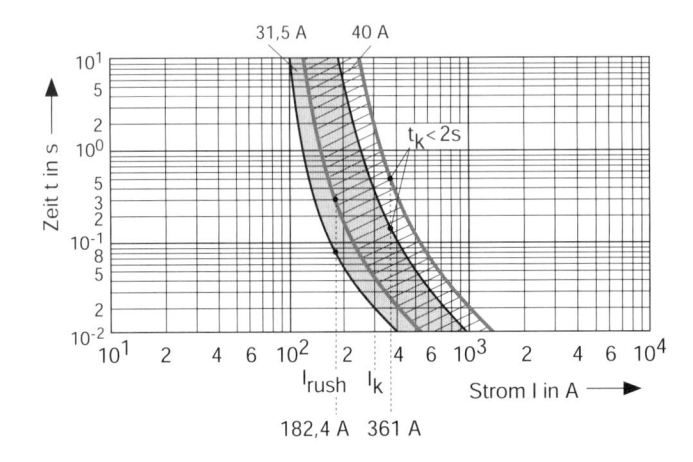

Bild 5.20
Auswahl einer HH-Sicherung zum Transformatorenschutz

Die Bedingung (5.36)

$$121{,}6\,\text{A} \cdot 1{,}25 = 152\,\text{A} < 9025\,\text{A} \cdot \frac{0{,}4\,\text{kV}}{10\,\text{kV}} = 361\,\text{A}$$

ist eingehalten, und damit kann eine 40 A-HH-Sicherung eingesetzt werden.

Eine Rücksprache mit dem Transformatorhersteller zum Kurzschluss-Schutz ist immer angebracht.

5.5.8 Schutz durch kurzschluss- und erdschlusssicheres Verlegen

Durch kurzschluss- und erdschlusssichere Legung von Kabel, Leitungen und Stromschienen kann das Auftreten von Kurzschlüssen vermindert und somit eine Möglichkeit des Kurzschluss-Schutzes berücksichtigt werden.

In früheren Ausgaben der DIN VDE 0100 Teil 520 sind folgende Legearten angegeben, die als kurzschluss- und erdschlusssicher gelten:

– Leiteranordnungen aus starren Leitern und Aderleitungen, bei denen eine gegenseitige Berührung und die Berührung mit geerdeten Teilen verhindert ist. Dies kann durch ausreichende Abstände mittels Abstandshalter, das Führen in getrennten Elektroinstallationskanälen oder -rohren erreicht werden.
– Anordnungen aus einadrigen Kabeln, Mantelleitungen oder Gummischlauchleitungen
– Leiteranordnungen aus Aderleitungen geeigneter Bauart z. B. Sondergummiaderleitungen
– Zugängliche und nicht in der Nähe brennbarer Stoffe verlegte Kabel und Mantelleitungen, bei denen die Gefahr einer mechanischen Beschädigung durch geeignete Maßnahmen verhindert ist, z. B. in abgeschlossenen elektrischen Betriebsstätten.
– Als kurzschluss- und erdschlusssicher gilt auch, wenn Kabel und Leitungen ohne Gefahr für die Umgebung ausbrennen können, z. B. im Erdreich.

Konkrete Forderungen bezüglich der kurzschluss- und erdschlusssicheren Legung von Kabel und Leitungen sind in den Normen für Starkstromanlagen in „Krankenhäusern und medizinisch genutzten Räumen außerhalb von Krankenhäusern" [5.16] und „Sicherheitsstromversorgung in baulichen Anlagen für Menschenansammlungen" [5.17] enthalten.

Danach sind Kabel und Leitungen zwischen Sicherheits- oder Ersatzstromquelle und der ersten Überstromschutzeinrichtung sowie zwischen Batterie und Ladegerät kurzschluss- und erdschlusssicher zu verlegen. Sie dürfen sich nicht in der Nähe brennbarer Materialien befinden.

Auch wenn in [5.18] Forderungen zur erdschluss- und kurzschlusssicheren Legung nicht mehr enthalten sind, sollen diese Hinweise dem Planer und Prüfer bei der eigenverantwortlichen Einschätzung der Notwendigkeit der genannten Maßnahmen hilfreich sein.

5.5.9 Schutz bei Kurzschluss in Hilfsstromkreisen

Da Überlastströme in Hilfsstromkreisen nicht zu erwarten sind, ist ein Schutz bei Überlast nicht erforderlich. Höhere Kurzschluss-Ströme sind aber möglich, sodass ein Kurzschluss-Schutz nötig ist. Er umfasst den Schutz von Kabeln und Leitungen sowie die Kurzschlussfestigkeit der Schaltglieder von Betriebsmitteln.

Der Leitungsschutz wird, wie im Abschnitt 5.5.1 beschrieben, nach [5.2] vorgenommen. Bei Bedarf sind Kabel und Leitungen kurzschluss- und erdschlusssicher zu legen.

Hinter Trenntransformatoren dürfen mehrere geerdete und ungeerdete betriebene Hilfsstromkreise einpolig abgesichert werden, wenn der kleinste Leiterquerschnitt durch eine Kurzschlusseinrichtung geschützt ist.

Auf der Sekundärseite des Trenntransformators kann eine Maßnahme des Kurzschluss-Schutzes entfallen, wenn der Schutz bei Kurzschluss durch die primäre Schutzeinrichtung sichergestellt ist.

Beim Einsatz von Steuertransformatoren muss beachtet werden, dass dessen Impedanz die Höhe des Kurzschluss-Stromes wesentlich beeinflussen kann.

Bei batteriegespeisten Hilfsstromkreisen sind in allen ungeerdeten Leitern Kurzschluss-Schutzeinrichtungen vorzusehen. Ist der Kurzschluss-Strom nicht größer als der Bemessungsstrom der Leitungen, ist ein Kurzschluss-Schutz nicht erforderlich.

Schaltglieder von Betriebsmitteln in Hilfsstromkreisen müssen genau so wie in Hauptstromkreisen gegen die Auswirkungen von Kurzschluss-Strömen geschützt sein. Die zu schützenden Schaltglieder sind Öffner, Schließer und Wechsler von Relais, Befehlsgebern, Messgeräten und Signalgebern aller Art sowie die Hilfsschalter von Leitungsschutzgeräten.

Neben den genannten wesentlichen Bestimmungen enthält die Norm [5.19] weitere Hinweise.

5.6 Gründe für den Verzicht des Kurzschluss-Schutzes

Einrichtungen zum Schutz bei Kurzschluss dürfen entfallen:

a) wenn die Speisequelle nur einen Strom liefert, der den Bemessungsstrom der Betriebsmittel, Anlagen sowie Kabel und Leitungen nicht überschreitet (z. B. Klingeltransformatoren, Schweißtransformatoren);

b) bei Leitungen oder Kabeln, die Generatoren, Transformatoren, Gleichrichter und Akkumulatorenbatterien mit ihren Schaltanlagen verbinden, wobei die Schutzeinrichtungen in der Schaltanlage angeordnet sind;

c) bei Stromkreisen, deren Unterbrechung den Betrieb der entsprechenden Anlagen gefährden könnte, z. B.:
– Erregerstromkreise von umlaufenden Maschinen,
– Speisestromkreise von Hubmagneten,
– Sekundärstromkreise von Stromwandlern,
– Stromkreise, die der Sicherheit dienen, z. B. von Feuerlöscheinrichtungen;

d) bei bestimmten Mess-Stromkreisen;

e) wenn die beiden nachstehenden Bedingungen gleichzeitig erfüllt sind:
– die Leitung oder das Kabel ist so ausgeführt, dass die Gefahr eines Kurzschlusses auf ein Mindestmaß beschränkt ist,
– die Leitung oder das Kabel befindet sich nicht in der Nähe brennbarer Baustoffe;

f) in öffentlichen Verteilungsnetzen, die als im Erdreich verlegte Kabel oder als Freileitung ausgeführt sind.

6 Kurzschluss-Schutz im Netz durch Selektivität und Back-up-Schutz

6.1 Anordnung von Kurzschluss-Schutzeinrichtungen im Netz

In den Strahlennetzen der Niederspannungsanlagen sind die Überstromschutzeinrichtungen hintereinander in Energierichtung angeordnet (**Bild 6.1**).

Oft erfüllt die Überstromschutzeinrichtung sowohl den Überlast- als auch den Kurzschluss-Schutz. Nur wenn die Überlastschutzeinrichtung den Schutz bei Kurzschluss nicht erfüllt, ist eine separate Kurzschluss-Schutzeinrichtung erforderlich. Getrennt vorgesehene Schutzorgane bieten den Vorteil, dass der Bemessungsstrom der Kurzschluss-Schutzeinrichtung höher ausgelegt werden kann.

Die Kurzschluss-Schutzeinrichtungen werden grundsätzlich am Anfang der Leitungen angeordnet.

6.2 Kurzschluss-Schutz durch Selektivität

6.2.1 Forderung nach Selektivität

Die elektrischen Anlagen in Gebäuden sind so auszulegen, dass bei einem Überstrom nur das fehlerbehaftete Anlagenteil mit den angeschlossenen Verbrauchern ausgeschaltet wird. Nach der Kurzschlussabschaltung sollen so wenig wie möglich an Verbrauchern von der Elektroenergieversorgung abgetrennt sein. Zur Gewährleistung einer hohen Versorgungszuverlässigkeit durch Selektivität müssen die Schutzeinrichtungen deshalb so bemessen und aufeinander abgestimmt sein, dass die unmittelbar dem Kurzschluss vorgeordnete Schutzeinrichtung den Fehlerstrom unterbricht. Beispielsweise muss demzufolge bei einem Kurzschluss an der eingezeichneten Fehlerstelle im Bild 6.1 die Sicherung F8 abschalten.

Unterschieden werden drei Arten von Selektivität:

a) *Absolute Selektivität*
Bis zum Bemessungsschaltvermögen der Schutzeinrichtung ist vom kleinsten bis zum größten Kurzschluss-Strom Selektivität gewährleistet.

b) *Teilselektivität*
Bis zu einem bestimmten Kurzschluss-Strom (Selektivitätsgrenze) besteht Selektivität. Höhere Kurzschluss-Ströme lassen auch die vorgeordnete Schutzeinrichtung auslösen.

c) *Volle Selektivität*
Es schaltet die unmittelbar der Fehlerstelle vorgeordnete Schutzeinrichtung den Kurzschluss-Strom aus. Der zu erwartende größte Kurzschluss-Strom überschreitet die Selektivitätsgrenze nicht.

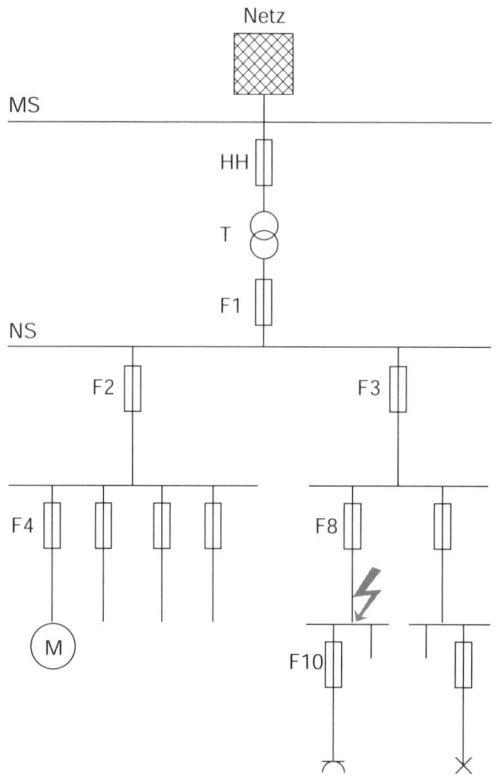

Bild 6.1 Anordnung von Schutzeinrichtungen in Gebäuden

Ob Selektivität zwischen zwei Kurzschluss-Schutzeinrichtung vorliegt, wird durch Vergleich ermittelt:
- bei Kurzschluss-Strömen, die eine Ausschaltzeit gleich/größer 0,1 s hervorrufen, mittels Zeit/Strom-Diagramm unter Beachtung des Streubereiches und
- bei hohen Kurzschluss-Strömen mit einer kleineren Abschaltzeit als 0,1 s durch die Stromwärmewerte I^2T.

Bei der Ausschaltung durch strombegrenzende Schutzeinrichtungen ist eine sichere Aussage, ob Selektivität vorliegt, eigentlich nur durch Messungen möglich. Das Ergebnis solcher Messungen wird von den Herstellern der Schutzeinrichtungen bzw. Schaltgeräte in einer Selektivitätstabelle angegeben, deren Anwendung nur empfohlen werden kann.

6.2.2 Nachweis der Selektivität bei Kombinationen von Schutzeinrichtungen

Nachfolgend werden wesentliche Kombinationen von hintereinander angeordneten Schutzeinrichtungen bezüglich der Gewährleistung von Selektivität im Kurzschlussfall betrachtet.

Die Durchführung der Selektivitätsnachweise für die einzelnen Kombinationen ist dem Beispiel 9 (Abschn. 9) zu entnehmen.

Die Reihenfolge der Nennung der Kurzschluss-Schutzeinrichtungen erfolgt in Energierichtung.

Die nachfolgende Betrachtung der Kombination eines Zweiges ist prinzipieller Art. In realen Netzen sind meistens mehrere Zweige vorhanden, und die Untersuchung ist dann nur für den ungünstigsten Fall erforderlich.

Schmelzsicherung – Schmelzsicherung. Ob der Nachweis der Selektivität mittels der Zeit/Strom-Kennlinien oder der Stromwärmewerte durchgeführt werden muss, wird durch die Ermittlung der Ausschaltzeit entsprechend dem Zeit/Strom-Diagramm der Schmelzsicherungen erkannt.

a) Die Ausschaltzeit der Sicherungen ist $T_a \geq 0{,}1$ s.

Die absolute Selektivität zwischen zwei hintereinander geschalteten Schmelzsicherungen ist nur dann gewährleistet, wenn im Diagramm die Zeit/Strom-Kennlinie der vorgeschalteten Sicherung (in Energierichtung gesehen) über der Zeit/Strom-Kennlinie der nachgeschalteten Sicherung liegt. Dabei dürfen sich die Streubereiche weder berühren noch überschneiden (**Bild 6.2**).

Dies ist gewährleistet, wenn für Sicherungen gleicher Betriebsklasse mit Bemessungsstromstärken ab 16 A der Bemessungsstrom der vorgeschalteten Sicherung mindestens das 1,6fache im Vergleich zur nachgeschalteten Sicherung beträgt bzw. sich die Sicherungsbemessungsstromstärken um zwei Stufen unterscheiden:

$$I_{rF1} \geq 1{,}6 \cdot I_{rF2} \,. \tag{6.1}$$

Ein Kennlinienvergleich ist nur beim Einsatz von Sicherungen unterschiedlicher Betriebsklasse erforderlich.

b) Die Ausschaltzeit der Sicherungen ist $T_a < 0{,}1$ s.

Bei hohen Kurzschluss-Strömen kann durch die strombegrenzende Wirkung der Schmelzsicherung zum Nachweis der Selektivität die Zeit/Strom-Kennlinie nicht mehr herangezogen werden.

Der Nachweis der Selektivität wird durchgeführt mit den Stromwärmewerten:

– Schmelzwärmewert $I^2T_{\min}$ und
– Ausschaltwärmewert $I^2T_{\max}$.

Dabei muss der Schmelzwärmewert der vorgeordneten Sicherung F1 größer sein als der Ausschaltwärmewert der nachgeordneten, ausschaltenden Sicherung F2:

$$I^2T_{\min F1} > I^2T_{\max F2} \,. \tag{6.2}$$

Die Stromwärmewerte ermöglichen dann bis zum Bemessungs-Ausschaltvermögen der Sicherungen Selektivität untereinander.

Beispiel 6.1:
Selektivität hintereinander angeordneter Schmelzsicherungen
Im Bild 6.2a) sind zwei Schmelzsicherungen F1 (I_{rSi} = 80 A) und F2 (I_{rSi} = 50 A) hintereinander geschaltet und für eine Abschaltzeit für den Kurzschluss-Schutz von 0,1 s bis 5 s im Bild 6.2b) das dazugehörige Zeit/Strom-Diagramm. Selektivität ist vorhanden, da die Kennlinien sich nicht schneiden. Sie berühren sich aber, da die Ausschaltströme der oberen Grenzkurve der 50 A-Sicherung und der unteren Grenzkurve der 80 A-Sicherung scheinbar identisch sind. Die verwendeten Kurven mit den Streubereichen sind zulässige Auslösebereiche. Dass der oberste und unterste Wert bei einem Kurzschluss-Strom zur gleichzeitigen Ausschaltung führen, ist unwahrscheinlich, denn die von den Herstellern angegebenen Grenzwerte schöpfen den Toleranzbereich nicht aus.

Ohne Darstellung des Diagrammes ist die Selektivität schon durch das Einhalten der Bedingung (6.1) 80 A/50 A = 1,6 nachgewiesen. Mit einer vorgeschalteten 63 A-Sicherung ist keine Selektivität zu erreichen. Im Bild 6.2b) ist angedeutet, wie sich dann die Kennlinien der 50 A- und 63 A-Sicherung überlappen.

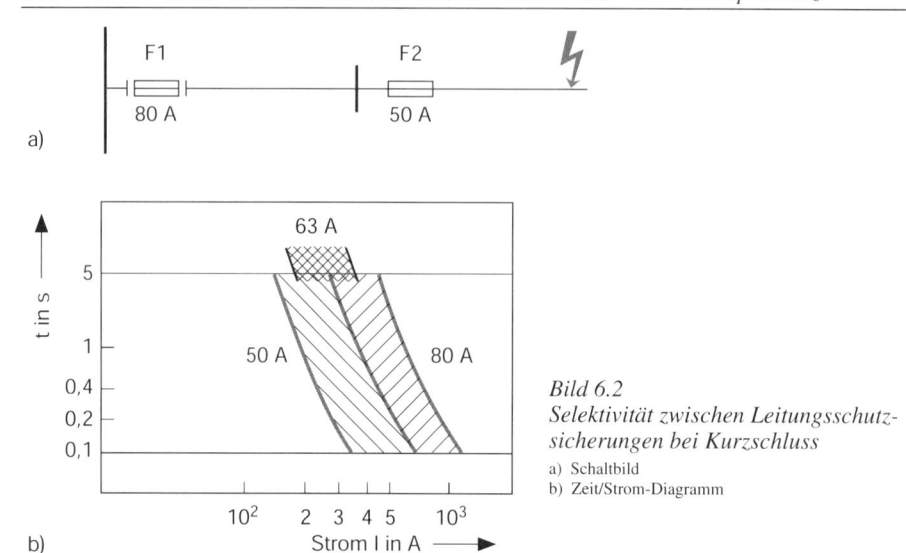

a)

[F1 80 A ── F2 50 A ── ⚡]

b)

[Zeit/Strom-Diagramm mit Kennlinien 50 A, 63 A, 80 A]

Bild 6.2
Selektivität zwischen Leitungsschutz-sicherungen bei Kurzschluss
a) Schaltbild
b) Zeit/Strom-Diagramm

Bei größeren Kurzschluss-Strömen als 1100 A ist die Ausschaltzeit kleiner als 0,1 s, und zum Nachweis der Selektivität werden die Stromwärmewerte nach Tafel 4.1 mit der Bedingung (6.2) herangezogen:

$$I^2 T_{\min 80\,A} = 13\,700\ A^2 s = I^2 T_{\max 50\,A} = 13\,700\ A^2 s \quad \Rightarrow \quad \text{scheinbar keine Selektivität!}$$

Mit den tatsächlichen (gemessenen) Stromwärmewerten eines Herstellers (Bild 4.8) ist die Bedingung (6.2) auch erfüllt:

$$I^2 T_{\min 80\,A} = 15\,000\ A^2 s > I^2 T_{\max 50\,A} = 14\,000\ A^2 s\,.$$

Bei Ausschaltzeiten kleiner 0,1s ist die Bedingung ebenfalls gültig.

Leitungsschutzschalter – Leitungsschutzschalter. Selektivität im Kurzschlussfall ist bei hintereinander geschalteten Leitungsschutzschaltern nur bis zum Ansprechstrom des vorgeschalteten, höher bemessenen Leitungsschutzschalter möglich.

Dabei überschreitet der doch eher geringe Kurzschluss-Strom den Ansprechstrom des Kurzschlussauslösers des dem Fehlerort unmittelbar vorgeordneten Leitungsschutzschalters B, ohne dabei den Ansprechstrom des vorgeschalteten Leitungsschutzschalters A zu erreichen (**Bild 6.3**).

Bei Kurzschluss-Strömen zwischen dem unteren Grenzwert des Leitungsschutzschalters A und dem oberen Grenzwert des Leitungsschutzschalters B ist von Selektivität bei einem Fehler hinter dem Schalter B auszugehen.

Bei hohen Kurzschluss-Strömen überlagern sich die Auslösekennlinien der Leitungsschutzschalter, und die Ausschaltung erfolgt gleichzeitig und damit unselektiv.

Bis zum Bemessungs-Kurzschlussausschaltvermögen von selektiven Hauptleitungsschutzschaltern lässt sich zu nachgeordneten Leitungsschutzschaltern mit kleinerem Bemessungsstrom durch Ausschaltverzögerung Selektivität erreichen.

Schmelzsicherung – Leitungsschutzschalter. Die Kombination Schmelzsicherung–Leitungsschutzschalter verhält sich selektiv, wenn die Gesamtausschaltzeit des Leitungsschutz-

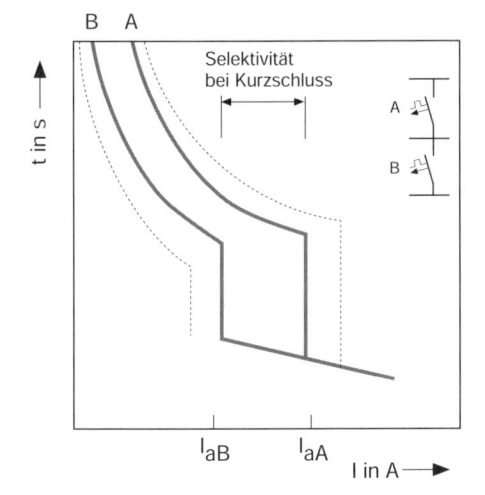

Bild 6.3
Selektivität zwischen Leitungsschutzschaltern bei Kurzschluss

schalters kleiner ist als die Schmelzzeit der Sicherung. Im Diagramm liegt dann die Zeit/Strom-Kennlinie der Sicherung über der des Leitungsschutzschalters. Für Kurzschluss-Ströme nach dem Schnittpunkt der Kennlinien an der Selektivitätsgrenze (**Bild 6.4**) besteht keine Selektivität mehr.

Unterscheiden sich die Bemessungsströme der Schutzeinrichtungen nur wenig, können sich die Kennlinien mehrmals schneiden, und eine Aussage zur Selektivität ist kaum bzw. für begrenzte Kurzschluss-Strombereiche möglich. Deshalb sind die Bemessungsströme so festzulegen, damit sich die Kennlinien nur einmal im nahezu waagerechten Bereich der Zeit/Strom-Kennlinie des Leitungsschutzschalters kreuzen.

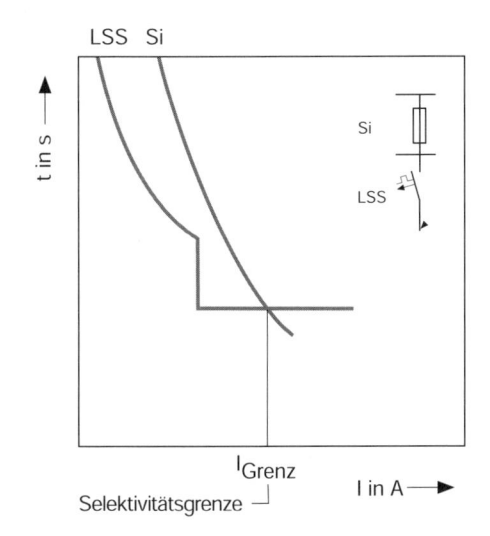

Bild 6.4
Selektivitätsgrenze zwischen Schmelzsicherung und nachgeschaltetem Leitungsschutzschalter

Als Projektierungshilfe geben die Hersteller von Kurzschluss-Schutzeinrichtungen für unterschiedliche Kombinationen von Bemessungsgrößen die Grenz(Kurzschluss)ströme I_{Grenz} an, bis zu denen Selektivität besteht.

In **Tafel 6.1** sind beispielsweise für Leitungsschutzschalter mit einem Ausschaltvermögen von 10 kA die Selektivitätsgrenzen angegeben.

Tafel 6.1 Grenzströme in kA, bis zu denen Selektivität zwischen Schmelzsicherungen und nachgeschalteten Leitungsschutzschaltern besteht [6.1]

nachgeschalteter Leitungsschutz- schalter I_r	vorgeschaltete Schmelzsicherungen gG/gL NH00							
	25 A	35 A	50 A	63 A	80 A	100 A	125 A	160 A
6 A	1,3	2	4,7	6	10	10	10	10
10 A	1,2	1,6	3	4,5	8,2	10	10	10
13 A	1	1,4	2,8	3,8	7,4	9,7	10	10
16 A	–	1,2	2,6	3,5	6	8	8,5	10
20 A	–	–	2,3	3	5,5	7,7	8	10
25 A	–	–	2,1	2,7	4,7	7	8,2	10
32 A	–	–	1,9	2,5	4	6,2	7,8	10
40 A	–	–	–	2,2	3,2	6	7,4	10
50 A	–	–	–	–	–	4,5	7,1	9
63 A	–	–	–	–	–	4	6,8	8

Zur Kennzeichnung der Selektivitätseigenschaften von Leitungsschutzschaltern sind sie in Energiebegrenzungsklassen (Tafel 4.3 und 4.4) eingeteilt. Es wird hierbei die Stromwärmeenergie angegeben, die vom Leitungsschutzschalter maximal durchgelassen wird. Eine höhere Energiebegrenzungsklasse lässt bis zur Ausschaltung vergleichsweise weniger Kurzschlussenergie durch.

Leistungsschalter – Leistungsschalter. Leistungsschalter haben gegenüber den Leitungsschutzschaltern den Vorteil größerer Bemessungs- und -ausschaltströme sowie die Möglichkeit des selektiven Ausschaltens bei Kurzschluss untereinander.

Die Eignung der Leistungsschalter für Selektivität wird durch die Gebrauchskategorie angegeben:

Gebrauchskategorie A: nicht geeignet,
Gebrauchskategorie B: geeignet.

Zwei grundsätzliche Möglichkeiten zur Sicherstellung der Selektivität von in Reihe geschalteten Leistungsschaltern gibt es:

a) *Stromselektivität* (Stromstaffelung)
   Die Ansprechströme der Kurzschlussauslöser sind so eingestellt, damit selektives Schalten erreicht wird.
b) *Zeitselektivität* (Zeitstaffelung)
   Aufeinander folgende hintereinander geschaltete Leistungsschalter erhalten unterschiedliche Ausschaltzeiten.

zu a) *Stromselektivität (Stromstaffelung)*: Stromselektivität wird durch unterschiedlich eingestellte Ansprechströme der unverzögerten Auslöser (*n*-Auslöser) erreicht. Voraussetzung dafür sind ausreichend unterschiedliche Kurzschluss-Ströme an den Einbaustellen der Leistungsschalter. Zum Einstellen des Stromwertes sind der maximale und minimale Kurzschluss-Strom hinter dem nachgeordneten Leistungsschalter zu ermitteln.

Selektivität zwischen Leistungsschaltern kann nach **Bild 6.5** eindeutig sichergestellt werden, wenn der größte Kurzschluss-Strom $I_{k\,max\,B}$ kleiner ist als der eingestellte Ansprechstrom des vorgeordneten Leistungsschalters $I_{k\,min\,A}$.

Unterscheiden sich die Kurzschluss-Ströme an den Einbaustellen nur wenig, ist nur bis zum Ansprechstrom des vorgeordneten Leistungsschalters selektives Schalten möglich. Dieser Ansprechstrom charakterisiert die so genannte Selektivitätsgrenze und ist im Bild 6.5

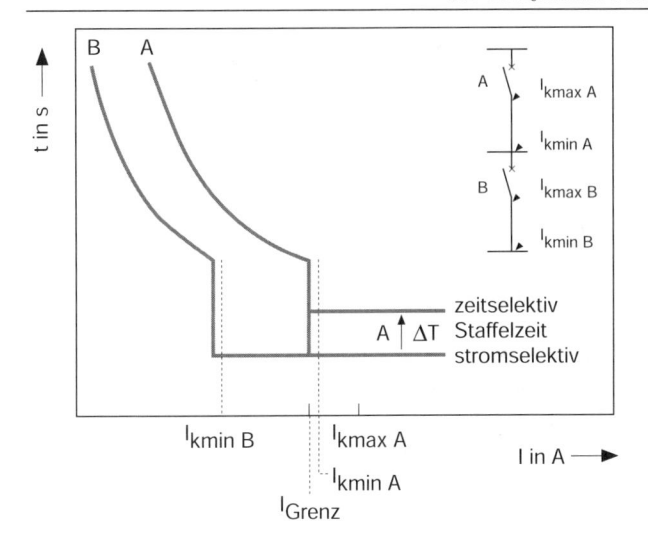

Bild 6.5
Selektivität zwischen Leistungs-schaltern bei Kurzschluss

mit I_{Grenz} markiert. Kurzschluss-Ströme zwischen $I_{k\,\text{min}\,B}$ und $I_{k\,\text{max}\,B}$, die unmittelbar bei Kurzschluss-Schluss hinter Leistungsschalter B auftreten können, führen nicht zum selektiven Abschalten. Würde der Ansprechstrom etwas größer als $I_{k\,\text{max}\,B}$ sein, müsste der Überlastauslöser teilweise den Kurzschluss-Schutz übernehmen.

Die Hersteller geben die Grenzwerte I_{Grenz} für die Selektivität in Tabellenform für unterschiedliche Kombinationen von Leistungsschaltern an. **Tafel 6.2** gibt beispiels- und ausschnittsweise die Selektivitätsgrenze zwischen vor- und nachgeschalteten Leistungsschaltern eines Herstellers an.

Tafel 6.2 Grenzströme in kA, bis zu denen Selektivität zwischen Leistungsschaltern besteht [6.1]

nachgeschalteter Leistungsschalter I_r	vorgeschalteter Leistungsschalter I_r					
	16 A	25 A	40 A	63 A	100 A	125 A
16 A	–	0,5	0,6	0,8	1,0	1,2
25 A	–	–	0,6	0,8	1,0	1,2
40 A	–	–	–	0,8	1,0	1,2
63 A	–	–	–	–	1,0	1,2
100 A	–	–	–	–	–	1,2
125 A	–	–	–	–	–	–

Sollte der ermittelte Kurzschluss-Strom größer als der vom Hersteller angegebene sein, könnte ein Leistungsschalter mit einem höheren Bemessungsstrom eingesetzt werden. Ob der höhere Aufwand erforderlich ist, muss jeweils für den konkreten Anwendungsfall eingeschätzt werden. Dass der maximale Kurzschluss-Strom tatsächlich auftritt, ist sicherlich selten.

Unverzögerte Auslöser für den KS-Schutz sind festeingestellt oder einstellbar. Die Einstellwerte am Kurzschlussauslöser hängen von den zu erwartenden Kurzschluss-Strömen an den Einbaustellen der Leistungsschalter ab. Der bei einem Kurzschluss am Ende der Leitung auftretende minimale Kurzschluss-Strom muss schon zur Auslösung führen. Damit dies mit Sicherheit geschieht, sollte der Einstellwert 20% kleiner gewählt werden.

zu b) *Zeitselektivität (Zeitstaffelung)*: Mit einer Staffelung der Ausschaltzeiten von hintereinander geschalteten Leistungsschaltern kann dem Nachteil der stromselektiven Ausschaltung bei etwa gleichen Kurzschluss-Strömen begegnet werden. Der vorgeordnete Leistungsschalter wird mit einem kurzverzögerten (z-Auslöser) oder verzögerten Kurzschlussauslöser ausgestattet und reagiert nur bei einem Fehler in seinem Schutzbereich. Im Bild 6.5 ist die Kennlinie des Leistungsschalters A um die Staffelzeit ΔT etwas angehoben gezeichnet. In Verbindung mit der Einstellung der Ansprechströme der Leistungsschalter wird Selektivität erreicht. Sind mehrere Leistungsschalter hintereinander angeordnet, kann die Ausschaltzeit des ersten Leistungsschalters recht hoch werden. Dadurch kann die thermische Kurzschlussfestigkeit des nachgeordneten Kabels gefährdet sein. Um die Ausschaltzeit aller Leistungsschalter gering zu halten, gibt es die Möglichkeit der zeitverkürzten Selektivitätssteuerung, bei der ein Sperrsignal von den kurzschluss-stromdurchflossenen Leistungsschaltern die Auslösung der vorgeordneten Leistungsschalter verhindert. Fehlt dieses Signal, weil der Kurzschluss hinter dem ersten Leistungsschalter liegt, löst dieser sofort aus. Die Verzögerungszeit der Auslöser ist kontinuierlich einstellbar zwischen 50 ms und 500 ms. In Reihe angeordnete Leistungsschalter werden in der Regel mit der gleichen Staffelzeit versehen. Eine ±20%ige zulässige Toleranz der Auslösezeit ist zu berücksichtigen.

Leistungsschalter – Schmelzsicherung. Eine Aussage zur Selektivität zwischen dem Kurzschlussauslöser eines Leistungsschalters und einer Schmelzsicherung ist bei einer Ausschaltzeit $T_a \geq 0{,}1$ s mittels der Zeit/Strom-Kennlinie möglich. Die obere Kennlinie der Sicherung muss unter der unteren Grenzkurve des Überlastauslösers (erwärmter Zustand) und des Kurzschlussauslösers liegen.

Beim Einsatz von Sicherungen hoher Bemessungsstromstärke muss u. U. der Leistungsschalter mit einem kurzverzögertem Auslöser ausgestattet sein. Durch das Anheben der Kurzschlussauslösekennlinie kann in solchen Fällen auch Selektivität erreicht werden. Wenn zwischen der Auslösezeit des Leistungsschalters beim Ansprechstrom und der Auslösezeit der Sicherung eine Zeitdifferenz von mindestens 100 ms liegt, ist von Selektivität auszugehen. Im **Bild 6.6** ist der Vergleich der Zeit/Strom-Kennlinien dargestellt, wobei nur für die größte Bemessungssicherungstromstärke von 50 A als ungünstigster Fall die Überprüfung erforderlich ist.

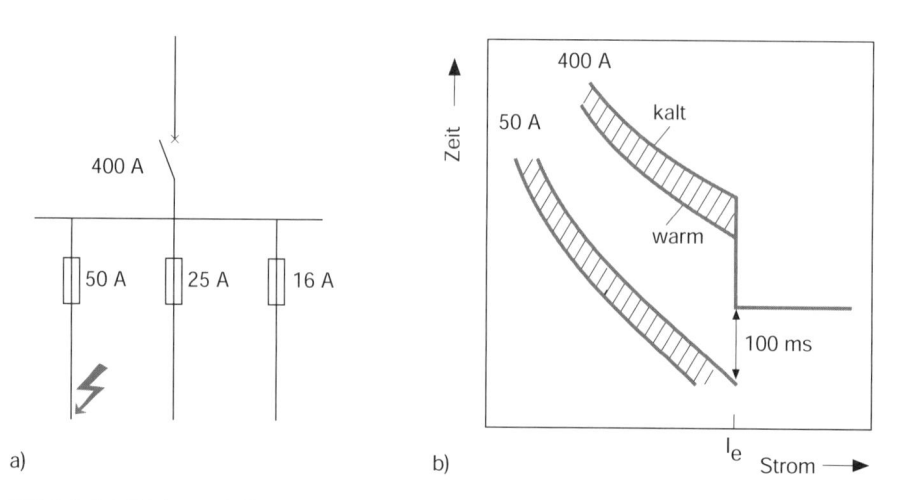

Bild 6.6 Selektivität zwischen Leistungsschalter und Schmelzsicherung bei Kurzschluss
a) Schaltbild; b) Zeit/Strom-Diagramm

Ist die Ausschaltzeit kleiner als 0,1 s, wird der Selektivitätsnachweis mit den Stromwärmewerten der Hersteller und mit der Bedingung (6.3) durchgeführt. Die minimale Durchlassenergie des Leistungsschalter $I^2T_{\min \text{LS}}$ muss größer sein als der Ausschaltwert der Schmelzsicherung $I^2T_{\max \text{Si}}$:

$$I^2T_{\min \text{LS}} > I^2T_{\max \text{Si}}. \tag{6.3}$$

Der Selektivitätsnachweis kann bei strombegrenzender Wirkung auch erbracht werden, wenn ermittelt wird, dass der Durchlass-Strom i_d der Sicherung kleiner ist als der Ansprechstrom des magnetisch wirkenden Kurzschlussauslösers des Leistungsschalters $I_{a\text{LS}}$:

$$i_d < I_{a\text{LS}}. \tag{6.4}$$

Schmelzsicherung – Leistungsschalter. Selektivität ist gewährleistet, wenn die Ausschaltzeit des nachgeordneten Schutzorgans plus Sicherheitsabstand kleiner als die Ausschaltzeit des vorgelagerten Schutzorgans (untere Grenzkurve) ist, oder bei Ausschaltzeiten $T_a < 0,1$ s der Schmelzwert der Sicherung $I^2T_{\min \text{Si}}$ größer ist als die maximale Durchlassenergie des Leistungsschalters $I^2T_{\max \text{LS}}$:

$$I^2T_{\min \text{Si}} > I^2T_{\max \text{LS}} \tag{6.5}$$

HH-Sicherung – NS-Leistungsschalter – NH-Sicherung. Zur Überprüfung der Selektivität der hintereinander angeordneten Schutzeinrichtungen HH-Sicherung, NS-Leistungsschalter und NH-Sicherung (**Bild 6.7**) müssen die Zeit/Strom-Kennlinien in ein Diagramm gezeichnet werden. Dazu müssen die Ströme auf eine Spannungsebene bezogen sein. Ob die Umrechnung auf die Primär- oder Sekundärspannung des Transformators erfolgt, ist nicht von Belang. Bekanntlich verhalten sich Strom und Spannung an den Primär- und Sekundärklemmen umgekehrt proportional.

Das Auslöseverhalten der HH-Sicherung ist unter Beachtung des hohen Einschaltstromes des Transformators zu betrachten. In Tafel 5.29 ist die mögliche Zuordnung von HH-Sicherungen zum Kurzschluss-Schutz von Verteilungstransformatoren angegeben. Vollständige Selektivität zwischen der HH-Sicherung und dem NS-Leistungsschalter wird erreicht, wenn der Abstand zwischen beiden Zeit/Strom-Kennlinien unter Berücksichtigung der Streubänder mindestens 100 ms beträgt (**Bild 6.8**). Sollte dies nicht möglich sein, kann ein unselektives Ausschalten unter Umständen auch in Kauf genommen werden. Die Versorgung ist ja in jedem Fall gestört, die Wiederinbetriebnahme mit dem Niederspannungs-Leistungsschalter ist aber einfacher. Auch unterschiedliche Zuständigkeiten der MS- und der NS-Seite machen sich nicht hinderlich bemerkbar.

Wichtiger ist die Gewährleistung von Selektivität zwischen der HH-Sicherung und den NH-Sicherungen in den Abzweigen der Niederspannungsschaltanlage. Schaltet die HH-Sicherung bei einem Kurzschluss zeitlich vor der NH-Sicherung ab, ist die gesamte Stromversorgung des Gebäudes abgetrennt. Deshalb darf die Zeit/Strom-Kennlinie der NH-Sicherung im gesamten möglichen Kurzschluss-Strombereich die Kennlinie der HH-Sicherung nicht überlagern. Darüber hinaus muss auch überprüft werden, ob der maximale Betriebsstrom zur selektiven Ausschaltung führt.

Auf ein Beispiel wird verzichtet, denn praktikabel für den Projekteur sind die Angaben der Hersteller von Sicherungen, die für diesen Anwendungsfall maximale NH-Sicherungsbemessungsstromstärken vorgeben, die den HH-Sicherungen zugeordnet werden können. In **Tafel 6.3** sind beispielsweise Werte eines Fabrikates von NH-Sicherungen als Richtwerte angegeben.

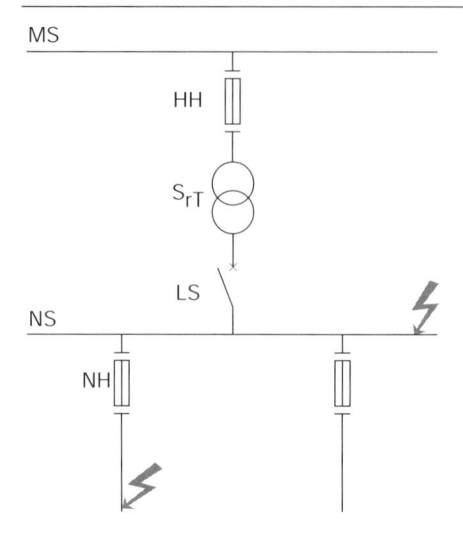

Bild 6.7
Netzschaltbild; Selektivität zwischen HH-Sicherung, NS-Leistungsschalter und NH-Sicherung

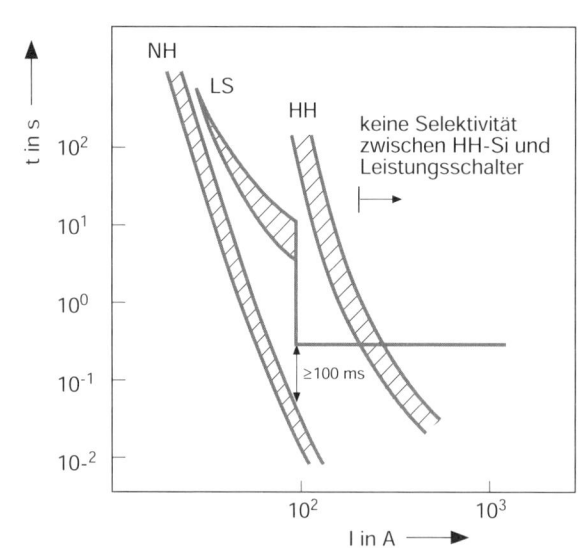

Bild 6.8
Zeit/Strom-Diagramm; Selektivität zwischen HH-Sicherung, NS-Leistungsschalter und NH-Sicherung (Ströme auf die NS-Seite bezogen)

Tafel 6.3 Maximal zulässige Bemessungsstromstärken von NH-Sicherungen in den Abzweigen (Richtwerte) [6.1]

S_{rT} in kVA	50	75	100	125	160	200	250	315	400	500	630	800	1000	1250
$I_{NH\,max}$ in A	50	63	100	100	125	125	200	250	250	350	400	400	500	630

6.3 Kurzschluss-Schutz durch Back-up-Schutz

Beherrscht eine Schutzeinrichtung den an der Einbaustelle auftretenden Kurzschluss-Strom beim Ausschalten nicht, so kann eine vorgeschaltete Schutzeinrichtung den kurzschlussfesten Ausschaltvorgang übernehmen. Dazu sind zwei hintereinander geschaltete Überstromschutzeinrichtungen so aufeinander abzustimmen, dass die vorgeschaltete Schutzeinrichtung

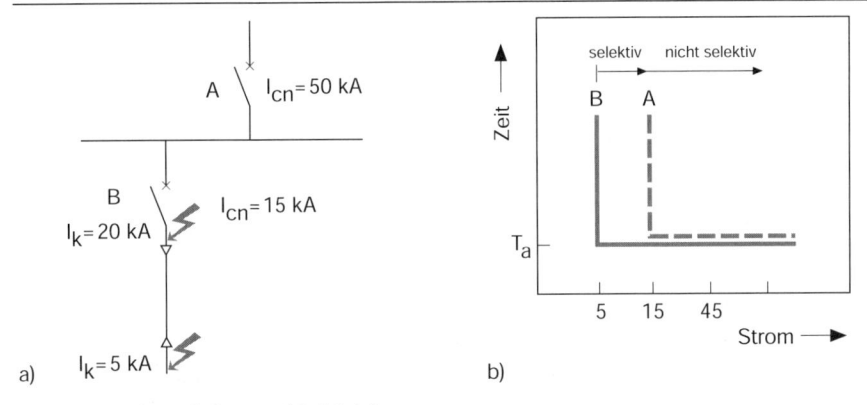

Bild 6.9 Back-up-Schutz und Selektivität
a) Schaltbild; b) Zeit/Strom-Diagramm

A den Kurzschluss-Schutz übernimmt, bevor das Schaltvermögen der nachgeordneten Schutzeinrichtung B überschritten wird.

Im **Bild 6.9** sind zwei unverzögerte Leistungsschalter in Reihe angeordnet. Der Leistungsschalter B wird auf einen Ansprechwert von 5 kA (minimaler Kurzschluss-Strom) eingestellt. Bei Kurzschluss an der Einbaustelle tritt ein Kurzschluss-Strom von 20 kA auf. Da der Leistungsschalter B nur ein Ausschaltvermögen I_{cn} = 15 kA besitzt, beherrscht der Leistungsschalter B mögliche Kurzschluss-Ströme zwischen 15 und 20 kA nicht mehr. Der vorgeordnete Leistungsschalter A muss deshalb auf einen Ansprechstrom von 15 kA eingestellt sein, damit er den Ausschaltvorgang übernimmt, auch wenn der Fehler nicht in seinem Schutzbereich liegt. Beide Schutzeinrichtungen lösen gleichzeitig und damit unselektiv aus.

Die Betrachtungen für die Anordnung Leistungsschalter – Leistungsschalter sind für die Reihenschaltung Leistungsschalter – Leitungschutzschalter ebenfalls zutreffend.

Angaben von Herstellern, wie auszugs- und beispielsweise in den **Tafeln 6.4** und **6.5**, weisen auch höhere zulässige Kurzschluss-Ströme auf, als das maximale Schaltvermögen von Leitungsschutzschaltern, die durch Prüfungen ermittelt wurden. Deshalb sind die Möglichkeiten und Grenzen des Back-up-Schutzes oft nur mit den Angaben der Hersteller zu realisieren bzw. auszuschöpfen.

Tafel 6.4 Back-up-Schutz (Zulässige Kurzschluss-Ströme in kA) [6.2]

nachgeschalteter Leistungsschalter I_r	vorgeschalteter Leistungsschalter I_r			
	25 A	32 A	40 A	63 A
6 A	20	20	16	16
10 A	20	20	16	16
16 A	20	20	16	16
20 A	20	20	16	16
25 A	–	20	16	16

Tafel 6.5 Back-up-Schutz durch Schmelzsicherungen beim Einsatz von Leitungsschutzschaltern [6.1]

Leitungsschutzschalter	NH-Vorsicherung Typ gL	Back-up-Schutz bis
I_r = 6 A bis 63 A	50 A	50 kA
	63 A	50 kA
I_{cn} = 6 kA und 10 kA	80 A	50 kA
	100 A	50 kA
	125 A	25 kA

Durch das hohe Ausschaltvermögen von Schmelzsicherungen von mindestens 50 kA bieten sie sich als Vorsicherung von Leitungsschutzschaltern an, die ja nur über ein geringes Ausschaltvermögen bis 10 kA verfügen.

Wenn an der Einbaustelle des Leitungsschutzschalters der Kurzschluss-Strom größer als 10 kA ist und entsprechende Angaben vom Hersteller fehlen, kann folgendermaßen untersucht werden, welche Bemessungsgröße die Schmelzsicherung mindestens haben muss, um den Back-up-Schutz zu erreichen:

Im **Bild 6.10** sind dazu prinzipiell die Zeit/Strom-Kennlinien einer Schmelzsicherung und eines Leitungsschutzschalters eingezeichnet.

Selektives und sicheres Ausschalten ist gewährleistet, wenn die Kennlinie mit dem Streubereich der Schmelzsicherung über der des Leitungsschutzschalters liegt. Der Schnittpunkt S der oberen Kennlinie der Schmelzsicherung mit der des Leitungsschutzschalters markiert die Grenze des Kurzschluss-Stromes, von dem aus die so genannte Vorsicherung die Ausschaltung übernimmt. Dieser Wert darf nicht größer als das Ausschaltvermögen des Leitungsschutzschalters von 10 kA sein.

Das Beispiel 5.4 (Abschn. 5) behandelt den Schutz von Leitungen durch Leitungsschutzschalter mit Vorsicherung.

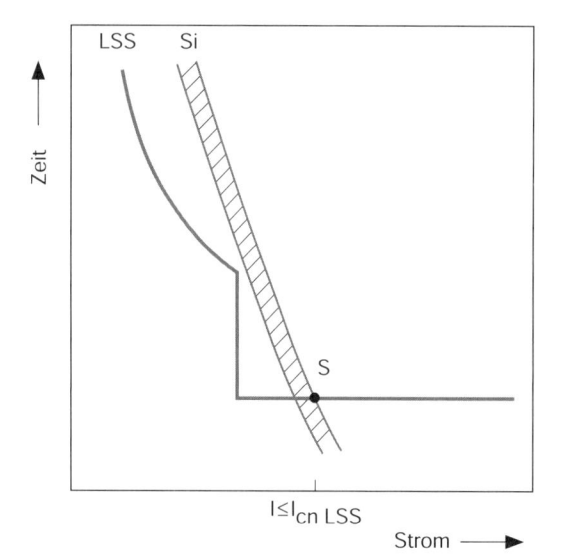

Bild 6.10
Back-up-Schutz durch eine Vorsicherung

7 Kurzschluss-Schutz beim Anschluss von Gebäuden aus dem öffentlichen Niederspannungsnetz

7.1 Was muss überprüft werden?

Grundsätzliche Festlegungen zum Schutz bei hohen Kurzschluss-Strömen in Gebäuden, die aus dem öffentlichen Niederspannungsnetz versorgt werden, sind in den Technischen Anschlussbedingungen für den Anschluss an das Niederspannungsnetz [7.1] enthalten. Darüber hinaus muss die thermische Kurzschlussfestigkeit von Kabeln und Leitungen bei kleinen Kurzschluss-Strömen sowie die Selektivität bei Kurzschluss sichergestellt sein.

7.2 Technische Anschlussbedingungen für den Anschluss an das Niederspannungsnetz (TAB)

Folgende Höchstwerte sind den TAB für die zulässigen Stoßkurzschluss-Ströme hinter dem Hausanschluss angegeben (**Bild 7.1**):

> **Die elektrischen Anlagen hinter dem Hausanschluss (Übergabestelle) müssen mindestens für folgende Stoßkurzschluss-Ströme*) ausgelegt sein:**
> - **Hauptstromversorgungssysteme von der Übergabestelle des EVU bis einschließlich zur letzten Überstromschutzeinrichtung bzw. Hauptleitungsabzweigklemme vor der Messeinrichtung 25 kA**
> - **Betriebsmittel zwischen der letzten Überstrom-Schutzeinrichtung bzw. Hauptableitungsklemme und dem Stromkreisverteiler 10 kA**
>
> **Leitungsschutzschalter im Stromkreisverteiler müssen ein Schaltvermögen von mindestens 6 kA haben.**
>
> *) Scheitelwert einer sinusförmigen Halbwelle. Die Beträge ergeben sich aus den Durchlasswerten einer Hausanschluss-Sicherung von 315 A Nennstrom. Größere Sicherungen erfordern eine individuelle Bemessung der Kundenanlagen.

Weiterhin darf der Bemessungsstrom der letzten Überstrom-Schutzeinrichtung vor der Messeinrichtung 100 A (Betriebsklasse gL) nicht ohne besondere Berechnung und Abstimmung mit dem EVU überschreiten.

Zu beachten ist, dass die Grenzwerte als momentane Höchstwerte (10 kA und 25 kA) und als Effektivwert (6 kA) angegeben sind.

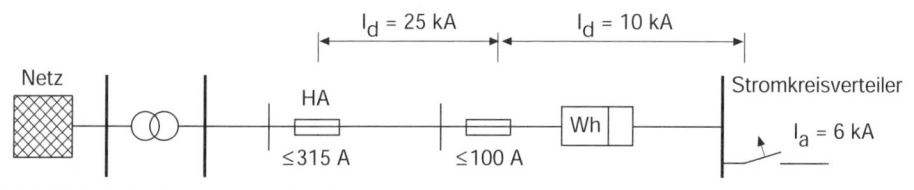

Bild 7.1 Geforderte Kurzschlussfestigkeit nach TAB

Die momentanen Höchstwerte werden als Stoßkurzschluss-Ströme ausgewiesen. Richtigerweise müsste man sich auf den Spitzenwert, der von der Sicherung durchgelassen wird, beziehen, denn die Sicherung wirkt bei diesen hohen Strömen strombegrenzend und lässt den Stoßkurzschluss-Strom gar nicht erst zu. Infolge der strombegrenzenden Wirkung der Sicherung ist nicht der rechnerisch ermittelte Stoßkurzschluss-Strom i_p zum Vergleich mit dem zulässigen Wert heranzuziehen sondern der so genannte Durchlass-Strom i_d. Dieser maximal auftretende Momentanwert wird durch die Hersteller von Sicherungen im Strombegrenzungsdiagramm ausgewiesen.

Die zulässigen Spitzenwerte des Kurzschluss-Stromes für die im Bild 7.1 gekennzeichneten Bereiche der Elektroinstallationsanlage werden nicht überschritten, wenn die Transformatorleistung $S_{rT} \leq 630\,\text{kVA}$ mit einer Kurzschluss-Spannung $u_k = 4\%$ oder $S_{rT} \leq 1000\,\text{kVA}$ mit $u_k = 6\%$ ist und die Bemessungsgrößen der eingesetzten Sicherung nicht größer als 315 A bzw. 100 A sind.

Diese Bedingungen werden bei den Standardauslegungen auch eingehalten. Deshalb gilt im Allgemeinen, dass der am Einbauort auftretende größte Kurzschluss-Strom für Hausinstallationen mit Anschluss an ein öffentliches Versorgungsnetz nicht berechnet oder gemessen werden muss.

Bei hohen Kurzschlussleistungen der Netze und größeren Abnahmeleistungen von Gebäuden aber muss dem Kurzschluss-Schutz eine höhere Aufmerksamkeit gewidmet werden. Kritisch wird es immer dann, wenn die Transformatorleistung groß ist und der Hausanschluss in unmittelbarer Nähe der Transformatorenstation liegt.

Hingewiesen sei auch auf die Forderung einiger EVU, anstelle von Schmelzsicherungen die im Abschnitt 4.2 genannten Hauptsicherungsautomaten bzw. Haupt-Leitungsschutzschalter als Zählervorsicherung einzusetzen.

7.3 Die Bemessungsgröße der Sicherung entspricht den Angaben nach TAB

Unter welchen Bedingungen werden die Spitzenwerte nicht größer als 25 kA bzw. 10 kA?

a) Bei einem Kurzschluss hinter der Hausanschluss-Sicherung soll der Spitzenwert nicht größer sein als 25 kA (**Bild 7.2**).

Bild 7.2
Kurzschluss hinter der Hausanschluss-Sicherung

Um im weiteren nur mit den effektiven Kurzschluss-Strömen rechnen und prüfen zu können, wurden beispielsweise aus einem Strombegrenzungsdiagramm (Bild 4.5) die maximalen Kurzschluss-Ströme I_k entnommen, die bei den eingesetzten Sicherungen I_{rSi} fließen, wenn der Durchlass-Strom i_d auf 25 kA begrenzt wird (**Tafel 7.1**).

Tafel 7.1 Maximale Kurzschluss-Ströme I_k in kA und dazu erforderliche Impedanzen Z_v in mΩ, die bei den eingesetzten Sicherungen I_{rSi} den Durchlass-Strom i_d auf 25 kA begrenzen.

	I_{rSi} in A					
	160	200	250	315	400	500
$i_d = 25$ kA, wenn $I_k =$	100	80	40	25	20	12
$i_d \leq 25$ kA, wenn $Z_v \geq$	2,31	2,89	5,78	9,24	11,55	19,25

Der mögliche Kurzschluss-Strom hinter dem Hausanschluss wird durch die im Bild 7.2 zusammengefasste Vorimpedanz Z_v begrenzt. Deshalb sind in Tafel 7.1 außerdem die mit

$$Z_v \geq \frac{U_n}{\sqrt{3} \cdot I_k} \tag{7.1}$$

und einer Netznennspannung $U_n = 400$ V berechneten erforderlichen Vorimpedanzen angegeben.

Die Vorimpedanzen setzen sich im Wesentlichen aus den Impedanzen des Netzes, des Transformators und von Leitungen zusammen. Die sehr kleinen Werte sind auch nur in der Nähe von leistungsstarken, parallel geschalteten Transformatoren möglich.

b) Liegt der Kurzschluss hinter der Überstromschutzeinrichtung bzw. Hauptleitungsabzweigklemme vor der Messeinrichtung, darf der Spitzenwert nicht größer sein als 10 kA (**Bild 7.3**).

Die Vorimpedanz Z_v setzt sich aus der Netzimpedanz, der Transformatorimpedanz und aus den Impedanzen der Leitungen vom Transformator über den Hausanschluss bis zur Hauptleitungsklemme zusammen.

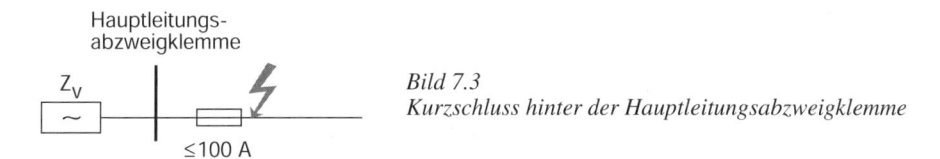

Bild 7.3
Kurzschluss hinter der Hauptleitungsabzweigklemme

In **Tafel 7.2** sind die maximalen Kurzschluss-Ströme I_k angegeben, die auftreten dürfen, damit der Durchlass-Strom i_d nicht größer wird als 10 kA.

Tafel 7.2 Maximale Kurzschluss-Ströme I_k in kA und dazu erforderliche Impedanzen Z_v in mΩ, die bei den eingesetzten Sicherungen I_{rSi} den Durchlass-Strom i_d auf 10 kA begrenzen.

	I_{rS} in A				
	50	63	80	100	125
$i_d = 10$ kA, wenn $I_k =$	100	50	25	10	6
$i_d \leq 10$ kA, wenn $Z_v \geq$	2,31	4,62	9,24	23,1	38,5

c) Am Leitungsschutzschalter im Stromkreisverteiler soll der effektive Kurzschluss-Strom bzw. das Schaltvermögen nicht größer als 6 kA sein.

Hier ist das Einbeziehen des Durchlass-Stromes nicht nötig, da der Grenzwert als Effektivwert vorgegeben ist. Die erforderliche Vorimpedanz kann unmittelbar mit der Formel (7.1) und dem angegebenen Schaltvermögen berechnet werden.

Um den Kurzschluss-Strom auf $I_k = 6$ kA zu begrenzen, muss die Vorimpedanz $Z_v \geq 230$ V/6 kA = 38,5 mΩ betragen.

7.4 Die Bemessungsgröße der Sicherung entspricht nicht den Angaben nach TAB

Wenn der Leistungsbedarf eines Gebäudes und damit die gesamte Transformatorleistung sehr hoch ist, dann muss auch die Hausanschluss-Sicherung höher als 315 A bemessen sein. Dann kommen in Transformatornähe höhere Kurzschluss-Ströme als die für die Auslegung

Tafel 7.3 Kurzschlussfestigkeit von Hauptstromversorgungssystemen [7.2]

HA-Sicherung	1×250 A	1×315 A	2×250 A	2×315 A	3×250 A	3×315 A	4×250 A	4×315A	5×250 A
i_p bzw. i_d	25 kA	31 kA	40 kA	50 kA	53 kA	66 kA	65 kA	80 kA	75 kA

der Elektroinstallationsanlage vorzusehenden zustande. Die Elektroinstallationsanlage müsste dann für die höhere Kurzschlussbeanspruchung ausgelegt werden.

Beispielsweise werden in [7.2] für Hausanschluss-Sicherungen die in **Tafel 7.3** angegebenen Spitzenwerte des Kurzschluss-Stromes vorgegeben, für die die Hauptstromversorgungssysteme ausgelegt sein müssen.

Wenn die Leitungsverbindungen bis zum Stromkreisverteiler nur kurz sind, wird der Kurzschluss-Strom wenig gedämpft und kann höhere Werte als 6 kA annehmen. Dann sollten Leitungsschutzschalter mit einem Schaltvermögen von 10 kA, eingesetzt werden. Ist der Kurzschluss-Strom größer als 10 kA oder es sollen Leitungsschutzschalter mit einem Schaltvermögen von 6 kA verwendet werden oder solche sind schon vorhanden, kann die Kurzschlussfestigkeit durch einen Rückschutz (Back-up-Schutz) mittels einer vorgeschalteten Leitungsschutzsicherung sichergestellt werden. Die Leitungsschutzsicherung mit dem Mindestausschaltvermögen von 50 kA unterbricht den Kurzschluss-Strom gemeinsam mit der Leitungsschutzsicherung, ohne dass der Leitungsschutzschalter dabei Schaden nimmt (siehe Abschnitt 6.3).

Für die praktische Anwendung ist in diesem Zusammenhang die Anmerkung in DIN VDE 0100 Teil 430 hilfreich, dass der Kurzschluss-Schutz gewährleistet ist, wenn

– ein Leitungsschutzschalter mit der Energiebegrenzungsklasse 3 eingesetzt oder
– bei nichtstrombegrenzenden Leitungsschutzschaltern in Stromkreisen mit einem Leiterquerschnitt von mindestens 1,5 mm² Cu (PVC-Isolierung) eine Leitungsschutz-Vorsicherung bis 63 A vorhanden ist.

7.5 Kurzschluss-Schutz von Kabeln und Leitungen bei kleinen Kurzschluss-Strömen

Hinsichtlich der größten Kurzschluss-Ströme ist der Kurzschluss-Schutz mit der Einhaltung der in den Abschnitten 7.2 und 7.3 genannten Festlegungen nachgewiesen. Deshalb werden die maximalen Kurzschluss-Ströme nicht berechnet. Kabel und Leitungen müssen aber bei kleinen Kurzschluss-Strömen nach spätestens 5 s abschalten. Die Berechnung kleinster Kurzschluss-Ströme wird in den Abschnitten 3.2.6 und 3.2.7 behandelt. Eine Berechnung des kleinsten einpoligen Kurzschluss-Stromes mit Ergebnissen auf der sicheren Seite kann mit der Kenntnis der Schleifenimpedanz Z_s durchgeführt werden:

$$I_{k1} = \frac{U_n}{\sqrt{3} \cdot Z_s} = \frac{U_0}{2 \cdot Z_k} . \tag{7.2}$$

Die Schleifenimpedanz setzt sich hier aus der Kurzschlussimpedanz der Hin- und der Rückleitung zusammen. Wenn der Rückfluss auch über das Erdreich möglich ist, wird der Kurzschluss-Strom etwas höher als der berechnete sein.

Wenn der Rückleiter (PEN) einen kleineren Querschnitt hat, muss die Impedanz des Hin- und Rückleiters einzeln erfasst werden:

$$I_{k1} = \frac{U_0}{Z_{kq1} + Z_{kq2}} . \tag{7.3}$$

Die Schleifenimpedanz Z_s wird von den EVU auch als anzunehmender Wert für den Hausanschlusspunkt angegeben. Beispielsweise gilt im allgemeinen Berliner Versorgungsbereich zwischen Außen- und PEN-Leiter $Z_s = 300$ mΩ, wobei in unmittelbarer Nähe des Verteilungstransformators nur von 40 mΩ auszugehen ist [7.2].

Der Nachweis erfolgt mit dem berechneten Kurzschluss-Strom in dem

a) entweder die zulässige Kurzschlusszeit $T_{k\,zul}$ mit Formel (5.8) berechnet und dann mit der tatsächlichen Abschaltzeit T_a aus der Zeit/Strom-Kennlinie verglichen wird

$$T_{k\,zul} = \left(k \cdot \frac{q}{I_k}\right)^2 \cdot T_{kr} \leq T_a \quad \text{oder}$$

b) einfacherweise der Vergleich mit dem erforderlichen Kurzschluss-Strom $I_{k\,erf}$, der in den Tafeln 5.9 bis 5.15 ausgewiesen ist, vorgenommen.

Ist der einpolige Kurzschluss-Strom I_{k1} größer als der erforderliche Kurzschluss-Strom $I_{k\,erf}$, dann ist der Leitungsschutz gewährleistet (5.13):

$$I_{k1\,min} \geq I_{k\,erf} \,.$$

7.6 Gewährleistung von Selektivität

Der Nachweis von Selektivität zwischen den Kurzschluss-Schutzeinrichtungen erfolgt nach den Kriterien und Prüfungen, wie sie im Abschnitt 6 beschrieben sind.

Bei der Kombination Leitungsschutzsicherung – Leitungsschutzschalter sollte der Leitungsschutzschalter die Energiebegrenzungsklasse 3 haben [7.1, Abschnitt 7.3 (1)]. Die Strombegrenzung durch den Leitungsschutzschalter ist dann am höchsten und man liegt bei der Auswahl auf der sicheren Seite, denn die unter Plombenverschluss liegende Hausanschluss-Sicherung oder Zählervorsicherung soll auf keinen Fall ausschalten.

Leitungsschutzsicherungen mit Bemessungsstromstärken $I_{rSi} < 63$ A vor der Messeinrichtung bieten mit nachgeschalteten Leitungsschutzschaltern keine sichere Selektivität.

Mit dem Einsatz von selektiven Leitungsschutzschaltern bzw. Hauptleitungsschutzschaltern kann mit nachgeschalteten Leitungsschutzschaltern Selektivität gewährleistet werden.

Beispiel 7.1:
Hohe Kurzschlussbelastung hinter der HA-Sicherung (Bild 7.4)
Die Transformatorenleistung beträgt $S_{rT} = 2 \times 630$ kVA ($U_n = 400$ V) und der Bemessungsstrom der Hausanschluss-Sicherung $I_{rSi} = 315$ A. Die Kurzschlussleistung des Netzes S_Q wird mit 500 MVA hoch angesetzt. Der Hausanschluss liegt in unmittelbarer Nähe der Transformatorenstation.

Die Netzimpedanz wird (3.11)

$$Z_Q = \frac{1{,}1 \cdot (400 \text{ V})^2}{500 \text{ MVA}} = 0{,}352 \text{ mΩ}$$

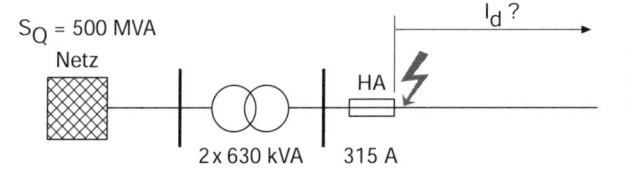

Bild 7.4
Netzbild zum Beispiel 7.1 Hausanschluss mit $I_{rSi} = 315$ A

und die Transformatorimpedanz (3.12)

$$Z_T = \frac{4\% \cdot (400\text{ V})^2}{100\% \cdot 2 \cdot 630\text{ kVA}} = 5{,}08 \text{ m}\Omega \, .$$

Die Kurzschlussimpedanz ist damit $Z_k = Z_Q + Z_T = 5{,}432$ mΩ.

Der Kurzschluss-Strom ist dann (3.25)

$$I_k = \frac{1 \cdot 400\text{ V}}{\sqrt{3} \cdot 5{,}432 \text{ m}\Omega} = 42{,}54 \text{ kA} \, .$$

Entsprechend Tafel 7.1 ist der Durchlass-Strom (Spitzenwert) größer als 25 kA, wenn der Effektivwert des Kurzschluss-Stromes größer als 25 kA wird.

Zur Begrenzung des Kurzschluss-Stromes von 42,54 kA auf 25 kA ist eine gesamte Vorimpedanz $Z_v = 9{,}24$ mΩ erforderlich.

Hinter einer Leitung mit einer Impedanz $Z_L = (9{,}24 - 5{,}432)$ m$\Omega = 4{,}16$ mΩ treten maximale Kurzschluss-Ströme von 25 kA auf, und die Sicherung begrenzt den Spitzenwert auf 25 kA.

Beispielsweise ergibt eine PVC-Kabelverbindung 300 mm² Cu mit einem Impedanzbelag $Z'_L = 0{,}102 \, \Omega/\text{km} = 0{,}102 \text{ m}\Omega/\text{m}$ (Tafel 3.5) eine Mindestlänge l_min von

$$l_\text{min} = \frac{Z_L}{Z'_L} = \frac{4{,}16 \text{ m}\Omega}{0{,}102 \text{ m}\Omega} \text{ m} = 40{,}8 \text{ m} \, .$$

Ist das Kabel zwischen NS-Schaltanlage und Hausanschluss-Sicherung mindestens 40,8 m lang, wird der Durchlass-Strom hinter der Hausanschluss-Sicherung auch nicht größer als 25 kA.

Bei höheren Transformatorleistungen als 630 kVA bzw. 1000 kVA ist die Kurzschlussfestigkeit nur gewährleistet, wenn zwischen Transformator und Hausanschluss eine Leitungsverbindung vorhanden ist, die die Vorimpedanz auf den notwendigen Wert erhöht.

Die Überprüfung, ob hinter der Hauptleitungsabzweigklemme der Durchlass-Strom den Wert von 10 kA überschreitet, kann in gleicher Weise durchgeführt werden.

Beispiel 7.2
Nachweis des Kurzschluss-Schutzes für ein Wohnhaus
Für die im **Bild 7.5** dargestellte Elektroinstallationsanlage eines Wohnhauses ist der Schutz bei Kurzschluss zu überprüfen.

Nachgewiesen werden muss, ob die entsprechenden Forderungen nach den Technischen Anschlussbedingungen (TAB) erfüllt sind, die Kurzschlussendtemperatur der Kabel und Leitungen nicht überschritten wird und Selektivität zwischen den Kurzschluss-Schutzeinrichtungen gewährleistet ist.

1. Überprüfung der Kurzschlussfestigkeit

Schutz bei hohen Kurzschluss-Strömen. Da die Schutzeinrichtungen keine größeren Bemessungsgrößen haben als die in den TAB bzw. im Bild 7.1 angegebenen Werte, müssen die größten Kurzschluss-Ströme nicht ermittelt werden.

Die Elektroinstallationsanlage ist hinter der Hausanschluss-Sicherung bei hohen Kurzschluss-Strömen kurzschlussfest, wenn sie für einen Stoßkurzschluss-Strom von $i_p = 25$ kA und hinter dem Zähler $i_p = 10$ kA ausgelegt ist. Ab den Verbraucherstromkreissicherungen ist die Festigkeit für einen effektiven Kurzschluss-Strom von $I_k = 6$ kA dann auch gesichert.

Bild 7.5
Netzschaltbild; Nachweis des Kurzschluss-Schutzes für ein Wohnhaus

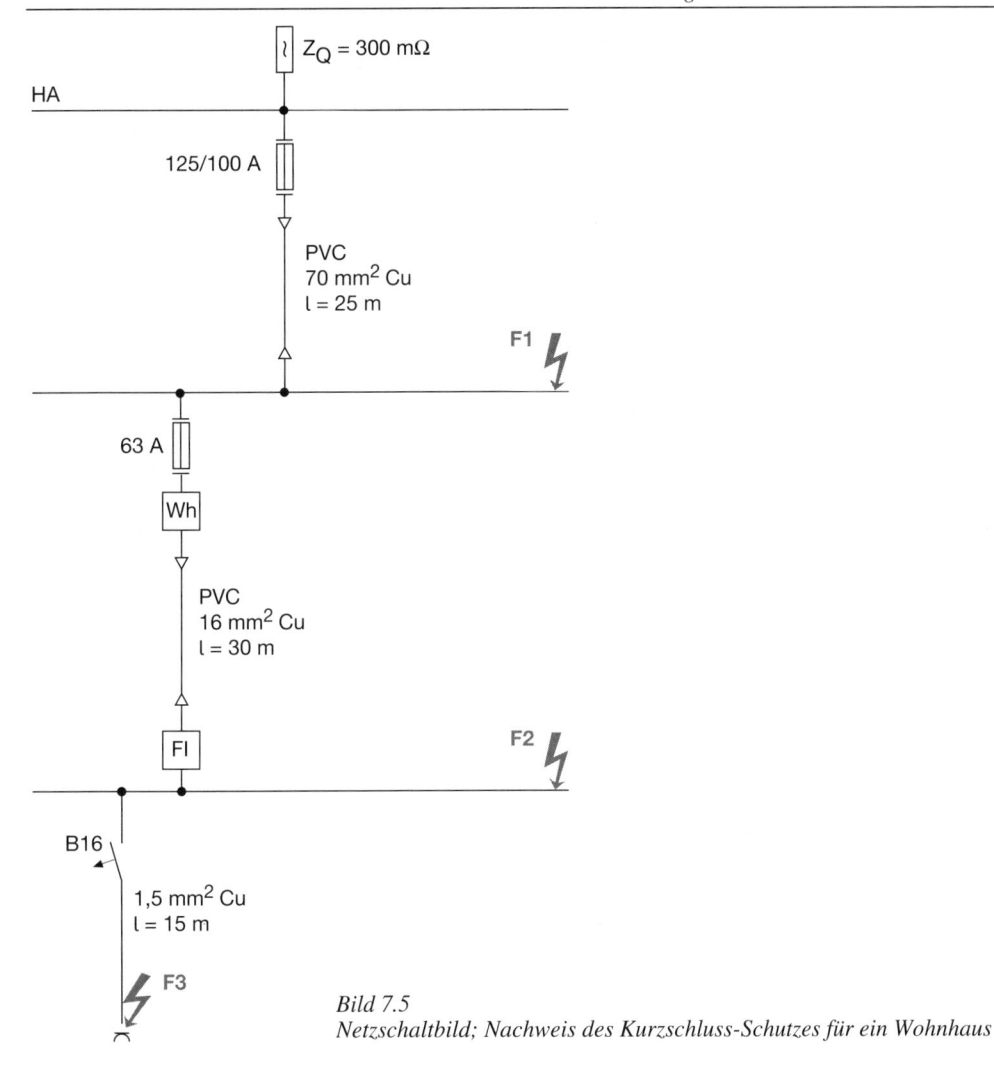

Schutz bei kleinen Kurzschluss-Strömen. Beim Fließen kleiner Kurzschluss-Ströme kann durch eine relativ lange Kurzschlussdauer die thermische Festigkeit in Frage gestellt sein, bzw. die Kurzschlussdauer wird größer als 5 s. Um die tatsächliche Abschaltzeit ermitteln zu können, muss der kleinste einpolige Kurzschluss-Strom berechnet werden.

2. Ermittlung der kleinsten Kurzschluss-Ströme

Es werden die einpoligen Kurzschluss-Ströme an den Fehlerstellen F1, F2 und F3 nach der vereinfachten Methode berechnet:

3. Ermittlung der Kurzschlussimpedanzen

Netzimpedanz. Als Impedanz für das vorgeschaltete Netz wird für den Hausanschlusspunkt vom EVU angegeben:

$$Z_Q = 300 \text{ m}\Omega \,.$$

Impedanzen der Kabel. Die maximalen Impedanzen Z_K werden mit den Impedanzbelägen Z'_K bezogen auf eine Leitertemperatur $\vartheta_L = 80\,°C$ aus Tafel 3.6 und mittels der Formel (3.16) berechnet.

Hausanschluss-Zählerplatz NYY 70 mm²: $Z_{k70} = 0{,}35\,\Omega/\text{km} \cdot 0{,}025\,\text{km} = 8{,}75\,\text{m}\Omega$.

Zähler-Wohnungsverteiler 16 mm² Cu: $Z_{k16} = 1{,}42\,\Omega/\text{km} \cdot 0{,}03\,\text{km} = 42{,}6\,\text{m}\Omega$.

Wohnungsverteiler-Steckdose 1,5 mm² Cu: $Z_{k1{,}5} = 14{,}62\,\Omega/\text{km} \cdot 0{,}015\,\text{km} = 219{,}3\,\text{m}\Omega$.

4. Berechnung der Kurzschluss-Ströme mit Anwendung von Formel (7.2)

Fehlerstelle F1:

$$I_{k1/F1} = \frac{U_0}{Z_Q + 2 \cdot Z_{k70}} = \frac{230\,\text{V}}{300\,\text{m}\Omega + 2 \cdot 8{,}75\,\text{m}\Omega} = 724\,\text{A}$$

Fehlerstelle F2:

$$I_{k1/F2} = \frac{U_0}{Z_Q + 2 \cdot Z_{k70} + 2 \cdot Z_{k16}} = \frac{230\,\text{V}}{300\,\text{m}\Omega + 2 \cdot 8{,}75\,\text{m}\Omega + 2 \cdot 42{,}6\,\text{m}\Omega} = 571\,\text{A}$$

Fehlerstelle F3:

$$I_{k1/F3} = \frac{U_0}{Z_Q + 2 \cdot Z_{k70} + 2 \cdot Z_{k16} + 2 \cdot Z_{k1{,}5}}$$

$$= \frac{230\,\text{V}}{300\,\text{m}\Omega + 2 \cdot 8{,}75\,\text{m}\Omega + 2 \cdot 42{,}6\,\text{m}\Omega + 2 \cdot 219{,}3\,\text{m}\Omega} = 273\,\text{A}.$$

Das Kabel ist thermisch kurzschlussfest bzw. die Kurzschlussdauer ist nicht größer als 5 s, wenn der minimale Kurzschluss-Strom mindestens so groß ist wie der erforderliche Kurzschluss-Strom:

Fehlerstelle F1:

$$I_{k1\min} = 725\,\text{A} < I_{k\,\text{erf}} = 750\,\text{A} \text{ (Tafel 5.10)} \Rightarrow \text{Der Kurzschluss-Schutz ist nicht gewährleistet!}$$

Durch den Einsatz eines Schmelzeinsatzes kleinerer Bemessungsstromstärke von $I_{rSi} = 100\,\text{A}$ kann der Kurzschluss-Schutz gewährleistet werden.

Einerseits ist der erforderliche Kurzschluss-Strom in Tafel 5.10 für einen Leiterquerschnitt $q_n = 70\,\text{mm}^2$ und einer Leitungsschutzsicherung 100 A gG nicht aufgeführt; andererseits drängt sich die Anwendung der zweiten Methode auf, die zulässige Kurzschlussdauer mit Formel (5.8) zu berechnen und mit der tatsächlichen Abschaltzeit aus der Zeit/Strom-Kennlinie (Bild 4.3) zu vergleichen:

$$T_{k\,\text{zul}} = \left(115\,\frac{\text{A}}{\text{mm}^2} \cdot \frac{70\,\text{mm}^2}{724\,\text{A}}\right)^2 \cdot 1\,\text{s} = 123\,\text{s} \rightarrow 5\,\text{s} > 1{,}8\,\text{s} \Rightarrow \text{Bedingung erfüllt!}$$

Fehlerstelle F2:

$$I_{k1\,\min} = 571\,\text{A} > I_{k\,\text{erf}} = 320\,\text{A} \text{ aus Tafel 5.9} \Rightarrow \text{Kurzschluss-Schutz ist gewährleistet!}$$

Fehlerstelle F3:

$$I_{k1\,\min} = 273\,\text{A} > I_{k\,\text{erf}} = 80\,\text{A} \text{ aus Tafel 5.13} \Rightarrow \text{Kurzschluss-Schutz ist gewährleistet!}$$

Die Betrachtung zeigt, dass die Wirksamkeit des Kurzschluss-Schutzes der Hauptleitung untersucht werden muss. Für die nachfolgenden Leitungen ist der Überlast- und Kurzschluss-Schutz gleichermaßen gewährleistet.

5. Nachweis der Selektivität

Zwischen der 100 A/125 A- und der 63 A-Sicherung besteht Selektivität, weil sich die Bemessungsströme um mindestens zwei Stufen unterscheiden.

Der Leitungsschutzschalter B16 schaltet bei größeren Kurzschluss-Strömen als 80 A in einer kleineren Zeit als 0,1 s ab. Ein Vergleich der Stromwärmewerte ist erforderlich, wie im Abschnitt 6.2.2 beschrieben. Beim Vorliegen von Herstellerangaben lässt sich die Selektivitätsgrenze einfach ermitteln, wie beispielsweise nach Tafel 6.1 ist $I_{grenz} = 3,5$ kA. Da die berechneten Kurzschluss-Ströme kleiner als 3,5 kA sind, besteht zwischen der 63 A-Sicherung und dem B16-Leitungsschutzschalter Selektivität.

8. Prüfung des Kurzschluss-Schutzes

Das Prüfen von elektrischen Anlagen in Gebäuden umfasst das Besichtigen, Erproben und Messen.

Die Vorschrift DIN VDE 0100 Teil 610 [8.1] beinhaltet Mindestforderungen zu Erstprüfungen in elektrischen Anlagen.

Jede elektrische Anlage muss während der Errichtung und vor der Inbetriebnahme durch den Nutzer geprüft werden.

Geänderte und erweiterte Anlagen müssen bei Einbeziehung der gesamten Anlage ebenfalls den Prüfbedingungen entsprechen.

Bezüglich der Prüfung des Kurzschluss-Schutzes ist im Teil 610 nur das *Besichtigen* vorgesehen.

Es ist zu kontrollieren, ob

- die Überstrom-Schutzeinrichtungen richtig ausgewählt und/oder eingestellt sind,
- alle elektrischen Betriebsmittel den am Einbauort auftretenden größten Kurzschluss-Strom bis zur Ausschaltung führen können und Schaltgeräte diesen auch sicher unterbrechen können.

Das bewusste Ansehen der elektrischen Anlage auf normgerechte Ausführung kann und soll schon während der Errichtungsphase durchgeführt werden.

Darüber hinaus sind natürlich Prüfungen durch Überschlags- bzw. Kontrollberechnungen der zu erwartenden Kurzschlussbelastung und der Vergleich mit den Bemessungsgrößen der ausgewählten Betriebsmittel möglich; bei hohen Beanspruchungen und Grenzfällen auch angebracht.

Die *Erprobung* des Funktionierens des Kurzschluss-Schutzes ist als Prüfungsmethode nicht praktikabel.

Ebenfalls nicht vorgeschrieben ist die Prüfung des Kurzschluss-Schutzes durch *Messung*. Die Messung der Schleifenimpedanz ist aber ein übliches Verfahren. Dagegen ist die direkte Messung des Kurzschluss-Stromes nur mit erheblichem Aufwand möglich.

Die **Tafeln 8.1** bis **8.3** sind als Zusammenfassungen der Prüfgänge und Nachweise anzusehen, um die Prüfung des Kurzschluss-Schutzes zielgerichtet und vollständig durchführen zu können.

8 *Prüfung des Kurzschluss-Schutzes*   199

Tafel 8.1 *Prüfung von Niederspannungsanlagen für den Schutz bei Kurzschluss*

Forderung	Prüfaufgabe	Normeninhalte	Abschnitt im Buch
Allgemeine Forderungen	Sind die Schaltplanunterlagen der Anlage vorhanden, vollständig und ordnungsgemäß ausgeführt?	DIN VDE 0100 Teil 510 Abschnitt 514.5	
	Liegen die Planungsunterlagen mit den getroffenen Festlegungen zum Kurzschluss-Schutz zur Kontrolle vor?		
Sichtprüfung:	Stimmen die Bemessungsstromstärken der eingebauten Schutzeinrichtungen mit den in den Planungsunterlagen vorgesehenen überein? Befinden sich die Kurzschluss-Schutzeinrichtungen in einem einwandfreien Zustand und sitzen Schmelzsicherungen richtig in den Fassungen oder Halterungen?	DIN VDE 0100 Teil 510 Abschnitt 514	
Überprüfung der eingesetzten Überstromschutzeinrichtungen	Befinden sich die Schutzeinrichtungen am Anfang des Stromkreises? Wenn nicht, wurden die Schutzeinrichtungen richtig versetzt?	DIN VDE 0100 Teil 430 Abschnitt 6.4	5.5.1
	Ist die Schutzeinrichtung für den Schutz des nachgeordneten Betriebsmittels geeignet?		
	Wurde das Schutzorgan für den Schutz der Überlast- und Kurzschluss-Schutz richtig ausgelegt	DIN VDE 0100 Teil 430 Abschnitt 5.2	
	Gewährleistet die Schutzeinrichtung den Ganzbereichsschutz, wenn sie Überlast- und Kurzschluss-Schutz übernehmen soll?	DIN VDE 0100 Teil 430 Abschnitt 4.1	
	Wenn Schutzeinrichtungen mit Teilbereichsschutz eingesetzt sind, wird von ihnen nur der Kurzschluss-Schutz gefordert?	DIN VDE 0100 Teil 430 Abschnitt 4.2	
	Wurden die Bemessungs- und Einstellwerte der Schutzeinrichtungen richtig ausgewählt?		
Nachweis der Kurzschlussfestigkeit	Hält die elektrische Anlage den thermischen und mechanischen Kurzschlussbeanspruchungen stand? Nachweis der Kurzschlussfestigkeit der Betriebsmittel, Kabel und Leitungen.	DIN VDE 0103 TAB (EVU) Abschnitt 7.2	5.5
	Wurde durch Rechnung oder Messung festgestellt, dass die maximale Leitungslänge nicht überschritten bzw. der erforderliche Mindestkurzschluss-Strom erreicht wird?	DIN VDE 0100 Teil 430 Abschnitt 6.3.2.1 und Beiblatt 5	5.5.1
	Ist das Ausschaltvermögen der Schutzeinrichtung gleich/größer als der größte effektive Kurzschluss-Strom an der Einbaustelle? Wenn nein, schaltet eine vorgeordnete Schutzeinrichtung vor Überschreiten des Ausschaltvermögens ab (Back-up-Schutz)?	DIN VDE 0100 Teil 430 Abschnitt 6.3.1	5.4.4
	Werden die Angaben der Hersteller für den maximal zulässigen Bemessungsstrom der Vorsicherung eingehalten?		6.3

Tafel 8.1 (Fortsetzung)

		DIN VDE 0100 Teil 430 Abschnitt 6.3.2.2	5.5.1
	Nachweis der Begrenzung der Durchlassenergie bei sehr kurzen Ausschaltzeiten $T_a < 0,1$ s Wurden LS-Schalter der Energiebegrenzungsklasse 3 eingesetzt?		
Selektivität zwischen	**ist sichergestellt, wenn**		
Schmelzsicherung – Schmelzsicherung	Schmelzsicherungen der gleichen Betriebsklasse eingesetzt sind und der Bemessungsstrom der vorgeschalteten Sicherung mindestens das 1,6fache des nachgeschalteten beträgt. Andernfalls müssen die Kennlinien der Sicherungen oder I^2T-Werte miteinander verglichen werden: die Ausschaltzeit des nachgeordneten Schutzorgans (obere Grenzkurve) **kleiner** ist als die Ausschaltzeit des vorgelagerten Schutzorgans (untere Grenzkurve) **oder bei $T_k < 0,1$ s**: der Ausschalt-I^2T_{max}-Wert des nachgeordneten Schutzorgans **kleiner** ist als der Schmelz-I^2T_{min}-Wert des vorgelagerten Schutzorgans.		
Leitungsschutzschalter – Leitungsschutzschalter	der Kurzschluss-Strom den Ansprechwert des vorgeordneten Leitungsschutzschalters nicht überschreitet		
Schmelzsicherung – Leitungsschutzschalter	der Kurzschluss-Strom den Grenzstrom nicht überschreitet.		
Leistungsschalter – Leistungsschalter	die Ausschaltzeit des nachgeordneten Schutzorgans plus Sicherheitsabstand **kleiner** ist als die Ausschaltzeit des vorgelagerten Schutzorgans (warmes Bi-Relais)		
Leistungsschalter – Schmelzsicherung	die Ausschaltzeit des nachgeschalteten Schutzorgans (obere Grenzkurve) plus Sicherheitsabstand **kleiner** ist als die Ausschaltzeit des vorgelagerten Schutzorgans (warmes Bi-Relais) **oder bei $T_k < 0,1$ s**: die minimale Durchlassenergie des Leistungsschalters $I^2T_{min\ LS}$ größer ist als der Ausschaltwert der Schmelzsicherung $I^2T_{max\ Si}$.		
Schmelzsicherung – Leistungsschalter	die Ausschaltzeit des nachgeordneten Schutzorgans plus Sicherheitsabstand **kleiner** ist als die Ausschaltzeit des vorgelagerten Schutzorgans (untere Grenzkurve) **oder bei $T_k < 0,1$ s**: der Schmelzwert der Sicherung $I^2T_{min\ Si}$ größer ist als die maximale Durchlassenergie des Leistungsschalters $I^2T_{max\ LS}$.		

Tafel 8.2 Kurzschlussfestigkeit von elektrischen Betriebsmitteln und Anlagen

Bedingung:

Die höchste Kraftwirkung und die Erwärmung durch den Kurzschluss-Strom darf an den elektrischen Betriebsmitteln und Anlagen keine Schäden hervorrufen, die den weiteren sicheren Betrieb unmöglich machen.

Kurzschluss-Schutzeinrichtungen oder von ihnen gesteuerte Schaltgeräte müssen den Kurzschluss-Strom einwandfrei schalten.

Kurzschlussbeanspruchung ≤ Kurzschlussfestigkeitswert

Schutz durch

Mechanische Kurzschlussfestigkeit	Thermische Kurzschlussfestigkeit	Ausreichendes Schaltvermögen
$i_p \leq i_{pr}$	$I_{th} \leq I_{thr} \cdot \sqrt{\dfrac{T_{kr}}{T_k}}$ oder	$I_a \leq I_{ar}$
Strombegrenzende Schaltgeräte $i_d \leq i_{pr}$	$S_{th} \leq S_{thr} \cdot \sqrt{\dfrac{T_{kr}}{T_k}}$ Thermisch gleichwertiger Kurzschluss-Strom $I_{th} = I_k \sqrt{m+n}$ Thermisch gleichwertige Kurzschluss-Stromdichte $S_{th} = \dfrac{I_{th}}{q_n}$	$I_{cm} \geq i_p$

i_p – Stoßkurzschluss-Strom
I_{pr} – Bemessungs-Stoßstrom
I_{th} – thermisch gleichwertiger Kurzschluss-Strom
I_{thr} – Bemessungs-Kurzzeitstrom
S_{th} – thermisch gleichwertige Kurzschluss-Stromdichte
S_{thr} – Bemessungs-Kurzzeitstromdichte in A/mm^2
T_k – Kurzschlussdauer (aus der Zeit-Strom-Kennlinie)
T_{kr} – Bemessungs-Kurzzeit (in der Regel 1 s; wird deshalb oft weggelassen)
S_{thr} – Bemessungs-Kurzzeitstromdichte
m, n – Faktoren (generatorferner Kurzschluss $n = 1$; wenn $T_k > 0{,}5$ s ist $m = 0$)
I_a – Ausschaltwechselstrom
I_{ar} – Bemessungs-Ausschaltwechselstromvermögen
I_{cm} – Bemessungs-Kurzschlusseinschaltvermögen

Tafel 8.3 *Thermische Kurzschlussfestigkeit von Kabeln und Leitungen*

Bedingungen:
– die Kurzschlussendtemperatur darf nicht überschritten werden
– der Kurzschluss-Strom darf nicht länger als 5 s fließen

Schutz bei	
kleinen Kurzschluss-Strömen	großen Kurzschluss-Strömen
$0{,}1\,\text{s} \leq T_k \leq 5\,\text{s}$ $I_k \geq I_{k\,\text{erf}}$ $I_{\text{th}} \leq I_{\text{th}\,r} \cdot \sqrt{\dfrac{T_{\text{kr}}}{T_k}}$ oder $S_{\text{th}} \leq S_{\text{th}\,r} \cdot \sqrt{\dfrac{T_{\text{kr}}}{T_k}}$ oder $T_k \leq T_{k\,\text{zul}} = \left(S_{\text{th}\,r} \cdot \dfrac{q}{I_k}\right)^2 \cdot T_{\text{kr}}$ oder $q_n \geq q = \dfrac{I_k}{S_{\text{th}\,r}} \cdot \sqrt{\dfrac{T_{\text{kr}}}{T_k}}$	$T_k < 0{,}1\,\text{s}$ Durchlasswert der Schutzeinrichtung ≤ Grenzbelastung des Kabels oder der Leitung $I^2 \cdot T_{\text{max}} \leq (S_{\text{th}\,r} \cdot q)^2 \cdot 1\,\text{s}$

I_k	– Effektivwert des Kurzschluss-Stromes bei vollkommenen Kurzschluss in A
$I_{k\,\text{erf}}$	– erforderlicher Mindestkurzschluss-Strom in A (Tafeln 5.8 bis 5.15)
I_{th}	– thermisch gleichwertiger Kurzschluss-Strom in A
$I_{\text{th}\,r}$	– Bemessungs-Kurzzeitstrom (Herstellerangabe, Tafeln 5.4 und 5.5) in A
S_{th}	– thermisch gleichwertige Kurzschluss-Stromdichte in A/mm²
$S_{\text{th}\,r}$	– Bemessungs-Kurzzeitstromdichte (Tafel 5.3) in A/mm²
T_k	– Kurzschlussdauer in s (aus der Zeit-Strom-Kennlinie)
T_{kr}	– Bemessungs-Kurzzeit in s (in der Regel 1s; wird deshalb oft weggelassen)
$T_{k\,\text{zul}}$	– zulässige Ausschaltzeit im Kurzschlussfall in s
$S_{\text{th}\,r}$	– Bemessungs-Kurzzeitstromdichte in A/mm²
q	– Leiterquerschnitt in mm²
q_n	– Nenn-Leiterquerschnitt in mm²

9 Komplexbeispiel: Kurzschluss-Schutz eines Gebäudes (Beispiel 9)

9.1 Allgemeines

Der Nachweis des Kurzschluss-Schutzes der Verteilungsanlage eines Gebäudes nach **Bild 9.1** wird exemplarisch durchgeführt. Die elektrische Anlage besteht aus einer Transformatorenstation, einer Niederspannungsschaltanlage als Hauptverteilung HV und den Verteilungen V1 bis V 12. Die Kombination der hintereinander geschalteten Kurzschluss-Schutzeinrichtungen wurde bewusst für unterschiedliche Konstellationen gewählt. Der Umfang des Beispiels ist in einem Buch leider beschränkt, sodass nicht auf alle im Abschnitt 5 behandelten Nachweise und Prüfungen eingegangen werden kann.

Die Tafeln 9.1 bis 9.5 können als **Arbeitsblätter A4/CD-ROM** bis **A8/CD-ROM** ausgedruckt und zum Ausfüllen genutzt werden.

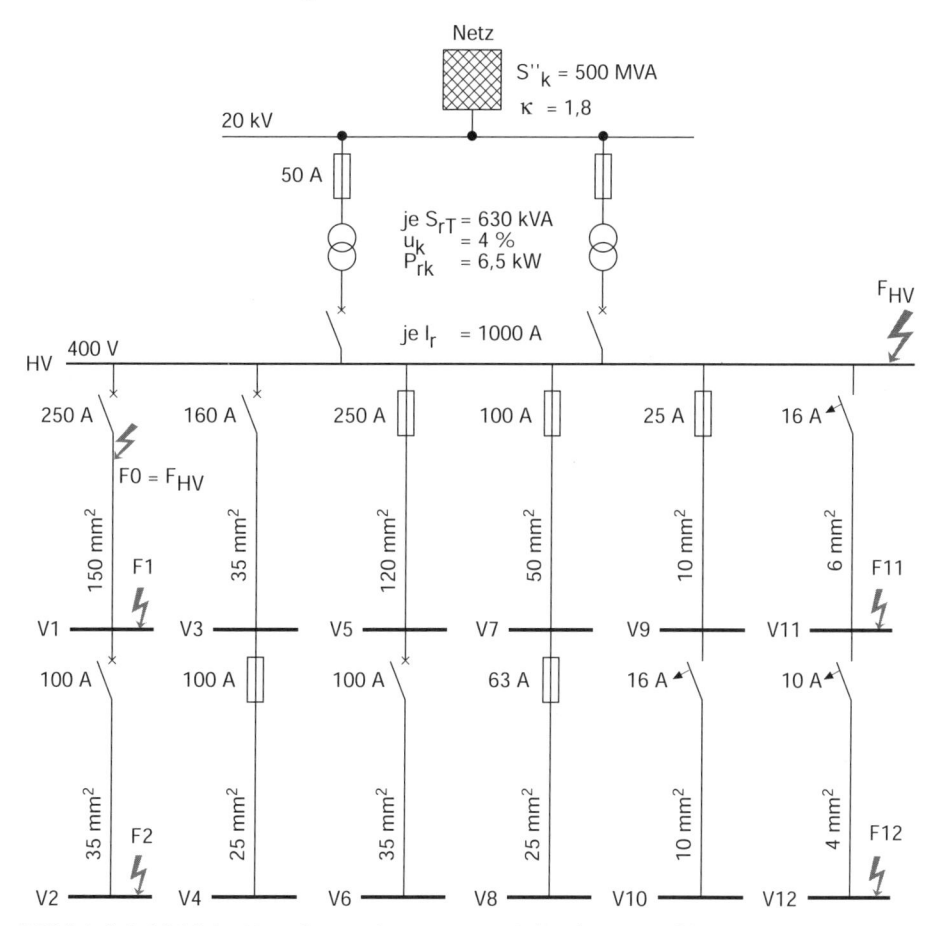

Bild 9.1 Schaltbild der Verteilungsanlage in einem Gebäude (Beispiel 9)

Tafel 9.1 Erfassung der Kabeldaten und Kurzschlussimpedanzen (Beispiel 9)

1	2	3	4	5	6	7	8	9	10	11	12	13	14	15	16
Leitung		Kabel in mm²	Länge in m	minimale Resistanzen (20 °C)				Reaktanzen				maximale Resistanzen (80 °C)			
von	nach			R'_L in Ω/km	$R'_{(0)L}$ in Ω/km	ΣR_k in mΩ	$\Sigma R_{(0)k}$ in mΩ	X'_L in Ω/km	$X'_{(0)L}$ in Ω/km	ΣX_k in mΩ	$\Sigma X_{(0)L}$ in mΩ	R'_L in Ω/km	$R'_{(0)L}$ in Ω/km	ΣR_k in mΩ	$\Sigma R_{(0)k}$ in mΩ
HV	V1	150	50	0,125	0,423	7,72	22,6	0,08	0,318	9,761	21,04	0,155	0,524	10,67	29,12
V1	V2	35	30	0,526	1,425	23,5	65,34	0,083	0,832	12,251	46,0	0,652	1,767	30,24	82,13
HV	V3	35	20	0,526	1,425	17,25	44,2	0,083	0,832	8,251	30,1	0,652	1,767	22,49	55,9
V3	V4	25	50	0,724	1,701	31,73	78,2	0,086	1,115	9,971	52,4	0,898	2,11	40,44	98,1
HV	V5	120	40	0,157	0,526	4,61	11,96	0,08	0,337	7,361	11,88	0,195	0,652	22,39	68,1
V5	V6	35	20	0,526	1,425	36,17	97,5	0,083	0,832	12,341	61,8	0,652	1,767	61,52	174,1
HV	V7	50	30	0,389	1,148	20,92	58,84	0,083	0,632	9,911	36,7	0,482	1,424	25,59	72,6
V7	V8	25	20	0,724	1,701	93,3	228,9	0,086	1,115	18,511	148,2	0,898	2,11	115,37	283,5
HV	V9	10	60	1,81	2,661	73,87	107,9	0,094	1,901	9,521	81,2	2,244	3,3	91,25	133,4
V9	V10	10	100	1,81	2,661	182,5	267,5	0,094	1,901	15,161	195,2	2,244	3,3	225,9	331,4
HV	V11	6	60	3,03	3,667	62,1	74,76	0,1	2,126	7,761	47,66	3,757	4,55	76,62	92,36
V11	V12	4	20	4,56	5,062	153,3	176,0	0,107	2,286	9,01	93,38	5,654	6,28	189,7	217,9
Tafel				3,24	3,26			3,25	3,26			3,24	3,26		

9.2 Kurzschluss-Stromberechnung

Die Erfassung der für die Kurzschluss-Stromberechnung erforderlichen Kurzschlussimpedanzen ist in **Tafel 9.1** zusammengefasst.

Da für die Berechnung die genauere Methode nach Abschnitt 3.2.7 verwendet wurde, müssen die Resistanzen und Reaktanzen einzeln erfasst werden.

In den Spalten 7 und 8, 11 und 12 sowie 15 und 16 von Tafel 9.1 sind die Summen

$$\Sigma R_k = R_Q + R_T + R_L \quad \text{und} \quad \Sigma X_k = X_Q + X_T + X_L$$

eingetragen.

Folgende Werte wurden für das speisende Netz und den Transformatoren eingesetzt:

R_Q = 0,03 mΩ, X_Q = 0,38 mΩ, R_T = 2,889 mΩ, X_T = 10,821 mΩ, R_{0T} = 2,889 mΩ und X_{0T} = 10,28 mΩ (Abschnitt 3.2.9.2).

Beim Nachvollziehen des Rechenganges und der Ergebnisse muss beachtet werden, dass

– bei der Berechnung größter Kurzschluss-Ströme beide Transformatoren in Betrieb sind und eine Leitertemperatur von 20 °C zu Grunde gelegt ist und
– bei der Berechnung kleinster Kurzschluss-Ströme nur ein Transformator das Gebäude versorgt und die Leitertemperatur von 80 °C angenommen wurde (Abschnitt 3.2.5).

Bei einer Berechnung nach der vereinfachten Methode nach Abschnitt 3.2.6, bei der nur mit den Impedanzen (Tafeln 3.2 bis 3.8) gerechnet wird, sind die vorstehend genannten Voraussetzungen ebenfalls zu beachten.

Zum besseren Verständnis sei noch genannt, dass der größte Kurzschluss-Strom bei einem Kurzschluss an der Stromschiene der NS-Schaltanlage F_{HV} praktisch mit den größten Kurzschluss-Strömen an den Einbaustellen der Kurzschluss-Schutzeinrichtungen in den Abzweigen der Schaltanlage identisch ist.

Die Ergebnisse der Kurzschlussberechnungen sind in der **Tafel 9.2** zusammengefasst.

Tafel 9.2 Ergebnisse der Kurzschlussberechnung (Beispiel 9)

1	2	3	4	5	6	7	8	9	10	11
	min. Impedanzen		max. Kurzschluss-Ströme				max. Impedanzen		min. KS-Ströme	
Fehler-stelle	Z_k in mΩ	$Z_{(0)k}$ in mΩ	I_{k3} in kA	I_{k1} in kA	i_{p3} in kA	i_{p1} in kA	Z_k in mΩ	$Z_{(0)k}$ in mΩ	I_{k2} in kA	I_{k1} in kA
F0/F_{HV}	5,97	17,28	38,84	40,1	81,07	83,7	11,57	33,85	17,28	19,44
F1	12,45	55,6	18,56	12,46	29,16	19,58	18,57	75,8	10,23	8,68
F2	26,5	132,6	8,71	5,22	12,61	7,56	35,03	166,8	5,42	3,94
F3	19,12	91,46	12,08	7,58	17,45	10,95	36,32	118,7	7,22	5,54
F4	33,26	159,1	6,94	4,36	10,02	6,28	43,3	200,0	4,39	3,3
F5	8,69	34,0	26,59	20,37	43,98	33,7	29,29	139,7	6,44	4,71
F6	38,22	190,6	6,04	3,64	8,72	5,24	66,1	329,5	2,87	2,0
F7	23,15	115,5	9,98	6,0	14,41	8,67	27,44	136,1	6,92	4,83
F8	95,14	455,0	2,43	1,52	3,5	2,2	116,8	546,6	1,63	1,2
F9	74,48	274,6	3,1	2,52	4,47	3,64	91,74	331,4	2,07	1,99
F10	183,1	671,5	1,26	1,03	1,82	1,49	226,4	815,1	0,84	0,8
F11	62,55	208,7	3,69	3,32	5,33	4,79	77,0	253,6	2,47	2,6
F12	153,6	495,6	1,5	1,4	2,17	2,02	190,0	607,9	1,0	1,08
Formel	(3.82)	(3.83)	(3.40)	(3.42)	(3.43)	(3.43)	(3.82)	(3.83)	(3.41)	(3.42)

9.3 Nachweis der Kurzschlussfestigkeit

Transformator

Bei einem dreipoligen Kurzschluss auf der Sekundärseite der Transformatoren fließt über die HH-Sicherung 50 A ein Kurzschluss-Strom (Tafel 9.2, Spalte 4) von

$$I_p = \frac{I_{k3\max/F_{HV}}}{2} \cdot \frac{1}{\ddot{u}_r} = \frac{38{,}84\text{ kA}}{2} \cdot \frac{0{,}42\text{ kV}}{20\text{ kV}} = 408\text{ A}.$$

Dieser Kurzschluss-Strom hat eine maximale Ausschaltzeit von 1,5 s zur Folge (Bild 5.19c), und der Transformator hält der Kurzschlussbeanspruchung stand, da die Kurzschlussdauer nicht größer als 2 s ist (Abschnitt 5.5.8).

NS-Schaltanlage, Verteilungen und Schaltgräte

In den **Tafeln 9.3** und **9.4** sind die Bemessungs-Kurzschlussgrößen der Stromschienen und Schaltgeräte den ermittelten Kurzschluss-Strömen an den Einbaustellen gegenübergestellt. Der entsprechende Vergleich führt zur Aussage (J/N), ob Kurzschlussfestigkeit für das eingesetzte Betriebsmittel vorliegt.

Tafel 9.3 Nachweis der Kurzschlussfestigkeit der Stromschienen (Beispiel 9)

Betriebsmittel	Herstellerangabe			Berechnete Größe	
Stromschienensystem	Bemessungs-(Kurzschluss-festigkeit)	Größe in kA	Bedingung erfüllt (J/N), wenn ≥	Größe in kA	maximaler Kurzschluss-Strom
NS-Schaltanlage	Stoßstromfestigkeit I_{pr}	90	J	83,7	Stoßkurzschluss-Strom i_p
	Kurzzeitstrom I_{thr}	45	J	38,84	Kurzschluss-Strom I_{th}
Verteilung V1	Stoßstromfestigkeit I_{pr}	60	J	29,16	Stoßkurzschluss-Strom i_p
	Kurzzeitstrom I_{thr}	29	J	18,56	Kurzschluss-Strom I_{th}
Verteilung V2	Stoßstromfestigkeit I_{pr}	40	J	12,61	Stoßkurzschluss-Strom i_p
	Kurzzeitstrom I_{thr}	10	J	8,71	Kurzschluss-Strom I_{th}
Verteilung V3	Stoßstromfestigkeit I_{pr}	60	J	17,45	Stoßkurzschluss-Strom i_p
	Kurzzeitstrom I_{thr}	29	J	12,08	Kurzschluss-Strom I_{th}
Verteilung V4	Stoßstromfestigkeit I_{pr}	40	J	10,02	Stoßkurzschluss-Strom i_p
	Kurzzeitstrom I_{thr}	10	J	6,94	Kurzschluss-Strom I_{th}
Verteilung V5	Stoßstromfestigkeit I_{pr}	60	J	43,98	Stoßkurzschluss-Strom i_p
	Kurzzeitstrom I_{thr}	29	J	26,59	Kurzschluss-Strom I_{th}
Verteilung V6	Stoßstromfestigkeit I_{pr}	40	J	8,72	Stoßkurzschluss-Strom i_p
	Kurzzeitstrom I_{thr}	10	J	6,04	Kurzschluss-Strom I_{th}
Verteilung V7	Stoßstromfestigkeit I_{pr}	60	J	14,41	Stoßkurzschluss-Strom i_p
	Kurzzeitstrom I_{thr}	29	J	9,98	Kurzschluss-Strom I_{th}
Verteilung V8	Stoßstromfestigkeit I_{pr}	40	J	3,5	Stoßkurzschluss-Strom i_p
	Kurzzeitstrom I_{thr}	10	J	2,43	Kurzschluss-Strom I_{th}
Verteilung V9	Stoßstromfestigkeit I_{pr}	60	J	4,47	Stoßkurzschluss-Strom i_p
	Kurzzeitstrom I_{thr}	29	J	3,1	Kurzschluss-Strom I_{th}
Verteilung V10	Stoßstromfestigkeit I_{pr}	25	J	1,82	Stoßkurzschluss-Strom i_p
	Kurzzeitstrom I_{thr}	10	J	1,26	Kurzschluss-Strom I_{th}
Verteilung V11	Stoßstromfestigkeit I_{pr}	60	J	5,33	Stoßkurzschluss-Strom i_p
	Kurzzeitstrom I_{thr}	29	J	3,69	Kurzschluss-Strom I_{th}
Verteilung V12	Stoßstromfestigkeit I_{pr}	25	J	2,17	Stoßkurzschluss-Strom i_p
	Kurzzeitstrom I_{thr}	10	J	1,5	Kurzschluss-Strom I_{th}
Tafel				9.2	

Tafel 9.4 Nachweis der Kurzschlussfestigkeit der Schaltgeräte (Beispiel 9)

Betriebsmittel	Herstellerangabe			Berechnete Größe	
Schaltgerät/ Kurzschluss-Schutzeinrichtung	Bemessungs-(Kurzschluss-festigkeit)	Größe in kA	Bedingung erfüllt (J/N), wenn ≥	Größe in kA	maximaler Kurzschluss-Strom
NS-Schaltanlage					
LS 250A	Einschaltvermögen I_{cm}	132	J	83,7	Stoßkurzschluss-Strom i_p
	Ausschaltvermögen I_{cn}	60	J	38,84	Ausschalt-KS-Strom I_a
	Kurzzeitstrom $I_{th\,r}$	–	J	38,84	Kurzschluss-Strom I_{th}
LS 160A	Einschaltvermögen I_{cm}	132	J	83,7	Stoßkurzschluss-Strom i_p
	Ausschaltvermögen I_{cn}	60	J	38,84	Ausschalt-KS-strom I_a
	Kurzzeitstrom $I_{th\,r}$	–	J	38,84	Kurzschluss-Strom I_{th}
Schmelz-sicherungen	Ausschaltvermögen I_{an}	50 kA	J	38,84	Ausschalt-KS-Strom I_a
Leitungs-schutzschalter	Ausschaltvermögen I_{an}	10 kA	N	38,84	Ausschalt-KS-Strom I_a
Verteilungen					
Verteilung V1 LS 100A	Einschaltvermögen I_{cm}	52,5	J	29,16	Stoßkurzschluss-Strom i_p
	Ausschaltvermögen I_{cn}	25	J	18,56	Ausschalt-KS-Strom I_a
	Kurzzeitstrom $I_{th\,r}$	–	J	18,56	Kurzschluss-Strom I_{th}
Verteilung V3 NH 100A	Ausschaltvermögen I_{an}	50 kA	J	12,08	Ausschalt-KS-Strom I_a
Verteilung V5 LS 100A	Einschaltvermögen I_{cm}	52,5	J	43,98	Stoßkurzschluss-Strom i_p
	Ausschaltvermögen I_{cn}	25	J	26,59	Ausschalt-KS-Strom I_a
	Kurzzeitstrom $I_{th\,r}$	–	J	26,59	Kurzschluss-Strom I_{th}
Verteilung V7 NH 63A	Ausschaltvermögen I_{an}	50 kA	J	9,98	Ausschalt-KS-Strom I_a
Verteilung V9 LSS 16A	Ausschaltvermögen I_{an}	10 kA	J	3,1	Ausschalt-KS-Strom I_a
Verteilung V11 LSS 10A	Ausschaltvermögen I_{an}	6 kA	J	3,69	Ausschalt-KS-Strom I_a
Tafel				9.2	

Kabel

Mit dem größten Kurzschluss-Strom – Fehlerort am Anfang der jeweiligen Leitung – wird die thermische Kurzschlussfestigkeit der Kabel überprüft (**Tafel 9.5**, Spalte 10) oder, wenn $T_k < 0{,}1$ s, mit den Stromwärmewerten (Spalte 13).

Der kleinste Kurzschluss-Strom – Fehlerort am Ende der Leitung (F2, F4, F6, F8, F10 und F12) – ist berechnet worden, um zu überprüfen, ob er größer ist als der Mindestkurzschluss-Strom Spalte 16.

Tafel 9.5 Nachweis der Kurzschlussfestigkeit der Kabel (Beispiel 9)

1	2	3	4	5	6	7	8	10	11	12	13	14	15	15	16
Leitung		Kabel	Kurzschluss-Schutz-einrichtung	$I_{th} = I_{k\,max}$		T_k	$I_{thr} \cdot \sqrt{\dfrac{T_k}{1\,s}}$	Bedingung $I_{thr} \cdot \sqrt{\dfrac{T_k}{1\,s}}$ $> I_{th}$ erfüllt? J/N	$I^2 T_{SE}$	$I^2 T_{Leitung}$	Bedingung $I^2 T_{leitung}$ $> I^2 T_{SE}$ erfüllt? J/N	$I_{k\,min}$		$I_{k\,erf}$	Bedingung $I_{k\,min}$ $> I_{k\,erf}$ erfüllt? J/N
von	nach	in mm²	in A	Fehler-stelle	in kA	in s	in kA		10^3 A²s	10^3 A²s		Fehler-stelle	in kA	in kA	
HV	V1	150	LS 250	F0	38,84	0,1	54,5	J	–	–		F1	8,68	bis 7,2	J
V1	V2	35	LS 100	F1	18,56	<0,1			1050	297562	J	F2	3,94	bis 2,4	J
HV	V3	35	LS 160	F0	38,84	0,1	12,7	N		–		F3	5,54	bis 2,4	J
V3	V4	25	NH 100	F3	12,08	<0,1			110	8266	J	F4	3,29	0,58	J
HV	V5	120	NH 250	F0	38,84	<0,1			5577	190440	J	F5	4,7	1,6	J
V5	V6	35	LS 100	F5	26,58	<0,1			1100	16210	J	F6	1,99	bis 2,4	J
HV	V7	50	NH 100	F0	38,84	<0,1			64	33062	J	F7	4,83	0,58	J
V7	V8	25	NH 63	F7	9,98	<0,1			21,2	8266	J	F8	1,2	0,32	J
HV	V9	10	D 25	F0	38,84	<0,1			4	1323	J	F9	1,98	0,11	J
V9	V10	10	LSS 16	F9	3,1	<0,1			70	1323	J	F10	0,8	<0,08	J
HV	V11	6	LSS 16	F0	38,84	<0,1			70	476	J	F11	2,46	<0,08	J
V11	V12	4	LSS 10	F11	1,5	<0,1			70	211	J	F12	1,0	<0,08	J
Bedingung/Formel				(3.48)				(5.7)			(5.11)				(5.13)
Bild/Tafel			B 9.1	B 9.1	T 9.2	B 4.3	T 5.4		B 9.2a T 4.1 T 4.3	T 5.7		B 9.1	T 9.2	T. 5.9 bis 5.15	

9.4 Überprüfung der Selektivität

HH-Sicherung 50 A – maximale Schmelzsicherung NH 250 A
Unter Hinzuziehung der herstellerbezogenen Angaben in Tafel 6.3 ist eine maximale Sicherungsbemessungsstromstärke von 400 A beim Einsatz von 630 kVA Transformatoren möglich.
Der Hinweis auf die Zuordnung der Sicherungen durch die Hersteller sei an dieser Stelle noch einmal betont.

Leistungsschalter 250 A – Leistungsschalter 100 A
Die möglichen Kurzschluss-Ströme an der Einbaustelle des 100 A-Leistungsschalters liegen im Bereich von 3,94 kA bis 18,56 kA (Tafel 9.2, Spalte 4 und 11). Eingestellt wird der Stromwert etwas unter dem am Ende der Leitung auftretenden minimalen Kurzschluss-Strom von 3,94 kA. Der Auslöser des vorgeordneten 250 A-Leistungsschalters soll bei einem Kurzschluss-Strom reagieren, der etwas unter 8,68 kA liegt (Bild 9.2). Ist der Kurzschluss-Strom größer als 8,68 kA, was ja bei Kurzschluss unmittelbar hinter dem nachgeordneten Leistungsschalter möglich ist, lösen beide Leistungsschalter gleichzeitig aus. Wird der Ansprechstrom des vorgeordneten Leistungsschalters auf einen größeren Wert als 18,56 kA eingestellt, wird zwar selektiv geschaltet, der Überlastauslöser übernimmt aber zwischen den Ansprechströmen den Kurzschluss-Schutz mit unzulässig hohen Ausschaltzeiten über 5 s. Selektivität ist so nicht zu erreichen. Eine zeitlich verzögerte Ausschaltung des vorgeordneten Leistungsschalters ist unumgänglich.
Im Zusammenwirken mit dem Leistungsschalter im Einspeisefeld ist eine Staffelung der Ausschaltzeiten 0,2 s (LS 1000 A) – 0,1 s (LS 25 A) – unverzögert (LS 100A) möglich.

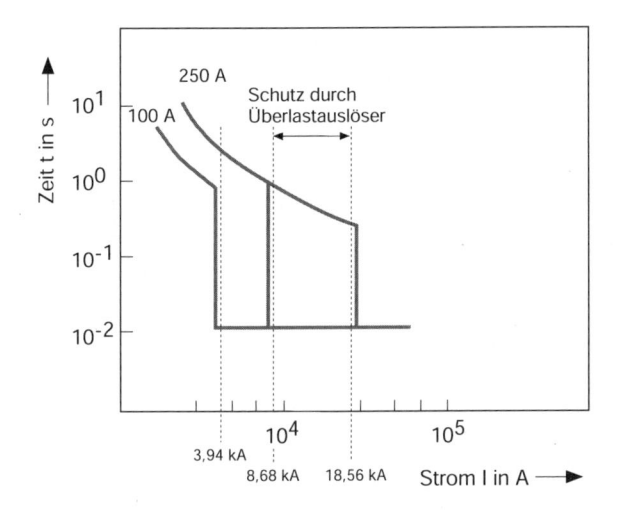

Bild 9.2
Selektivität; Leistungsschalter – Leistungsschalter (Beispiel 9)

Leistungsschalter 160 A – Schmelzsicherung NH 100 A
Die Zeit/Strom-Kennlinie der Schmelzsicherung hat nach **Bild 9.3** einen ausreichenden Abstand zur Zeit/Strom-Kennlinie. Im weiterführenden Bereich der Sicherung trifft dies sicher auch zu. Für die Selektivitätsuntersuchung sind die möglichen Kurzschluss-Ströme bei einem Fehler hinter der Schmelzsicherung maßgeblich, die im Bereich von 3,3 kA bis 12,08 kA (Tafel 9.2, Spalte 4 und 11) liegen. Diese Ströme haben für die Schmelzsicherung nach Bild 4.3a eine kleinere Ausschaltzeit als 0,1 s zur Folge, und der korrekte Nachweis muss mit den Stromwärmewerten durchgeführt werden. Die minimale Durchlassenergie des

Leistungsschalter bei 3,3 kA (Bild 9.4a) muss größer sein als der Ausschaltwert der Schmelzsicherung (Tafel 4.1):

$$I^2T_{\text{minLS}} = 110000 \text{ A}^2\text{s} > I^2T_{\text{maxNH}} = 64000 \text{ A}^2\text{s}$$

Die Bedingung ist erfüllt und Selektivität damit vorhanden!

Bild 9.3
Selektivität; Leitungsschalter – Schmelzsicherung (Beispiel 9)

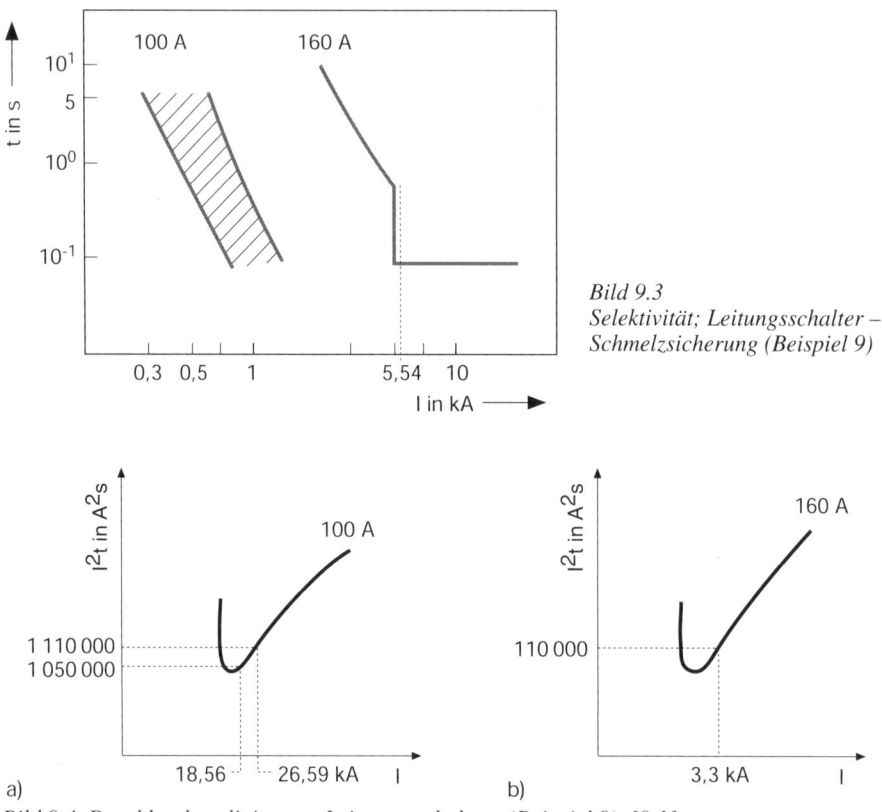

Bild 9.4 Durchlasskennlinien von Leistungsschaltern (Beispiel 9), [9.1]
a) 100 A; b) 160 A

Schmelzsicherung NH 250 A – Leistungsschalter 100 A
Bei Kurzschluss hinter dem unverzögert auslösenden 100 A-Leistungsschalter liegt der Kurzschluss-Strom zwischen 2,0 kA und 26,59 kA (Tafel 9.2, Spalte 4 und 11). Die Ausschaltzeit der Sicherung wird bei Kurzschluss-Strömen über 2,5 kA kleiner 0,1 s (Bild 4.3a). Die Selektivität wird mittels der Stromwärmewerte durchgeführt. Der Schmelzwärmewert der 250 A-NH-Sicherung (Tafel 4.1) muss größer sein als die maximale Durchlassenergie des Leistungsschalters bei 26,59 kA (Bild 9.4b):

$$I^2T_{\text{minNH}} = 185000 \text{ A}^2\text{s} < I^2T_{\text{maxLS}} = 1100000 \text{ A}^2\text{s}.$$

Die Bedingung (6.5) ist nicht erfüllt. Es ist keine Selektivität gewährleistet!

Schmelzsicherung 100 A – Schmelzsicherung 63 A
Die Bemessungsströme der Schmelzsicherungen sind um zwei Stufen unterschiedlich, und damit ist Selektivität ohne weitere Untersuchung gegeben. Siehe auch Beispiel 6.1.

Schmelzsicherung D 25 A – Leitungsschutzschalter B 16 A
Bei Kurzschluss hinter dem B16 A-Leitungsschutzschalter ist ein Kurzschluss-Strom zwischen 0,8 kA und 3,1 kA zu erwarten (Tafel 9.2, Spalte 4 und 11). In diesem Strombereich schalten beide Kurzschluss-Schutzeinrichtungen in einer kleineren Zeit als 0,1 s aus (Bild 4.3a und 4.9). Selektivität ist vorhanden, wenn der Schmelzwärmewert der 25 A-NH-Sicherung (Tafel 4.1) größer ist als die Durchlassenergie des Leitungsschutzschalters (Tafel 4.3):

$$I^2T_{minNH} = 1210\,A^2s < I^2T_{maxLSS} = 70000\,A^2s.$$

Die Bedingung ist nicht erfüllt!

Leitungsschutzschalter B 16 A – Leitungsschutzschalter B 10 A
Bei Kurzschluss hinter dem B10 A-Leitungsschutzschalter ist ein Kurzschluss-Strom zwischen 1,0 kA und 3,69 kA zu erwarten (Tafel 9.2, Spalte 4 und 10). In diesem Strombereich schalten beide Leitungsschutzschalter in einer kleineren Zeit als 0,1 s gleichzeitig aus (Bild 4.9). Selektivität ist nicht möglich.

Anhang 1

Fachbegriffe und Definitionen
(nach DIN VDE 0100, DIN VDE 0102, DIN VDE 0103, DIN VDE 0636, DIN VDE 0660)

Abklingende Gleichstromkomponente des Kurzschluss-Stromes
Der Mittelwert zwischen der oberen und unteren Hüllkurve des Kurzschluss-Stromes, der von einem Anfangswert abklingt.

Anfangs-Kurzschlusswechselstrom
Der Effektivwert der symmetrischen Wechselstromkomponente eines zu erwartenden Kurzschluss-Stromes im Augenblick des Kurzschlusseintritts, wenn die Kurzschlussimpedanz ihre Größe zum Zeitpunkt Null beibehält.

Anfangs-Kurzschlusswechselstromleistung
Fiktive (angenommene) Größe berechnet als Produkt aus dem Anfangs-Kurzschlusswechselstrom I_k'', der Netznennspannung U_n und dem Faktor $\sqrt{3}$:

$$S_k'' = \sqrt{3} \cdot U_n \cdot I_k''$$

Anzugsstrom I_{an}
Der höchste symmetrische Effektivwert des Stromes eines Asynchronmotors bei festgebremstem Rotor gespeist mit der Bemessungsspannung U_{rM} bei Bemessungsfrequenz.

Ausschaltwechselstrom
Der Effektivwert der symmetrischen Wechselstromkomponente des zu erwartenden Kurzschluss-Stromes (Mittelwert über eine Periode) im Augenblick der Kontakttrennung des erstlöschenden Pols einer Schalteinrichtung.

Back-up-Schutz
Zuordnung zweier Überstromschutzeinrichtungen in Reihe, wobei die üblicher-, aber nicht notwendigerweise auf der Einspeisungsseite befindliche Schutzeinrichtung mit oder ohne Hilfe der zweiten Schutzeinrichtung den Schutz bewirkt und die übermäßige Beanspruchung der zweiten Schutzeinrichtung verhindert.

Bedingter Bemessungskurzschluss-Strom
Der vom Hersteller angegebene unbeeinflusste Strom, den das durch eine vom Hersteller vorgegebene Kurzschluss-Schutzeinrichtung geschützte Gerät während der Abschaltzeit dieser Einrichtung unter den in der jeweiligen Gerätenorm festgelegten Prüfbedingungen führen kann. Der Hersteller muss Einzelheiten zu der vorgeschriebenen Kurzschluss-Schutzeinrichtung angeben.

Bedingter Kurzschluss-Strom (eines Stromkreises oder Schaltgerätes)
Unbeeinflusster Strom, den der durch eine bestimmte Kurzschluss-Schutzeinrichtung geschützte Stromkreis oder das Schaltgerät für die gesamte Ausschaltzeit des Kurzschluss-Schutzgerätes unter vorgegebenen Bedingungen für Anwendung und Verhalten aushalten kann.

Bemessungswert
Eine für eine vorgegebene Betriebsbedingung geltender Wert einer Größe, der im Allgemeinen vom Hersteller für ein Bauteil, ein Gerät oder eine Einrichtung festgelegt wird.

Bemessungs-Betriebskurzschlussausschaltvermögen
Das vom Hersteller für einen Leistungsschalter angegebene Betriebskurzschlussausschaltvermögen bei der zugeordneten Bemessungsbetriebsspannung und festgelegten Bedingungen.

Bemessungs-Grenzkurzschlussausschaltvermögen
Das vom Hersteller für einen Leistungsschalter angegebene Grenzkurzschlussausschaltvermögen bei der zugeordneten Bemessungsbetriebsspannung und festgelegten Bedingungen. Es wird durch den unbeeinflussten Ausschaltstrom, in kA, ausgedrückt (bei Wechselspannung Effektivwert der Wechselstromkomponente).

Bemessungs-Kurzschlussausschaltvermögen
Der vom Hersteller angegebene Kurzschluss-Strom, den das Gerät bei Bemessungsbetriebsspannung, Bemessungsfrequenz und festgelegtem Leistungsfaktor bei Wechselspannung oder festgelegter Zeitkonstante bei Gleichspannung ausschalten kann. Es wird durch den unbeeinflussten Strom (bei Wechselstrom den Effektivwert der Wechselstromkomponente) unter festgelegten Bedingungen ausgedrückt.

Bemessungs-Kurzschlusseinschaltvermögen
Der vom Hersteller angegebene Kurzschluss-Strom, den das Gerät bei Bemessungsbetriebsspannung, Bemessungsfrequenz und festgelegtem Leistungsfaktor bei Wechselspannung oder festgelegter Zeitkonstante bei Gleichspannung einschalten kann. Es wird durch den größten Scheitelwert des unbeeinflussten Stromes ausgedrückt, den das Gerät unter festgelegten Bedingungen einschalten kann.

Bemessungs-Kurzschluss-Strom bei Schutz durch Sicherungen
Der Bemessungs-Kurzschluss-Strom eines Stromkreises einer Schaltgerätekombination ist der bedingte Bemessungs-Kurzschluss-Strom eines Stromkreises einer Schaltgerätekombination, wenn die Kurzschluss-Schutzeinrichtung eine Sicherung ist.

Bemessungs-Kurzzeit
Zeitdauer, während der
– ein elektrisches Betriebsmittel einen Strom gleich seinem Bemessungs-Kurzzeitstrom oder
– ein Leiter einer Stromdichte gleich seiner Bemessungs-Kurzzeitstromdichte

standhält.

Bemessungs-Kurzzeitstrom
Effektivwert des Stromes (Betriebsmittelherstellerangabe), den ein elektrisches Betriebsmittel während der Bemessungs-Kurzzeit unter vorgegebenen Einsatz- und Betriebsbedingungen führen kann.

Bemessungs-Kurzzeitstromdichte
Effektivwert der Stromdichte, der ein Leiter während der Bemessungs-Kurzzeit standhält.

Bemessungs-Kurzzeitstromfestigkeit
Der vom Hersteller angegebene Kurzzeitstrom, den das Gerät unter den in der entsprechenden Gerätenorm angegebenen Prüfbedingungen führen kann, ohne beschädigt zu werden.

Bemessungs-Stoßstromfestigkeit
Der vom Hersteller angegebene Scheitelwert des Stoßstromes, dem das Gerät unter bestimmten Prüfbedingungen standhalten kann.

Betriebskurzschlussausschaltvermögen
Ausschaltvermögen, bei dem die festgelegten Bedingungen der Prüffolge die Fähigkeit des Leistungsschalters einschließen, seinen Bemessungsstrom dauernd zu führen.

Dauerkurzschluss-Strom
Der Effektivwert des Kurzschluss-Stromes, der nach dem Abklingen aller Ausgleichsvorgänge bestehen bleibt.

Durchlass-Strom
Größter Augenblickswert des Stromes während der Ausschaltzeit eines Schaltgerätes oder einer Sicherung.

Durchlass-Stromkennlinie
Kurve des Durchlass-Stromes als Funktion des unbeeinflussten Stromes unter vorgegebenen Betriebsbedingungen.

Elektrisches Betriebsmittel
Alle Gegenstände, die zum Zwecke der Erzeugung, Umwandlung, Übertragung, Verteilung und Anwendung von elektrischer Energie benutzt werden.

Ersatzspannungsquelle
Die Spannung einer idealen Quelle, die an der Kurzschluss-Stelle im Mitsystem als einzige wirksame Spannung des Netzes zur Berechnung der Kurzschluss-Ströme nach dem Verfahren der Ersatzspannungsquelle eingeführt wird.

Gebrauchskategorie
Kombination festgelegter Anforderungen, die unter Berücksichtigung der Betriebsbedingungen eines Schaltgerätes oder einer Sicherung ausgewählt wird, um einer Gruppe wesentlicher Anwendungsfälle zu entsprechen.

Generatorferner Kurzschluss
Kurzschluss, bei dem die Größe der symmetrischen Wechselstromkomponente des zu erwartenden Kurzschluss-Stromes im Wesentlichen konstant bleibt.

Generatornaher Kurzschluss
Kurzschluss, bei dem mindestens eine Synchronmaschine einen Anfangs-Kurzschlusswechselstrom liefert, der größer ist als das Doppelte des Bemessungsstromes der Synchronmaschine oder ein Kurzschluss, bei dem Synchron- und Asynchronmotoren mehr als 5% des Anfangs-Kurzschlusswechselstromes ohne Motoren beitragen.

Grenzkurzschlussausschaltvermögen
Ausschaltvermögen, bei dem die festgelegten Bedingungen der Prüffolge nicht die Fähigkeit des Leistungsschalters einschließen, seinen Bemessungsstrom dauernd zu führen.

Grenzstrom bei Selektivität
Der Strom im Schnittpunkt der vollständigen Zeit-Strom-Kennlinie der Schutzeinrichtung auf der Lastseite mit der Zeit-Strom-Kennlinie der anderen Schutzeinrichtung, nämlich der Ansprechkennlinie (bei Sicherungen) oder der Auslösekennlinie (bei Leistungsschaltern).

Grenzwert
Der in einer Festlegung enthaltene größte und kleinste zulässige Wert einer Größe.

I^2T-Charakteristik eines Leistungsschalters
Angabe (üblicherweise dargestellt als eine Kurve) der maximalen Werte von I^2T, bezogen auf die Ausschaltzeit als Funktion des unbeeinflussten Stromes (symmetrischer Effektivwert der Wechselspannung) bis zu dessen Höchstwert entsprechend dem Bemessungskurzschlussausschaltvermögen bei der zugehörigen Spannung.

I^2T-Kennlinie
Kennlinie, die für bestimmte Betriebsbedingungen die I^2T-Werte (Schmelz-I^2T und/oder Ausschalt-I^2T) als Funktion des unbeeinflussten Stromes angibt.

Koordination von Überstromschutzeinrichtungen
Zuordnung zweier oder mehrerer Überstromschutzeinrichtungen in Reihe zur Sicherung von Überstromselektivität und/oder Back-up-Schutz.

Kritischer Kurzschluss-Strom
Ausschaltstrom, der geringer ist als das Bemessungs-Kurzschlussausschaltvermögen, und bei dem die Lichtbogenenergie bedeutend höher ist als beim Bemessungs-Kurzschlussausschaltvermögen.

Kurzschluss
Die zufällige oder beabsichtigte Verbindung über eine verhältnismäßig niedrige Resistanz oder Impedanz zwischen zwei oder mehr Punkten eines Stromkreises, die üblicherweise unterschiedliche Spannung haben.

Kurzschlussauslöser
Überstromauslöser zum Schutz bei Kurzschlüssen.

Kurzschlussausschaltvermögen
Ausschaltvermögen, bei dem die vorgeschriebenen Bedingungen einen Kurzschluss einschließen.

Kurzschlussdauer
Summe der Zeitabschnitte, in denen ein Kurzschluss-Strom fließt, vom Beginn des ersten Kurzschlusses bis zur endgültigen Abschaltung der Ströme in allen Strängen.

Kurzschlusseinschaltvermögen
Einschaltvermögen, für das die vorgeschriebenen Bedingungen einen Kurzschluss an den Anschlüssen des Schaltgerätes einschließen.

Kurzschlussimpedanz an der Fehlerstelle F
Die von der Kurzschluss-Stelle aus betrachtete Impedanz.

Kurzschlussimpedanz eines elektrischen Betriebsmittels
Verhältnis der Leiter-Sternpunkt-Spannung zu Kurzschluss-Strom des zugehörigen Leiters eines elektrischen Betriebsmittels.

Kurzschlussmitimpedanz $Z_{(1)}$
Impedanz des Mitsystems.

Kurzschlussgegenimpedanz $Z_{(2)}$
Impedanz des Gegensystems.

Kurzschlussnullimpedanz $Z_{(0)}$
Impedanz des Nullsystems.

Kurzschluss-Schutzeinrichtung
Gerät, das einen Stromkreis oder Teile eines Stromkreises gegen einen Kurzschluss-Strom durch Abschalten des Kurzschluss-Stromes schützt.

Kurzschluss-Strom
Der Strom in einem elektrischen Stromkreis, in dem ein Kurzschluss auftritt.

Kurzzeitstromfestigkeit
Strom, den ein Stromkreis oder ein Schaltgerät in geschlossener Stellung während einer festgelegten, kurzen Dauer unter vorgeschriebenen Bedingungen für Anwendung und Verhalten führen kann.

Kurzzeitverzögerter Kurzschlussauslöser
Überstromauslöser, der nach der Kurzzeitverzögerung auslöst.

Kurzzeitverzögerung
Jede absichtliche Auslöseverzögerung innerhalb der Grenzwerte der Bemessungs-Kurzzeitstromfestigkeit.

Mindestschaltverzug eines Leistungsschalters
Die kleinstmögliche Zeit zwischen dem Beginn des Kurzschluss-Stromes und der ersten Kontakttrennung eines Poles einer Schalteinrichtung.

Nennwert
Ein geeigneter gerundeter Wert einer Größe zur Bezeichnung oder Identifizierung eines Bauteiles, eines Gerätes oder einer Einrichtung.

Netznennspannung
Die Spannung zwischen den Leitern, für die ein Netz bestimmt ist, und auf die sich bestimmte Eigenschaften eines Netzes beziehen.

Selektivität
Zuordnung der einschlägigen Kenngrößen zweier oder mehrerer Überstromschutzeinrichtungen in einer solchen Weise, dass bei Auftreten von Überströmen innerhalb der festge-

legten Grenzen nur das zum Ausschalten innerhalb dieser Grenzen vorgesehene Gerät anspricht, während das oder die anderen nicht ansprechen.

Sicherung
Gerät, das durch das Abschmelzen eines oder mehrerer seiner besonders ausgelegten und bemessenen Bauteile den Stromkreis, in dem es eingesetzt ist, durch Unterbrechen des Stromes öffnet, wenn dieser einen bestimmten Wert während einer ausreichenden Zeit überschreitet.

Spannungsfaktor
Verhältnis zwischen der Spannung der Ersatzspannungsquelle und $U_n/\sqrt{3}$ (Leiter-Erde-Netznennspannung).

Stoßkurzschluss-Strom
Der maximal mögliche Augenblickswert des zu erwartenden Kurzschluss-Stromes.

Stoßstromfestigkeit
Scheitelwert des Stromes, dem ein Stromkreis oder ein Schaltgerät in geschlossener Stellung unter vorgegebenen Bedingungen für Anwendung und Verhalten standhält.

Strombegrenzender Leistungsschalter
Leistungsschalter, dessen Ausschaltzeit so kurz ist, dass der Kurzschluss-Strom den sonst möglichen Scheitelwert nicht erreicht.

Symmetrischer Kurzschluss-Strom
Effektivwert der symmetrischen Wechselstromkomponente eines zu erwartenden Kurzschluss-Stromes, wobei die Gleichstromkomponente, soweit vorhanden, nicht berücksichtigt wird.

Teilselektivität
Überstromselektivität von zwei Überstromschutzeinrichtungen in Reihe, wobei bis zu einem gegebenen Überstromwert die Schutzeinrichtung den Schutz übernimmt, die auf der Lastseite angeordnet ist, ohne dass die andere Schutzeinrichtung wirksam wird.

Thermisch gleichwertiger Kurzschluss-Strom
Effektivwert des Stromes mit der gleichen thermischen Wirkung und der gleichen Dauer wie der tatsächliche Kurzschluss-Strom, der eine Gleichstromkomponente haben und zeitlich abklingen kann.

Thermisch gleichwertige Kurzzeitstromdichte
Der thermisch gleichwertige Kurzzeitstrom dividiert durch den Leiterquerschnitt.

Überstrom
Jeder Strom, der den Bemessungswert überschreitet.

Überstromselektivität
Koordination zwischen den Ansprechkennlinien von zwei oder mehreren Überstromschutzeinrichtungen in der Weise, dass beim Auftreten von Überströmen zwischen bestimmten Grenzwerten die zum Ausschalten innerhalb dieses Bereiches vorgesehene Einrichtung ausschaltet, während die anderen nicht ansprechen.

Unbeeinflusster Kurzschluss-Strom
(eines Stromkreises einer Schaltgerätekombination)
Ein Strom, der zum Fließen kommt, wenn die Versorgungsleiter des Stromkreises durch einen Leiter mit vernachlässigbarer Impedanz in unmittelbarer Nähe der Anschlussklemmen der Schaltgerätekombination kurzgeschlossen sind.

Volle Selektivität
Überstromselektivität von zwei Überstromschutzeinrichtungen in Reihe, wobei die Schutzeinrichtung auf der Lastseite den Schutz durchführt, ohne dass die andere Schutzeinrichtung wirksam wird.

Zeit/Strom-Kennlinie
Kurve, die eine Zeit, z. B. die Zeit zum Entstehen des Lichtbogens oder die Ausschaltzeit, als Funktion des unbeeinflussten Kurzschluss-Stromes unter vorgegebenen Betätigungsbedingungen darstellt.

Zu erwartender Kurzschluss-Strom
Der Kurzschluss-Strom, der auftreten würde, wenn der Kurzschluss durch eine ideale Verbindung mit vernachlässigbarer Impedanz ersetzt würde ohne Änderung der Einspeisung.

Zuordnung von Kurzschluss-Schutzeinrichtungen
Der Hersteller muss die Art oder die kennzeichnenden Merkmale der Kurzschluss-Schutzeinrichtungen, die je nachdem mit oder in dem Gerät verwendet werden sollen, sowie den größten unbeeinflussten Kurzschluss-Strom, für den die Kombination einschließlich der Kurzschluss-Schutzeinrichtung bei der zugehörigen Betriebsspannung geeignet ist, festlegen.

Anhang 2

Formelzeichen, Indizes und Nebenzeichen
(unter Verwendung von DIN VDE 0102, DIN VDE 0103, DIN VDE 0660)

Formelzeichen

A	Anfangswert des aperiodischen Anteils i_{dc}
c	Spannungsfaktor
$c \cdot U_n / \sqrt{3}$	Ersatzspannungsquelle (Effektivwert)
f	Frequenz
i_{DC}	Abklingende Gleichstromkomponente des Kurzschluss-Stromes
I_a	Ausschaltwechselstrom (Effektivwert)
I_{ar}	Bemessungs-Ausschaltwechselstrom
I_{an}	Anzugsstrom eines Asynchronmotors
I_{cc}	bedingter Bemessungs-Kurzschluss-Strom
I_{cf}	Bemessungs-Kurzschluss-Strom bei Schutz durch Sicherungen
I_{cm}	Bemessungs-Kurzschlusseinschaltvermögen
I_{cn}	Bemessungs-Kurzschlussausschaltvermögen
I_{cs}	Bemessungs-Betriebskurzschlussausschaltvermögen
I_{cu}	Bemessungs-Grenzkurzschlussausschaltvermögen
I_{cw}	Bemessungs-Kurzzeitstromfestigkeit
I_k	Dauerkurzschluss-Strom (Effektivwert) bzw. Kurzschluss-Strom bei generatorfernen Kurzschluss
I_k''	Anfangs-Kurzschlusswechselstrom (Effektivwert)
I_{pk}	Bemessungs-Stoßstromfestigkeit von Leistungsschaltern
I_{pr}	Bemessungs-Stoßstromfestigkeit
I_{rSi}	Bemessungsstrom einer Sicherung
I_{grenz}	Grenzstrom bei Selektivität
I_{th}	Thermisch gleichwertiger Kurzschluss-Strom
I_{thr}	Bemessungs-Kurzzeitstrom
i_{DC}	Abklingende Gleichstromkomponente des Kurzschluss-Stromes
i_p	Stoßkurzschluss-Strom (alt: I_s)
K	Impedanzkorrekturfaktor
m	Faktor für die Wärmewirkung der Gleichstromkomponente
n	Faktor für die Wärmewirkung der Wechselstromkomponente
p	Polpaarzahl eines Asynchronmotors
P_{krT}	Transformatorwicklungsverluste bei Bemessungsstrom
P_{rM}	Bemessungswirkleistung eines Asynchronmotors ($P_{rM} = S_{rM} \cdot \cos \varphi_{rM}\, \eta_{rM}$)
P_0	Transformatorleerlaufverluste
q	Faktor zur Berechnung des Ausschaltwechselstromes von Asynchronmotoren
q_n	Nenn-Leiterquerschnitt
R_G	Resistanz einer Synchronmaschine

R_{Gf}	Fiktive Resistanz einer Synchronmaschine bei der Berechnung von i_p
S_k''	Anfangs-Kurzschlusswechselstromleistung
S_r	Bemessungsscheinleistung eines elektrischen Betriebsmittels
S_{th}	Thermisch gleichwertige Kurzzeitstromdichte
S_{thr}	Bemessungs-Kurzzeitstromdichte
S_{rT}	Bemessungsscheinleistung eines Transformators
T_a	Ausschaltzeit einer Schutzeinrichtung
T_k	Kurzschlussdauer
T_{kr}	Bemessungs-Kurzzeit
$T_{k\,zul}$	zulässige Kurzschlussdauer
t_{min}	Mindestschaltverzug
$ü_r$	Bemessungsübersetzungsverhältnis (Stufenschalter auf der Hauptanzapfung)
U_n	Netznennspannung, Leiter-Leiter (Effektivwert)
U_r	Bemessungsspannung, Leiter-Leiter (Effektivwert)
u_{kr}	Bemessungswert der Kurzschluss-Spannung eines Transformators in Prozent
u_{Rr}	Bemessungswert des Wirkanteils der Kurzschluss-Spannung eines Transformators in Prozent
u_{Xr}	Bemessungswert des induktiven Blindanteils der Kurzschluss-Spannung eines Transformators in Prozent
X bzw. x	Reaktanz, absoluter bzw. bezogener Wert
X_d	Synchrone Reaktanz in der Längsachse
X_d''	Subtransiente Reaktanz einer Synchronmaschine in der Längs- bzw. Querachse
x_d	Ungesättigte synchrone Reaktanz, bezogener Wert Kurzschlussverhältnisses
Z bzw. z	Impedanz, absoluter bzw. bezogener Wert
Z_k	Kurzschlussimpedanz eines Drehstromnetzes
$Z_{(1)}$	Kurzschlussmitimpedanz
$Z_{(2)}$	Kurzschlussgegenimpedanz
$Z_{(0)}$	Kurzschlussnullimpedanz
R_z	Zusatzresistanz
X_z	Zusatzreaktanz
Z_z	Zusatzimpedanz
η	Wirkungsgrad eines Asynchronmotors
κ	Faktor zur Berechnung des Stoßkurzschluss-Stromes
μ_0	Absolute Permeabilität des Vakuums, $\mu_0 = 4\pi \cdot 10^{-7}$ H/m
ρ	Spezifischer Widerstand
φ	Phasenwinkel
ϑ	Leitertemperatur, allgemein
ϑ_b	Leitertemperatur am Anfang des Kurzschlusses (Betriebstemperatur)
ϑ_e	Leitertemperatur am Ende des Kurzschlusses
λ	Faktor zur Berechnung des Dauerkurzschluss-Stromes
μ	Faktor zur Berechnung des Ausschaltwechselstromes

Indizes

1 oder (1)	Komponente des Mitsystems
2 oder (2)	Komponente des Gegensystems
0 oder (0)	Komponente des Nullsystems
k oder $k3$	Dreipoliger Kurzschluss
$k1$	Einpoliger Kurzschluss gegen Ende oder Neutralleiter

$k2$	Zweipoliger Kurzschluss
max	Maximum
min	Minimum
n	Nennwert
r	Bemessungswert
t	Transformierte Größe
BM	Betriebsmittel
E	Erde
F	Fehler, Kurzschluss-Stelle
G	Generator
Ka	Kabel
L	Leitung
LS	Leistungsschalter
LSS	Leitungsschutzschalter
M	Asynchronmotor oder Gruppe von Asynchronmotoren
MS	Mittelspannungsseite eines Transformators
US	Unterspannungsseite eines Transformators
N	Neutralpunkt eines Drehstromnetzes, Stempunkt eines Generators oder Transformators
p	Primärseite beim Transformator
Q	Anschlusspunkt einer Netzeinspeisung
s	Sekundärseite beim Transformator
T	Transformator

Nebenzeichen (rechts oben vom Formelzeichen)

"	Subtransienter Wert, Anfangswert
'	Resistanz- oder Reaktanzbelag

Anhang 3

Kurzschluss-Schadensbilder im Foto

Bild F1 Durch einen Lichtbogenkurzschluss zerstörte 10 kV-Schaltanlage, verursacht durch einen Bedienungsfehler in der mittleren Schaltzelle

(Foto: TÜV Hannover/Sachsen-Anhalt e.V.).

Kurzschluss-Schadensbilder im Foto 223

Bild F2 Zerstörtes Schaltfeld einer ISA 2000 (Ausschaltzeit T_a = 2,2 s), verursacht durch einen Lichtbogenkurzschluss

(Foto: TÜV Hannover/Sachsen-Anhalt e.V.).

Bild F3 Transformatorschäden nach einem Kurzschluss bei Versagen des Schutzes

(Foto: Ingenieurbüro Manfred Klemm, Berlin)

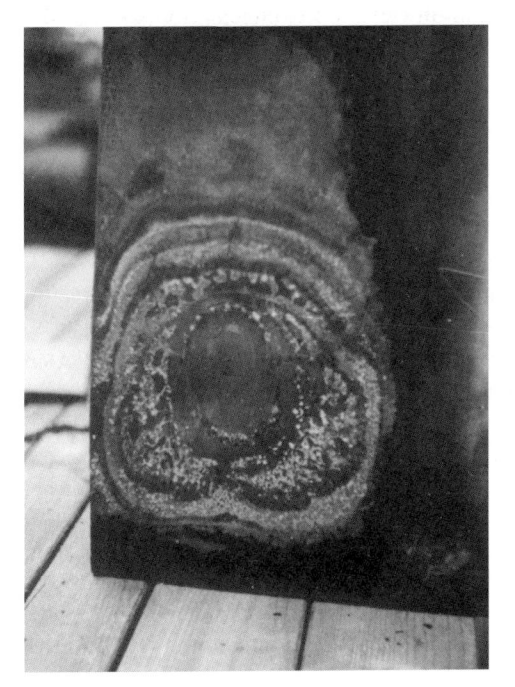

a

b

Bild F4 Zerstörter zentraler Zählerplatz eines Wohngebäudes, verursacht durch das Nichtabschalten der vorgeschalteten 224 A-NH-Sicherung.

a) Außenansicht
b) Innenansicht

Anhang 4

Übersicht der nur auf CD-ROM verfügbaren Tafeln und Arbeitsblätter

Abschnitt 3

Tafel 3.17 Kleinste Netzreaktanz $X_{Q\,min}$ ($c = 1{,}0$) in mΩ bezogen auf $U_{rT} = 420$ V (CD-ROM)

Tafel 3.18 Kleinste Netzresistanz $R_{Q\,min}$ ($c = 1{,}0$) in mΩ bezogen auf $U_{rT} = 420$ V (CD-ROM)

Tafel 3.21 Impedanzen von Trockentransformatoren $ü_r = 12/0{,}42$ kV bezogen auf 420 V [3.5] (CD-ROM)

Tafel 3.22 Impedanzen von Trockentransformatoren $ü_r = 24/0{,}42$ kV bezogen auf 420 V [3.5] (CD-ROM)

Tafel 3.23 Höchstzulässige Widerstände in Ω//km für flexible Leitungen [3.6] (CD-ROM)

Tafel 3.27 Induktive Blindwiderstände in Ω/km im Nullsystem für Kabel N(A)CWY in Abhängigkeit von der Rückleitung bei $f = 50$ Hz [3.3] (CD-ROM)

Tafel 3.28 Induktive Blindwiderstände in Ω/km im Nullsystem für Kabel N(A)KLEY in Abhängigkeit von der Rückleitung bei $f = 50$ Hz [3.3] (CD-ROM)

Tafel 3.29 Induktive Blindwiderstände in Ω/km im Nullsystem für Kabel N(A)YCWY in Abhängigkeit von der Rückleitung bei $f = 50$ Hz [3.3] (CD-ROM)

Tafel 3.30 Induktive Blindwiderstände in Ω/km im Nullsystem für Kabel N(A)YCWY in Abhängigkeit von der Rückleitung bei $f = 50$ Hz [3.3] (CD-ROM)

Tafel 3.31 Induktive Blindwiderstände in Ω/km im Nullsystem für Kabel N(A)KBA in Abhängigkeit von der Rückleitung bei $f = 50$ Hz [3.3] (CD-ROM)

Tafel 3.32 Induktive Blindwiderstände in Ω/km im Nullsystem für Kabel N(A)KBA in Abhängigkeit von der Rückleitung bei $f = 50$ Hz [3.3] (CD-ROM)

Tafel 3.33 Wirkwiderstandsbeläge R'_L in Ω/km im Mitsystem für nach DIN 48201 gefertigte Freileitungsseile bei $f = 50$ Hz [3.3] (CD-ROM)

Tafel 3.34 Induktive Blindwiderstände X'_L in Ω/km im Mitsystem für Freileitungsseile bei $f = 50$ Hz [3.3] (CD-ROM)

Tafel 3.35 Quotienten der Wirk- und induktiven Blindwiderstände im Null- und Mitsystem für Niederspannungsfreileitungen mit vier Leitern gleichen Querschnitts bei $f = 50$ Hz [3.3] (CD-ROM)

Tafel 3.36 Impedanzen in Ω von vierpoligen Drehstrom-Asynchronmotoren (Richtwerte) (CD-ROM)

Tafel 3.37 Impedanzen von Leistungsschaltern [3.7] (CD-ROM)

Tafel 3.38 Impedanzen von Leistungstrennschaltern [3.7] (CD-ROM)

Tafel 3.39 Größte zulässige Widerstandswerte R in mΩ von Sicherungen D0- und D-System (Betriebsklasse gL/gG), [3.8] (CD-ROM)

Tafel 3.40 Größte zulässige Widerstandswerte R in mΩ von NH-Sicherungen [3.9] (CD-ROM)

Tafel 3.41 Größte zulässige Widerstandswerte R in mΩ von Leitungsschutzschaltern [3.10] (CD-ROM)

Tafel 3.42 Höchstzulässiger ohmscher Übergangswiderstand R in mΩ von Stromschienenverbindungen (CD-ROM)

Übersicht der nur auf CD-ROM verfügbaren Tafeln und Arbeitsblätter 225

Tafel 3.43 Impedanzen in mΩ (aufgerundete Werte) von Stromwandler-Bürden (CD-ROM)
Tafel 3.44 Berechnung dreipoliger Kurzschluss-Ströme im Niederspannungsnetz (CD-ROM)
Tafel 3.45 Berechnung einpoliger Kurzschluss-Ströme im Niederspannungsnetz (CD-ROM)

Abschnitt 5
Tafel 5.2 Maximal zulässige Betriebs- und Kurzschlussendtemperaturen sowie die Bemessungs-Kurzzeitstromdichte für Kabel mit Aluminiumleitern [5.3] (CD-ROM)
Tafel 5.5 Kurzschluss-Strombelastbarkeit I_{th} in A von PVC-Aluminiumkabeln in Abhängigkeit von der Kurzschlussdauer T_k (Bei $T_k = 1$ s ist $I_{th} = I_{th\,r}$) (CD-ROM)
Tafel 5.7 $(I^2T)_{max}$ – bzw. $(S_{th\,r} \cdot q_n)^2 \cdot 1$ s-Werte von PVC-isolierten Aluminiumkabeln und -leitungen (CD-ROM)
Tafel 5.11 Erforderliche Mindestkurzschluss-Ströme $I_{k\,erf}$ in A für Aluminiumleiter, Isolierung PVC, VPE und EPR; Sicherung, Betriebsklasse gG [5.4] (CD-ROM)
Tafel 5.12 Erforderliche Mindestkurzschluss-Ströme $I_{k\,erf}$ in A für Kupferleiter, Isolierung PVC, VPE und EPR; Sicherung, Betriebsklasse gG [5.4] (CD-ROM)
Tafel 5.14 Erforderliche Mindestkurzschluss-Ströme $I_{k\,erf}$ in A für Kupferleiter, Isolierung PVC und Gummi; Leitungsschutzschalter, Charakteristik C [5.4] (CD-ROM)
Tafel 5.15 Erforderliche Mindestkurzschluss-Ströme $I_{k\,erf}$ in A für Kupferleiter, Isolierung PVC und Gummi; Leistungsschalter ($I_{k\,erf} = 1{,}2\,I_e$) [5.4] (CD-ROM)

Arbeitsblätter
Arbeitsblatt Abl. 1 Datenerfassung und Ermittlung der Kurzschlussimpedanzen (praxisgerecht), vgl. Tafel 3.10
Arbeitsblatt Abl. 2 Berechnung der Kurzschluss-Ströme in Gebäuden (praxisgerecht), vgl. Tafel 3.11
Arbeitsblatt Abl. 3 Datenerfassung und Ermittlung der Kurzschlussimpedanzen (erweitert), vgl. Tafel 3.47
Arbeitsblatt Abl. 4 Erfassung der Kabeldaten und Kurzschlussimpedanzen, vgl. Tafel 9.1
Arbeitsblatt Abl. 5 Ergebnisse der Kurzschlussberechnung, vgl. Tafel 9.2
Arbeitsblatt Abl. 6 Nachweis der Kurzschlussfestigkeit der Stromschienen, vgl. Tafel 9.3
Arbeitsblatt Abl. 7 Nachweis der Kurzschlussfestigkeit der Schaltgeräten, vgl. Tafel 9.4
Arbeitsblatt Abl. 8 Nachweis der Kurzschlussfestigkeit der Kabel, vgl. Tafel 9.5

Anhang 5

CD-ROM – Inhalt und Hinweise zur Software[1]

Inhaltsverzeichnis der CD-ROM
– Software KUBS plus (SIEMENS)
– TCC (Siemens)
– Sämtliche Tafeln und Arbeitsblätter (s. a. Anhang 4)
– Rechnen mit komplexen Zahlen
– INSTROM (Demo)

Software KUBS plus (Siemens)
Das Programm KUBS plus (SIEMENS) unterstützt Sie bei der Kurzschluss-Stromberechnung, bei der Auswahl von Leistungsschaltern bzw. Leitungsschutzschaltern und bei der Leiterdimensionierung.

Sie geben die Daten der Einspeisung ein (Trafo und Mittelspannungsnetz oder bekanntes Ik"), ebenso die Dauerströme der einzelnen Stränge. KUBS plus schlägt Ihnen passende Leiterquerschnitte vor. Aufgrund der festgelegten Leiterquerschnitte werden die Impedanzen und damit die Kurzschluss-Ströme bestimmt. Unter Berücksichtigung von Dauer- und Kurzschluss-Strömen wählt KUBS plus geeignete Leistungsschalter aus.

Selektivitätsgrenzen, die sich bei einem nachgeordneten Schalter in Verbindung mit einem vorgeordneten ergeben, werden angezeigt.

Bei der Schalterauswahl wird ggf. auch Back-Up-Schutz berücksichtigt, d. h. das Schaltvermögen eines nachgeordneten Schalters kann dadurch erhöht sein, dass der vorgeordnete gleichzeitig auslöst und dadurch den Strom begrenzt.

Hinweis:
Das Programm wird nicht mit der Maus gesteuert.

Systemvoraussetzungen
Hardware:
– IBM-kompatibler PC AT 80486 mit 8 MB RAM oder höher,
– VGA-Grafikkarte,
– CD-ROM-Laufwerk,
– Festplattenspeicher, mindestens 3 MB verfügbar,
– Drucker: HP-Laserjet oder kompatibel, HP-Deskjet oder kompatibel, Kyocera Laserdrucker oder kompatibel

Systemsoftware:
– MS DOS 5.0 oder höher, Windows 3.1 oder höher, Windows NT

Installation unter MS-DOS
– CD ins Laufwerk einlegen, z. B. Laufwerk F:,
– F:\DOSINST eingeben, abschließen mit <RETURN>,

[1] Näheres unter Readme.txt

- 'DOSINST' erzeugt die Verzeichnisse 'C:\KUBSPLUS' und 'C:\KUBSPLUS\FILES', kopiert danach eine selbstentpackende Datei 'KALINS.EXE' nach C:\KUBSPLUS und startet diese. Dadurch werden die benötigten Dateien im Verzeichnis erzeugt.
- Vom Installationsprogramm aus wird das SETUP-Programm von KUBS plus gestartet und danach KUBS plus selbst.

Installation unter WINDOWS

- Windows starten,
- CD ins Laufwerk einlegen,
- Dateimanager aufrufen und von CD die Datei WININST.EXE starten,
- Erforderlicher Speicherbedarf auf der Festplatte wird angezeigt und die Verzeichnisse C:\KUBSPLUS' und 'C:\KUBSPLUS\FILES' werden erzeugt. Alle folgenden Fenster mit <OK> bestätigen.
  Wichtig: Bei Installation unter WINDOWS 95 schließen Sie bitte nach dem Entpacken der Dateien (Decompressing Archive) das Fenster, in dem der Entpackvorgang erfolgt ist.
- Vom Installationsprogramm aus wird das SETUP-Programm von KUBS plus gestartet. Nun können Sie KUBS plus starten.

Achtung:
KUBS plus ist eine MS-DOS-Anwendung. Zum Starten des Programms unter WINDOWS verwenden Sie bitte die Datei KUBSPLUS.PIF. Bitte starten Sie unter WINDOWS nicht die Dateien KUBSPLUS.EXE oder KUBS.BAT, da dies zu Speicherproblemen führen kann. Bei der Installation unter WINDOWS werden automatisch eine Programmgruppe und ein Icon eingerichtet. Über das Icon wird KUBSPLUS.PIF gestartet.

Setup

Das Setup wird nach der Installation automatisch aufgerufen. Außerdem kann es aus dem Hauptmenü von KUBS plus aufgerufen werden. Die Dialogsprache des Setup-Programms ist Englisch. Mit dem Setup werden die folgenden Vorauswahlen getroffen:

1. Dialogsprache ("DIALOG LANGUAGE")
Sie können im Setup-Programm die Dialogsprache vom Hauptprogramm KUBS plus wählen:
- Deutsch,
- English,
- Francais,
- Nederlands.
Wählen Sie mit den Cursortasten, und schließen Sie ab mit <RETURN>.

Hinweis:
Diese Auswahl wirkt sich nicht auf die Dialogsprache des SETUP's aus.

2. Druckertreiber ("DRIVER")
Auf dem Bildschirm erscheint ein Auswahlmenü mit den vorhandenen Druckertreibern. Wählen Sie Ihren Drucker oder einen ähnlichen. Folgende Auswahl ist möglich:
- HP Deskjet,
- HP Laserjet,
- Kyocera.

Hinweis:
Die meisten Drucker bieten die Möglichkeit einer einstellbaren Emulation. Somit ist es sehr häufig möglich, einen Drucker zu emulieren, der zu einem der angebotenen Treiber passt.

Literatur-, Normen- und Quellenverzeichnis

2		**Müssen sich Planer, Errichter und Prüfer um den Kurzschluss-Schutz kümmern?**
[2.1]		DIN VDE 0102 (01.90) Berechnung von Kurzschluß-Strömen in Drehstromnetzen
[2.2]		DIN 42500 Teil 1 Drehstrom-Öl-Verteilungstransformatoren 50 Hz, 50 bis 2500 kVA

3 Der Kurzschluss in Niederspannungsanlagen

[3.1]   DIN VDE 0102 (01.90) Berechnung von Kurzschluß-Strömen in Drehstromnetzen
[3.2]   DIN VDE 0102 Teil 100 Entwurf (08.97) Kurzschluß-Ströme; Berechnung der Ströme in Drehstromanlagen; Teil 1 Begriffe und Rechenverfahren
[3.3]   DIN 57102 Teil 2/VDE 0102 Teil 2 (11.75) VDE-Leitsätze für die Berechnung der Kurzschluß-Ströme
[3.4]   DIN 42500 Teil 1 Drehstrom-Öl-Verteilungstransformatoren 50 Hz, 50 bis 2500 kVA
[3.5]   DIN 42523 Teil 1 Trockentransformatoren 50 Hz, 50 bis 2500 kVA
[3.6]   DIN VDE 0295 (06.92) Leiter für Kabel und isolierte Leiter für Starkstromanlagen
[3.7]   Technische Informationen, Anwendungshandbuch, Klöckner-Moeller
[3.8]   DIN VDE 0636 Teil 301 (03.97) Niederspannungssicherungen (D-System)
[3.9]   DIN VDE 0636 Teil 201(03.97) Niederspannungssicherungen (NH-System)
[3.10] EN 60898 DIN VDE 0641 Teil 11 (11.91) Leitungsschutzschalter für den Haushalt und ähnliche Anwendungen
[3.11] DIN VDE 0100 Teil 610 (04.94) Errichten von Starkstromanlagen mit Nennspannung bis 1000 V; Prüfungen. Erstprüfungen
[3.12] DIN EN 61557-3 VDE 0413 Teil 3 (05.98) Geräte zum Prüfen, Messen und Überwachen von Schutzmaßnahmen – Schleifenwiderstand

4 Der Kurzschluss in Niederspannungsanlagen

[4.1]   EN 60269-1 DIN VDE 0636 Teil 10 (07.92) Niederspannungssicherungen: Allgemein
[4.2]   DIN VDE 0636 Teil 201 (03.97) Niederspannungssicherungen (NH-System)
[4.3]   DIN VDE 0636 Teil 21 (05.84) Niederspannungssicherungen: NH-System; Kabel- und Leitungsschutz bis 1250A
[4.4]   DIN VDE 0636 Teil 22 (05.84) Niederspannungssicherungen: NH-System; Anlagenschutzsicherungen bis 1250A
[4.5]   DIN VDE 0636 Teil 23 (05.84) Niederspannungssicherungen: NH-System; Halbleiterschutzsicherungen bis 1600A
[4.6]   DIN VDE 0636 Teil 301 (03.97) Niederspannungssicherungen (D-System)
[4.7]   EFEN, Elektrotechnische Fabrik GmbH
[4.8]   EN 60898 DIN VDE 0641 Teil 11 Leitungsschutzschalter für den Haushalt und ähnliche Anwendungen
[4.9]   Schalt- und Schaltungstechnik, Hauptkatalog, ABB
[4.10] Hauptkatalog, HAGER
[4.11] EN 60947-2 DIN VDE 0660 Teil 101 Niederspannungs-Schaltgeräte, Teil 2: Leistungsschalter
[4.12] Schützen & Trennen, Niederspannungs-Schaltgeräte und -Systeme, Katalog NS 1, SIEMENS

5 Kurzschluss-Schutz durch Kurzschlussfestigkeit der Betriebsmittel und Anlagen

[5.1]   DIN EN 60865-1 VDE 0103 Kurzschluß-Ströme; Berechnung der Wirkung; Teil 1: Begriffe und Berechnungsverfahren
[5.2]   DIN VDE 0100 Teil 430 Errichten von Starkstromanlagen mit Nennspannung bis 1000 V; Schutzmaßnahmen; Schutz von Kabeln und Leitungen bei Überstrom.

[5.3]	DIN VDE 0298-4 VDE 0298 Teil 4 Verwendung von Kabeln und isolierten Leitungen für die feste Verlegung in Gebäuden und von flexiblen Leitungen
[5.4]	Beiblatt 5 zu DIN VDE 0100 Errichten von Starkstromanlagen mit Nennspannung bis 1000 V; Zulässige Längen von Kabeln und Leitungen unter Berücksichtigung des Schutzes bei indirektem Berühren, des Schutzes bei Kurzschluß und des Spannungsfalls.
[5.5]	DIN VDE 0100 Teil 540 Errichten von Starkstromanlagen mit Nennspannung bis 1000 V; Auswahl und Errichtung elektrischer Betriebsmittel; Erdung, Schutzleiter, Potentialausgleichsleiter
[5.6]	DIN VDE 0141 Erdungen für Starkstromanlagen
[5.7]	DIN VDE 0664 Teil 1 und Teil 3: Fehlerstrom-Schutzeinrichtungen, Fehlerstromschutzschalter
[5.8]	DIN VDE 0660 Teil 101 Niederspannungs-Schaltgeräte, Teil 2: Leistungsschalter
[5.9]	DIN VDE 0660 Teil 500 Schaltgeräte
[5.10]	DIN VDE 0414 Teil 110 Stromwandler
[5.11]	DIN VDE 0532 Teil 5 Transformatoren und Drosselspulen – Kurzschlußfestigkeit
[5.12]	E DIN IEC VDE 0532 Teil 105: Leistungstransformatoren – Kurzschlußfestigkeit
[5.13]	DIN 42500 Teil 1 Drehstrom-Öl-Verteilungstransformatoren 50 Hz, 50 bis 2500 kVA
[5.14]	EN 60282-1 DIN VDE 0670 Teil 4 Hochspannungssicherungen; Teil 1 Strombegrenzende Sicherungen
[5.15]	DIN VDE 0670 Teil 402 Wechselstromgeräte für Spannungen über 1 kV; Auswahl von strombegrenzenden Sicherungseinsätzen für Transformatorstromkreise
[5.16]	DIN VDE 0107 Starkstromanlagen in Krankenhäusern und medizinisch genutzten Räumen außerhalb von Krankenhäusern
[5.17]	DIN VDE 0108 Starkstromanlagen und Sicherheitsstromversorgung in baulichen Anlagen für Menschenansammlungen
[5.18]	DIN VDE 0100 Teil 520 Auswahl und Errichtung elektrischer Betriebsmittel; Kabel- und Leitungssysteme
[5.19]	DIN VDE 0100 Teil 725 Hilfsstromkreise

6 Kurzschluss-Schutz im Netz durch Selektivität und Back-up-Schutz

[6.1] Technisches Handbuch, Hauptkatalog, HAGER
[6.2] Selektivität und Back-up-Schutz, SIEMENS

7 Kurzschluss-Schutz beim Anschluss von Gebäuden aus dem öffentlichen Niederspannungsnetz

[7.1] Technische Anschlußbedingungen für den Anschluß an das Niederspannungsnetz (TAB). Frankfurt/M: VWEW-Verlag
[7.2] Technische Richtlinie Hausanschluß, Hausanschluß/Hauptverteiler-Kombination, Hausanschlußraum, BEWAG

8 Prüfung des Kurzschluss-Schutzes

[8.1] DIN VDE 0100 Teil 610 (04.94) Errichten von Starkstromanlagen mit Nennspannung bis 1000 V; Prüfungen. Erstprüfungen
[8.2] *Senkbeil, H.*: Erstprüfung von Starkstromanlagen nach DIN VDE 0100 Teil 610 (04.94) Teil 10 Prüfung des Schutzes bei Kurzschluß, Elektropraktiker, Berlin 49 (1995) 11, S. 956–963.

9 Komplexbeispiel: Kurzschluss-Schutz eines Gebäudes

[9.1] Technisches Handbuch, Hauptkatalog, HAGER
[9.2] Hauptkatalog, ABB
[9.3] Kombiniertes NS-Schaltanlagen-System, Katalog, ABB
[9.4] Umformen & Verteilen, Katalog, SIEMENS

Register

Absolute Selektivität 177
Anfangs-Kurzschlusswechselstrom 20, 21, 22, 24, 26, 28, 44, 48, 49, 51, 53, 57
– -Kurzschlusswechselstromleistung 22, 24, 57
Anordnung der Schutzeinrichtungen 133
Anschlusspunkt 24
Anzugsstrom 68
Asynchronmotor 18, 26, 28, 51, 68
Ausgleichsvorgänge 20
Auslösecharakteristik 122, 124
Ausschaltwärme 119
Ausschaltwechselstrom 22, 28, 36, 45, 49, 51, 53, 164

Back-up-Schutz 163, 177, 186, 192
bedingter Bemessungs-Kurzschluss-Strom 163, 167
Bemessungs-Ausschaltvermögen 118, 132
– -Betriebskurzschlussausschaltvermögen 166
– -Grenzkurzschlussausschaltvermögen 166
– -Kurzschlussausschaltvermögen 125, 164, 166
– -Kurzschlusseinschaltvermögen 133, 162, 164
– -Kurzschluss-Strom beim Schutz durch Sicherungen 167
– -Kurzzeit 132
– -Kurzzeitstrom 132, 167
– -Kurzzeitstromdichte 132, 136, 156
– -Kurzzeitstromfestigkeit 163, 167
– -Stoßstromfestigkeit 163, 167
Bemessungswert 57, 129, 162
Berechnung der Kurzschluss-Ströme 35
Betriebsklasse 116

Dauerkurzschluss-Strom 20, 22, 28, 44, 50, 53
– -Strom bei unsymmetrischem Kurzschluss 51
Dreileiternetz 29, 150
Durchlass-I^2T_{max}-Wert 141
– -Strom 22, 118

Energiebegrenzungsklasse 122, 182
Erdkurzschluss 18
Erdschluss 18
Ersatzspannungsquelle 25, 26, 56
Erstprüfungen 198
erwartende Kurzschluss-Ströme 24

Faktor q 52
– κ 60
– λ 50
– μ 49, 52
Faktoren m, n 46, 50
Freileitungen 67
Frequenz 46
Funktionsklasse 116

Ganzbereichsschutz 116
Gebrauchskategorien 165
Gegenimpedanz 27, 56
Gegensystem 27
Generator 44, 26, 48
generatorferner Kurzschluss 21, 44, 46, 56
– -Strom 30
Generatorimpedanz 70
generatornaher Kurzschluss 21
Gleichstromkomponente 20, 46
Grenztemperatur 15
Grenztemperaturkennlinie 136
Grenzwert 15, 55
größter Kurzschluss-Strom 23, 25, 29, 32, 66

Haupt-Leitungsschutzschalter 124
Hausanschluss 31
Hilfsstromkreise 175

Impedanz der Wandlerbürde 73
– einer Kontaktstelle 73
– von Freileitungen und Kabeln 64
Impedanzbelag 32
Impedanzwinkel 43
IT-System 29

kleinster Kurzschluss-Strom 23, 25, 29, 32, 66
Klemmenkurzschluss am Generator 21
komplexe Berechnungsmethode 30, 40
Kondensator 18
Kontaktstelle 73
Kurzschluss 17
kurzschluss- und erdschlusssichere Legung 175
Kurzschlussarten 18
Kurzschlussauslöser 115, 121
Kurzschlussdauer 36, 135
Kurzschlussendtemperaturen 134
Kurzschlussfestigkeit 44, 122, 129, 132, 162, 168
– beim Schalter 132
– von Betriebsmitteln und Anlagen 130

– von Erdungsleitern, Schutzleitern und Potentialausgleichsleitern 159
– von FI-Schutzschaltern 161
– von Leistungsschaltern 165
– von NS-Schaltgerätekombinationen 167
– von Schaltgeräten 162
– von Stromschienen 156
– von Stromwandlern 168
– von Verteilungstransformatoren 169
Kurzschlussfestigkeitsnachweis 131
Kurzschlussimpedanz 24, 29, 43, 55
– an der Kurzschluss-Stelle 55
– an der Fehlerstelle 35
– an der Kurzschluss-Stelle 55
– eines Betriebsmittels 55
– der Betriebsmittel 24, 30, 57
Kurzschluss-Schutz 16, 22, 23, 175
Kurzschluss-Schutzeinrichtungen 23, 115
Kurzschluss-Schutzfestigkeitsnachweis 129
Kurzschluss-Strom 12, 24, 35, 44, 130
– an der Einbaustelle 129
– -Strombegrenzung 118, 130
– -Stromquelle 17, 30, 53
– -Strom-Wärmewert 22

Leistungsschalter 115, 127
Leitertemperatur 29, 66, 136
Leitungsschutzschalter 115, 121
Leitungsschutzsicherungen 115
Lichtbogenwiderstand 28

Maschennetz 53
maximal zulässige Leitungslänge 147
mechanische Kurzschlussfestigkeit 22, 131
Mindestkurzschluss-Strom 23, 144
Mindestschaltverzugszeit t_{min} 52
Mitimpedanz 27, 56
Motorimpedanz 68
Motorschutzschalter 115, 125

Nachweis der Kurzschlussfestigkeit 22, 122
Nenngröße 162
Netzeinspeisung 21, 43, 44, 47
Netzimpedanz 24, 30, 57
Netznennspannung 25
NS-Schaltgerätekombinationen 167
Nullimpedanz 27, 31, 35, 56, 63
– von Kabeln und Leitungen 66
Nullsystem 27

Parallelschaltung von Betriebsmitteln 33

Querschnittsminderung 154

R_k/X_x-Verhältnis 45, 54
R_Q/X_Q-Verhältnis 24

Schaltgruppe 31
Schaltzustand des Netzes 28, 29
Schleifenimpedanz 24
Schmelzsicherung 72, 115
Schmelzwärme 119
Schutzobjekt 116
Selektivität 122, 177
Selektivitätsgrenze 177
Spannungsfaktor 25, 29
Sternpunkt-Erdungsimpedanz 18, 47, 50
Stoßfaktor 14, 24, 36, 54
Stoßkurzschluss-Strom 14, 20, 22, 28, 35, 45, 48,
  51, 53
Strahlennetz 30, 44, 56, 177
Strombegrenzende Kurzschluss-
  Schutzeinrichtungen 22
– Leistungsschalter 165
Stromschienen 73, 156
Stromselektivität 182
Stromwandler 73, 168
Stromwärmewert 23, 118
symmetrische Komponentensysteme 27

Teilbereichsschutz 116
Teilselektivität 177
Temperatureinfluss 66
Temperaturkoeffizient 66
thermisch gleichwertiger Kurzschluss-Strom 22,
  28, 36, 46, 50
– -Stromdichte 156
thermische Kurzschlussfestigkeit 23, 131, 156
TN-System 29
Transformatoren 31
Transformatorimpedanzen 61

Überlastauslöser 121
Übersetzungsverhältnis 56
unsymmetrische Kurzschluss-Ströme 27

Verteilungstransformatoren 169
Verzicht des Kurzschluss-Schutzes 176
verzweigtes Strahlennetz 30
volle Selektivität 177

Wechselstromkomponente 20

Zeit/Strom-Kennlinie 115, 117
– von gG-Schmelzeinsätzen 117
– von HH-Schmelzeinsätzen 172
Zeitselektivität 182
zulässige Betriebstemperaturen 134
– von Kabeln 134
zulässige Kurzschlussdauer 136
Zusatzimpedanz 30, 55, 57, 71

BIBLIOTHEK GEBÄUDE TECHNIK

Die Zukunft beginnt jetzt!

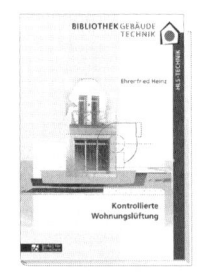

Informationen zu allen Büchern der Reihe erhalten Sie per Fax!

Stellen Sie Ihr Fax einfach auf „Abruf" oder „Polling"– und wählen Sie 030/428 465 + entsprechende „Endnummer" (s. Tabelle) und drücken Sie die Start-Taste.

Alle auf einen Blick: 030/428 465 -

Faxabruf-Endnummer	Titel	Preis
-01627	**Benecke/Riedel,** Intelligente Haustechnik	DM 48,–
-01626	**Heinz,** Kontrollierte Wohnungslüftung	DM 48,–
-01130	**Instrom 4.0,** CD-ROM m. Handbuch	zzgl. MwSt. DM 498,–
-01142	**Kny,** Kurzschlußschutz in Gebäuden	DM 89,–
-01625	**Koch,** Aufmaß und Abrechnung von HLS-Bauleistungen	DM 48,–
-01123	**Kühne/Möbus,** Schaltungsunterlagen mit AutoSketch für Windows	DM 48,–
-01135	**Leidenroth,** EIB Anwenderhandbuch	DM 68,–
-01127	**Pester,** Explosionsschutz elektrischer Anlagen	DM 89,–
-01138	**Tyczynski,** SPS-Einsatz in der Gebäudetechnik	DM 89,–

Verlag Bauwesen · Berlin

Verlag Technik · Berlin

Tel: 030/421 51 462
Fax: 030/421 51 468